全国高职高专教育"十二五"规划教材

PLC 应用技术

主　编　王　莉　谭庆吉
副主编　王　实　靳　鹏　张明芹
　　　　乔继刚　范　萍
主　审　宋如武

东南大学出版社
·南京·

内 容 简 介

本书旨在培养应用型技术人才,重点在于应用,以实际操作为指导,通过每个项目中的"五单一支持"能够清晰看到学习成长过程中的进步与不足。全书共分 6 个项目,分别是:PLC 快速入门、西门子 S7-200、西门子 S7-200 基本指令及应用、西门子 S7-200 步进顺控指令及应用、西门子 S7-200 功能指令及应用、西门子 S7-200 系统综合应用、西门子 S7-200 通信指令及应用。

本书可作为高职高专电气自动化技术、应用电子技术、机电一体化技术、生产过程自动化技术和计算机应用技术等专业 PLC 课程教材、实训指导书和岗位实习辅助教材,也可作为本科教材、成人教育教材和电气工程技术人员的参考书。

图书在版编目(CIP)数据

PLC 应用技术 / 王莉,谭庆吉主编. —南京 : 东南大
学出版社,2015.8
　ISBN 978-7-5641-5899-6

　Ⅰ. ①P… Ⅱ. ①王… ②谭… Ⅲ. ①plc 技术-教
材 Ⅳ. ①TM571.6

中国版本图书馆 CIP 数据核字(2015)第 198106 号

PLC 应用技术

出版发行：东南大学出版社
社　　址：南京市四牌楼 2 号　邮编：210096
出 版 人：江建中
网　　址：http://www.seupress.com
经　　销：全国各地新华书店
印　　刷：南京玉河印刷厂
开　　本：787mm×1092mm　1/16
印　　张：22.25
字　　数：571 千字
版　　次：2015 年 8 月第 1 版
印　　次：2015 年 8 月第 1 次印刷
印　　数：1—3000 册
书　　号：ISBN 978-7-5641-5899-6
定　　价：44.50 元

本社图书若有印装质量问题,请直接与营销中心联系。电话:025-83791830

前　言

PLC 是一种以微处理器为基础的通用工业控制装置,它继承了继电器—接触器控制的良好性能,将计算机技术、自动控制技术和通信技术结合为一体,PLC 应用技术是电气自动化、机电一体化、机电设备运行与维护、智能仪器仪表、电厂检测技术等专业的专业核心课程。

在本书的编写过程中,我们以理论结合实际,以项目驱动式教学为主导,体现以技能训练为主线、相关知识和技术支持为支撑的编写思路,较好地处理了理论教学与技能训练的关系,有利于帮助学生掌握知识、形成技能,提高能力。在本书内容的安排上,尽量做到从易到难、循序渐进地进行介绍,并结合工控系统中常用的典型系统作为案例进行设计分析,以提高学生的学习兴趣。

本书由黑龙江职业学院王莉、黑龙江农垦科技职业学院谭庆吉担任主编;黑龙江职业学院王实、张明芹,黑龙江农垦科技职业学院靳鹏,宿迁泽达职业技术学院乔继刚、范萍担任副主编。全书共分 6 个项目,每个项目里又分成多个任务。每个任务之间既相互联系,又相互独立。其中,项目 0 由王莉编写,项目 1 由张明芹编写,项目 2 由王实编写,项目 3 由靳鹏编写,项目 4 由谭庆吉编写,项目 5 由乔继刚编写,项目 6 由范萍编写。天津塘沽质量技术监督局特种设备检验所梁玉春、黑龙江省农垦科学院司冬雨、中国石油吉林石化公司乙烯厂电气车间沈哲、哈尔滨汽轮机厂有限责任公司闫胜海、哈尔滨重工设备制造有限公司张明、哈尔滨龙粤送变配电安装有限公司赵春超、北车集团大连机车车辆有限公司尹智勇、黑龙江农垦科技职业学院孙振宇、王宏波也参加了本书的编写工作。

伊春职业学院宋如武高级工程师认真审阅了原稿,并提出了不少的改进意见,对此我们表示衷心感谢。

本书在编写过程中参考了很多兄弟院校的优秀资源,编者向收录与参考文献中的各位作者表示真诚的谢意。我们始终抱着一种严肃、认真的态度编写本书,力求内容准确、完整。由于编者水平有限和时间仓促,书中定有不当之处,恳请读者批评指正。

编者

2015 年 6 月

目　　录

项目 0

PLC 快速入门

1. PLC 概述

PLC 在早期是一种开关逻辑控制装置,被称为可编程序逻辑控制器(Programmable Logic Controller,PLC)。它在固有的系统程序的支持下,按照"输入采样→用户程序运算→输出刷新"的步骤循环地工作,用于控制机器或生产过程的动作顺序。随着计算机技术和通信技术的发展,PLC 采用微处理器作为其控制核心,其功能已不再局限于逻辑控制的范畴。因此,1980 年美国电气制造协会(NEMA)将其命名为 Programmable Controller(PC),但为避免与个人计算机(Personal Computer,PC)混淆,习惯上仍将其称为 PLC。

追溯 PLC 的发展历史,就不得不提及"GM10 条"。1968 年,美国通用汽车公司(GM)液压部提出 10 项招标指标:

(1) 编程简单,可在现场修改和调试程序。

(2) 维护方便,采用插入式模块结构。

(3) 可靠性高于继电器 – 接触器控制系统。

(4) 与继电器 – 接触器控制系统相比体积小,能耗低。

(5) 能与管理中心计算机系统进行通信。

(6) 购买、安装成本可与继电器控制柜相竞争。

(7) 采用市电输入(美国标准系列电压值 AC 115 V),可接受现场的开关信号。

(8) 采用市电输出(美国标准系列电压值 AC 115 V),具有驱动接触器线圈、电磁阀和小功率电动机的能力。

(9) 系统扩展时,原系统只需做很小的改动。

(10) 用户程序存储器容量至少 4 KB。

1969 年美国数字设备公司(DEC)根据上述指标,首先研制出了世界上第 1 台可编程序控制器 PDP – 14,并在通用汽车公司的自动生产线上试用获得成功。从此以后,这项研究技术迅速发展,从美国、日本、欧洲普及到全世界。

国际电工委员会(IEC)于 1982 年 11 月—1985 年 1 月对可编程序控制器作了如下的定义:"可编程序控制器是一种数字运算操作的电子系统,专为在工业环境下应用而设计。它采用可编程序的存储器,用来在其内部存储执行逻辑运算、顺序控制、定时、计数和算术运算等操作的命令,并通过数字式、模拟式的输入和输出,控制各种类型的机械或生产过程。可编程序控制器及其有关设备,都应按易于与工业控制系统联成一个整体,易于扩充功能的原则而设计"。

可编程序控制器的出现,立即引起了各国的注意。日本于 1971 年引进可编程序控制器技术;联邦德国于 1973 年引进可编程序控制器技术。中国于 1973 年开始研制可编程序控制器,1977 年应用到生产线上。

2. PLC 的主要优点和特点

PLC 主要有以下优点:

(1) 能适应工程环境要求——PLC"抗扰、抗振、防尘"措施做得比较好。

(2) 由程序控制,工作可靠——PLC 平均无故障工作时间长(3 万小时以上)。

(3) 通用、经济——PLC 一般由"1 个(独立)主块 + n 个拓展块"叠装或插装而成。

(4) 专用性与通用性兼顾——旧程序不能满足新产品生产的控制要求时,可马上换成新程序。

(5) 编程简单,可边学边用——调用虚拟继电器的基本图形元素按"拼图"法编写程序。

(6) 体积小、功能强、用途广。

PLC 主要有以下特点:

(1) 学习 PLC 编程容易。PLC 是面向用户的设备,考虑到现场普通工作人员的知识面及习惯,PLC 可以采用梯形图来编程,这种编程方法形象直观,无须专业的计算机知识和编程语言,所以普通人可以在很短时间内学会。

(2) 控制系统简单,更改容易,施工周期短。PLC 及外围模块品种多,可灵活组合完成各种要求的控制系统。只需要在 PLC 的端子上接入相应的输入输出信号线即可。不像传统继电器控制系统那样需要使用大批继电器及电子元件和复杂繁多的硬件接线。对比继电器控制系统,PLC 系统当控制要求改变时,只须用画图的方法把梯形图改画即可,因此 PLC 控制系统施工周期明显缩短,施工工作量也大大地减少。

(3) 系统维护容易。PLC 具有完善的监控及自诊断功能,内部各种软元件的工作状态可用编程软件进行监控,配合程序针对性编程及内部特有的诊断功能,可以快速准确地找到故障点并及时排除故障。还可配合触摸屏显示故障部位或故障属性,因而大大缩短了维修时间。

3. PLC 的应用

PLC 的应用非常广泛,如图 0 – 1 所示。例如,电梯控制、传送带生产线控制、木材加工控制、印刷机械控制、纺织机械控制及空调控制等。

(1) 开关量的逻辑控制。这是 PLC 最基本的应用,用 PLC 取代传统的继电器控制,实现逻辑控制和顺序控制。如机床电气控制,家用电器(电视机、电冰箱、洗衣机等)自动装配线的控制,汽车、化工、造纸、轧钢自动生产线的控制等。

(2) 过程控制。过程控制是指对温度、压力、流量等连续变化的模拟量的闭环控制。PLC 通过模拟量 I/O 模块,实现模拟量(Analog)和数字量(Digital)之间的 A/D 转换与 D/A 转换,并对模拟量实行闭环 PID(比例 – 积分 – 微分)控制。现代的 PLC 一般都有 PID 闭环控制功能,这一功能可以用 PID 功能指令或专用的 PID 模块来实现。其 PID 闭环控制功能已经广泛地应用于塑料挤压成形机、加热炉、热处理炉、锅炉等设备,以及轻工、化工、机械、冶金、电力、建材等行业。

(3) 运动控制。PLC 使用专用的指令或运动控制模块,对直线运动或圆周运动进行控制,可实现单轴、双轴、三轴和多轴位置控制,使运动控制与顺序控制功能有机地结合在一起。

PLC 的运动控制功能广泛地用于各种机械,如金属切削机床、金属成形机械、装配机械、机器人、电梯等场合。

（4）数据处理。现代的 PLC 具有数学运算（包括四则运算、矩阵运算、函数运算、字逻辑运算、求反、循环、移位和浮点数运算等）、数据传送、转换、排序、查表、位操作等功能,可以完成数据的采集、分析和处理。这些数据可以与储存在存储器中的参考值比较,也可以用通信功能传送到其他的智能装置,或者将它们打印制表。

（5）通信联网。指 PLC 与 PLC 之间、PLC 与上位计算机或其他智能设备（如变频器、数控装置）之间的通信。利用 PLC 和计算机的 RS-232 接口或 RS-422 接口、PLC 的专用通信模块,用双绞线和同轴电缆或光缆将它们联成网络,实现信息交换,构成"集中管理、分散控制"的多级分布式控制系统,建立自动化网络。

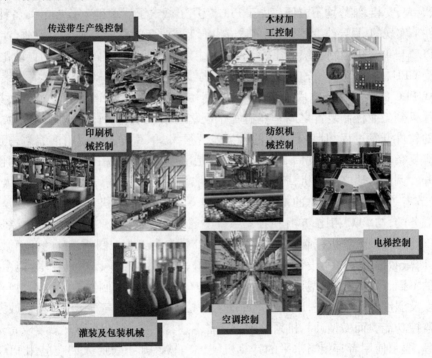

图 0-1　PLC 的应用

4. PLC 的分类及编程语言

PLC 已成为工业控制领域中最常用、最重要的控制装置,它代表着一个国家的工业水平。以美国 GM 公司为例,1987 年其工业区安装近 2 万台 PLC、2 000 台工业机器人,如果包括编程智能设备在内,总数 4 万台。至 1990 年上述设备增至 20 万台之多,实现了工厂自动化的全面要求。

世界上生产 PLC 的厂家非常多,其中著名的厂家有美国 AB、日本三菱,德国西门子、法国施耐德等公司。

PLC 通常以输入输出点（I/O）总数的多少进行分类。I/O 点数在 128 点以下为小型机;I/O 点数在 129~512 点为中型机;I/O 点数在 513 点以上为大型机。PLC 的 I/O 点数越多,其存储容量也越大。

PLC 常用的编程语言有梯形图、指令表和 SFC 图。由于梯形图比较直观,容易掌握,因而很受普通技术人员欢迎。

PLC 的常用编程工具有:

(1) 手持式编程器,一般供现场调试及修改使用;

(2) 个人计算机,利用专用的编程软件进行编程。

5. PLC 与各类控制系统的比较

(1) PLC 与继电器控制系统的比较。传统的继电器控制系统是针对一定的生产机械、固定的生产工艺而设计,采用硬接线方式安装而成,只能完成既定的逻辑控制、定时和计数等功能,即只能进行开关量的控制,一旦改变生产工艺过程,继电器控制系统必须重新配线,因而适应性很差,且体积庞大,安装、维修均不方便。由于 PLC 应用了微电子技术和计算机技术,各种控制功能是通过软件来实现的,只要改变程序,就可适应生产工艺改变的要求,因此适应性强。

(2) PLC 与单片机控制系统的比较。单片机控制系统仅适用于较简单的自动化项目。硬件上主要受 CPU、内存容量及 I/O 接口的限制;软件上主要受与 CPU 类型有关的编程语言的限制。现代 PLC 的核心就是单片微处理器。虽然用单片机作控制部件在成本方面具有优势,但是从单片机到工业控制装置之间毕竟有一个硬件开发和软件开发的过程。虽然 PLC 也有必不可少的软件开发过程,但两者所用的语言差别很大,单片机主要使用汇编语言开发软件,所用的语言复杂且易出错,开发周期长。而 PLC 是用专用的指令系统来编程的,简便易学,现场就可以开发调试。比之单片机,PLC 的输入/输出端更接近现场设备,无须添加太多的中间部件,这样节省了用户时间和总的投资。一般说来单片机或单片机系统的应用只是为某个特定的产品服务的,与 PLC 相比,单片机控制系统的通用性、兼容性和扩展性都相当差。

(3) PLC 与微型计算机控制系统的比较。PLC 是专为工业控制所设计的。而微型计算机是为科学计算、数据处理等而设计的,尽管两者在技术上都采用了计算机技术,但由于使用对象和环境的不同,PLC 较之微型计算机系统而言具有面向工业控制、抗干扰能力强、适应工程现场的温度及湿度环境。此外,PLC 使用面向工业控制的专用语言而使编程及修改方便,并有较完善的监控功能。而微型计算机系统则不具备上述特点,一般对运行环境要求苛刻,使用高级语言编程,要求使用者有相当水平的计算机硬件和软件知识。而人们在应用 PLC 时,不必进行计算机方面的专门培训,就能进行操作及编程。

(4) PLC 与传统的集散型控制系统的比较。PLC 是由继电器逻辑控制系统发展而来的。而传统的集散控制系统 DCS(Distributed Control System)是由回路仪表控制系统发展起来的分布式控制系统,它在模拟量处理,回路调节等方面有一定的优势。PLC 随着微电子技术、计算机技术和通信技术的发展,无论在功能上、速度上、智能化模块以及联网通信上,都有很大的提高,并开始与小型计算机联成网络,构成了以 PLC 为重要部件的分布式控制系统。随着网络通信功能的不断增强,PLC 与 PLC 及计算机的互联,可以形成大规模的控制系统,现在各类 DCS 也面临着高端 PLC 的威胁。由于 PLC 的技术不断发展,DCS 过去所独有的一些复杂控制功能现在 PLC 基本上全部具备,且 PLC 具有操作简单的优势,最重要的一点,就是 PLC 的价格和成本是 DCS 系统所无法比拟的。

6. PLC 控制系统的类型

（1）PLC 构成的单机系统。这种系统的被控对象是单一的机器生产或生产流水线，其控制器是由单台 PLC 构成，一般不需要与其他 PLC 或计算机进行通信。但是，设计者还要考虑将来是否有联网的需要，如果有的话，应当选用具有通信功能的 PLC。

（2）PLC 构成的集中控制系统。这种系统的被控对象通常是由数台机器或数条流水线构成，该系统的控制单元由单台 PLC 构成，每个被控对象与 PLC 指定的 I/O 相连。由于采用一台 PLC 控制，因此，各被控对象之间的数据、状态不需要另外的通信线路。但是一旦 PLC 出现故障，整个系统将停止工作。对于大型的集中控制系统，通常采用冗余系统克服上述缺点。

（3）PLC 构成的分布式控制系统。这类系统的被控对象通常比较多，分布在一个较大的区域内，相互之间相距比较远，而且，被控对象之间经常交换数据和信息。这种系统的控制器采用若干个相互之间具有通信功能的 PLC 构成。系统的上位机可以采用 PLC，也可以采用工控机。PLC 作为一种控制设备，用它单独构成一个控制系统是有局限性的，主要是无法进行复杂运算，无法显示各种实时图形和保存大量历史数据，也不能显示汉字和打印汉字报表，没有良好的界面。这些不足，可选用上位机来弥补。上位机完成监测数据的存储、处理与输出，以图形或表格形式对现场进行动态模拟显示、分析限值或报警信息，驱动打印机实时打印各种图表。

7. PLC 的发展趋势

（1）向高性能、高速度、大容量发展。为了提高 PLC 的处理能力，要求 PLC 具有更好的响应速度和更大的存储容量。目前，有的 PLC 的扫描速度约为 0.1 ms/千步。PLC 的扫描速度已成为很重要的一个性能指标。在存储容量方面，有的 PLC 最高可达几十兆字节。为了扩大存储容量，有的公司使用了磁泡存储器或硬盘。

（2）向小型化和大型化两个方向发展

小型 PLC 由整体结构向小型模块化结构发展，使配置更加灵活，为了市场需要已开发了各种简易、经济的超小型微型 PLC，最小配置的 I/O 点数为 8～16 点，以适应单机及小型自动控制的需要；大型化是指大中型 PLC 向大容量、智能化和网络化发展，使之能与计算机组成集成控制系统，对大规模、复杂系统进行综合性的自动控制。现已有 I/O 点数达 14 336 点的超大型 PLC，其使用 32 位微处理器，多 CPU 并行工作和大容量存储器，功能强。

（3）大力开发智能模块，加强联网与通信能力。为满足各种控制系统的要求，不断开发出许多功能模块，如高速计数模块、温度控制模块、远程 I/O 模块、通信和人机接口模块等。PLC 的联网与通信有两类：

① PLC 之间的联网通信。各 PLC 生产厂家都有自己的专有联网手段；

② PLC 与计算机之间的联网通信。为了加强联网与和通信能力，PLC 生产厂家也在协商制订通用的通信标准，以构成更大的网络系统。

（4）增强外部故障的检测与处理能力。据统计资料表明：在 PLC 控制系统的故障中，CPU 占 5%，I/O 接口占 15%，输入设备占 45%，输出设备占 30%，线路占 5%。前两项共 20% 的故障属于 PLC 的内部故障，它可通过 PLC 本身的软、硬件实现检测、处理。而其余 80% 的故障属于 PLC 的外部故障。PLC 生产厂家都致力于研制、发展用于检测外部故障的专用智能模块，进一步提高系统的可靠性。

（5）编程语言多样化。在 PLC 系统结构不断发展的同时，PLC 的编程语言也越来越丰富，功能也不断提高。

除了大多数 PLC 使用的梯形图、语句表语言外，为了适应各种控制要求，出现了面向顺序控制的步进编程语言、面向过程控制的流程图语言、与计算机兼容的高级语言（BASIC、C 语言等）等。多种编程语言并存、互补与发展是 PLC 进步的一种趋势。

（6）与其他工业控制产品更加融合：

① PLC 与个人计算机的融合。个人计算机（PC）的价格便宜，有很强的数据运算、处理和分析能力。目前个人计算机主要用作可编程序控制器的编程器、操作站或人机接口终端。

② PLC 与集散控制系统的融合。集散控制系统（DCS）又称分布式控制系统，主要用于石油、化工、电力、造纸等流程工业的过程控制。它是用计算机技术对生产过程进行集中监视、操作、管理和分散控制的一种新型控制装置，是由计算机技术、信号处理技术、测量控制技术、通信网络技术和人机接口技术竞相发展、互相渗透而产生的，既不同于分散式的仪表控制系统，又不同于集中式计算机控制系统，而是吸收了两者的优点，在它们的基础上发展起来的一门技术。可编程序控制器擅长于开关量逻辑控制，DCS 擅长于模拟量回路控制，二者相结合，则可以优势互补。

③ PLC 与计算机数控的融合。计算机数控（CNC）已受到来自可编程序控制器的挑战，可编程序控制器已经用于控制各种金属切削机床、金属成形机械、装配机械、机器人、电梯和其他需要位置控制和进度控制的场合。

（7）与现场总线相结合。现场总线（Field Bus）是连接智能现场设备和自动化系统的数字式、双向传输、多分支结构的通信网络，它是当前工业自动化的热点之一。现场总线以开放的、独立的、全数字化的双向多变量通信代替 0~10 mA 或 4~20 mA 现场电动仪表信号。现场总线 I/O 集检测、数据处理、通信为一体，可以代替变送器、调节器、记录仪等模拟仪表，其接线简单，只需一根电缆，从主机开始，沿数据链从一个现场总线 I/O 连接到下一个现场总线 I/O。现场总线控制系统将 DCS 的控制站功能分散给现场控制设备，仅靠现场总线设备便可以实现自动控制的基本功能。可编程序控制器与现场总线相结合，可以组成价格便宜、功能强大的分布式控制系统。

（8）通信联网能力增强。可编程序控制器的通信联网功能使可编程序控制器与个人计算机之间以及与其他智能控制设备之间可以交换数字信息，形成一个统一的整体，实现分散控制和集中管理。可编程序控制器通过双绞线、同轴电缆或光纤联网，信息可以传送到几十千米远的地方。可编程序控制器网络大多是各厂家专用的，但是它们可以通过主机，与遵循标准通信协议的大网络联网。

思考与练习

1. 简述 PLC 的定义。
2. 与继电器控制系统相比，PLC 有哪些优点？
3. 简述 PLC 的主要应用领域。
4. 简述 PLC 的扫描周期过程。

项目 1
西门子 S7 – 200 系列 PLC 简介

项目描述

    自动线是在流水线的基础上逐渐发展起来的。它不仅要求线体上各种机械加工装置能自动地完成预定的各道工序及工艺过程,使产品成为合格的制品,而且要求在装卸工件、定位夹紧、工件在工序间的输送、工件的分拣甚至包装都能自动地进行。使其按照规定的程序自动地进行工作。这种自动工作的机电一体化系统称为自动生产线(简称自动线)。YL–355B 自动生产线外观图如图 1–1 所示。

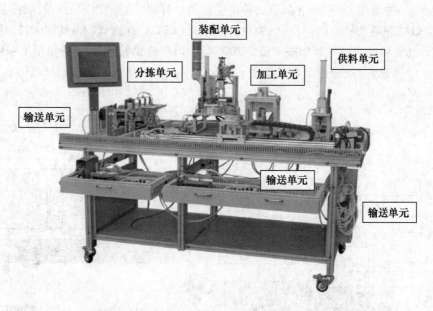

图 1–1 YL–335B 自动生产线外观图

    自动线的任务就是为了实现自动生产,怎样才能达到这一要求呢? 自动线综合应用机械技术、控制技术、传感技术、驱动技术、网络技术、人机接口技术等,通过一些辅助装置按工艺顺序将各种机械加工装置连成一体,并控制液压、气压和电气系统将各个部分动作联系起来,完成预定的生产加工任务。如果把自动线比喻成一台计算机,那么它的 CPU 就是 PLC,YL–335B 自动生产线使用的 PLC 就是西门子 S7–200 系列 PLC。YL–335B 自动生产线俯视图如图 1–2 所示。

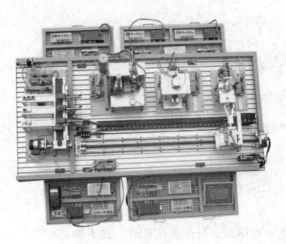

图 1-2　YL-335B 自动生产线俯视图

任务 1.1　初识西门子 S7-200 系列 PLC

PLC 型号品种繁多,但实质上都是一种工业控制计算机。它们组成的一般原理基本相同,都是采用以微处理器为核心的结构,由中央处理单元(CPU)、存储器(RAM、ROM)、输入/输出接口(I/O)、电源和外围设备等组成。S7-200 系列 PLC 外部结构示意图如图 1-3 所示,其实物图如图 1-4 所示,其硬件结构如图 1-5 所示。

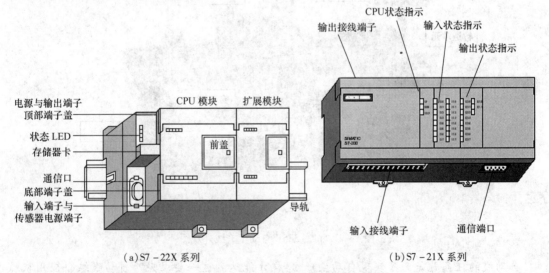

(a)S7-22X 系列　　　　　　　　　　(b)S7-21X 系列

图 1-3　S7-200 系列 PLC 外部结构示意图

1. CPU

CPU 是 PLC 的运算控制中心,它在系统程序的控制下,完成逻辑运算、数学运算、协调系统内部各部分的工作,CPU 一般由控制器、运算器和寄存器组成,这些电路都集成在一个芯片内。CPU 通过数据总线、地址总线和控制总线与存储单元、输入/输出接口电路连接。西门子提供多种类型的 CPU 以适应各种应用要求。不同类型的 CPU 具有不同的数字量 I/O 点数、内

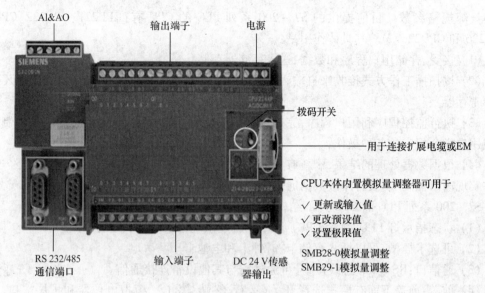

（a）S7 -200 系列 PLC 实物图

（b）S7 -200 系列 PLC 实物图

图 1 -4 S7 -200 系列 PLC 实物图

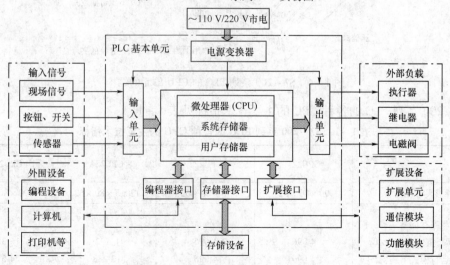

图 1 -5 S7 -200 系列 PLC 硬件结构

存容量等规格参数。目前提供的 S7 - 200 系列 PLC 的 CPU 有:CPU221、CPU222、CPU224、CPU226 和 CPU226XM。其具体作用是:

(1) 接受、存储用户程序和数据,送入存储器存储;

(2) 按扫描工作方式接收来自输入单元的数据和信息,并存入相应的数据存储区(输入映像寄存器);

(3) 执行监控程序和用户程序,完成数据和信息的逻辑处理,产生相应的内部控制信号,完成用户指令规定的各种操作;

(4) 根据数据处理的结果,刷新有关标志位的状态和输出映像寄存器的内容,再经过输出部件实现输出控制、制表打印或数据通信等功能。

S7 - 200 系列 PLC 的 CPU 外部结构如图 1 - 6 所示。

(1) 状态指示灯 LED:显示 CPU 所处的状态(系统错误/诊断、运行、停止)。

(2) 可选卡插槽:可以插入存储卡、时钟卡和电池卡。

(3) 通信口:RS - 485 总线接口,可通过它与其他设备连接通信。

(4) 前盖:前盖下面有模式选择开关(运行/终端/停止)、模拟电位器和扩展端口。模式选择开关拨到运行(RUN)位置,则程序处于运行状态;拨到终端(TERM)位置,可以通过编程软件控制 PLC 的工作状态;拨到停止(STOP)位置,则程序停止运行,处于写入程序状态。模拟电位器可以设置 0 ~ 255 之间的值。扩展端口应用连接扩展模块,实现 I/O 的扩展。

(5) 顶部端子盖下边为输出端子和 PLC 供电电源端子。输出端子的运行状态可以由顶部端子盖下方一排指示灯显示,ON 状态对应指示灯亮。底部端子盖下边为输入端子和传感器电源端子。输入端子的运行状态可以由底部端子盖上方的一排指示灯显示,ON 状态对应指示灯亮。

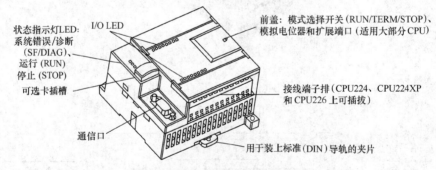

图 1 - 6   S7 - 200 系列 PLC 的 CPU 单元的结构

S7 - 200 系列 PLC 的各种 CPU 的主要技术指标见表 1 - 1。

表 1 - 1   S7 - 200 系列 PLC 的各种 CPU 的主要技术指标

技术指标 CPU 类型	CPU221	CPU222	CPU224	CPU226
外形尺寸/mm	$90 \times 80 \times 62$	$90 \times 80 \times 62$	$120.5 \times 80 \times 62$	$190 \times 80 \times 62$
程序存储器 可在运行模式下编辑/B	4 096	4 096	8 192	16 384
不可在运行模式下编辑/B	4 096	4 096	12 288	24 576

续表

技术指标 \ CPU 类型	CPU221	CPU222	CPU224	CPU226
数据存储区/B	2 048	2 048	8 192	10 240
掉电保持时间/h	50	50	100	100
本机 I/O:数据量	6 入/4 出	8 入/6 出	14 入/10 出	24 入/16 出
扩展模块/个	0	2	7	7
高速计数器 单相 双相	4 路 30 kHz 2 路 20 kHz	4 路 30 kHz 2 路 20 kHz	6 路 30 kHz 4 路 20 kHz	6 路 30 kHz 4 路 20 kHz
脉冲输出(DC)	2 路 20 kHz	2 路 20 kHz	2 路 20 kHz	2 路 20 kHz
模拟电位器/个	1	1	2	2
实时时钟	配时钟卡	配时钟卡	内置	内置
通信口	1 个 RS - 485	1 个 RS - 485	1 个 RS - 485	2 个 RS - 485
浮点运算	有			
I/O 映像区	256(128 入/128 出)			
布尔指令执行速度	0. 22 μs/指令			

说明:S7 - 200 系列 CPU221、222、224 的外形尺寸如图 1 - 7 所示。

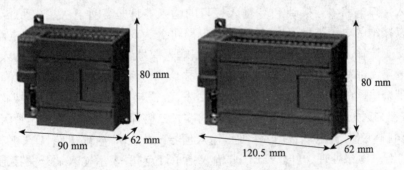

图 1 - 7 S7 - 200 系列 CPU221、222、224 的外形尺寸

2. 存储器

存储器用于存放系统程序、用户程序和运行中的数据。包括系统程序存储器、用户程序存储器及工作数据存储器 3 种。系统程序存储器用来存放由 PLC 生产厂家编写成的系统程序,并固化在 ROM(只读存储器)内,用户不能直接更改。它使 PLC 具有基本的智能功能,能够完成 PLC 设计者规定的各项工作。用户存储器包括用户程序存储器(程序区)和工作数据存储器(数据区)两部分。用户程序存储器用来存放用户针对具体控制任务用规定的 PLC 编程语言编写各种用户程序。用户程序存储器根据所选用的存储器单元类型的不同,可以是 RAM(用锂电池进行掉电保护)、EPROM 或 EEPROM,其内容可以由用户任意修改和增删。目前较先进的可编程逻辑控制器采用可随时读写的快闪存储器作为用户程序存储器。快闪存储器不需要后备电池,掉电时数据也不会丢失。工作数据存储器用来储存工作数据,即用户程序中使用的 ON/OFF 状态、数值数据等。在工作数据区中开辟有元件映像寄存器和数据表。其中,

元件映像寄存器用来储存开关量,输出状态以及定时器、计数器、辅助继电器等内部器件的ON/OFF 状态。数据表用来存放各种数据,它存储用户程序执行时的某些可变参数值及 A/D 转换得到的数字量和数学运算的结果等。在可编程序控制器断电时能保持数据的存储器区称为数据保持区。

用户程序存储器和用户存储器容量的大小关系到用户程序容量的大小和内部器件的多少,是反映 PLC 性能的重要指标之一。

3. 输入/输出接口

输入/输出接口是 PLC 与外界连接的接口,在 PLC 与被控对象间传递输入/输出信息。在实际生产过程中产生的输入信号多种多样,信号电平各不相同,而 PLC 只能对标准电平进行处理。通过输入接口可以将来自于被控制对象的信号转换成 CPU 能够接收和处理的标准电平信号。同样,外部执行元件(如电磁阀、接触器、继电器等)所需的控制信号电平也有差别,也必须通过输出接口将 CPU 输出的标准电平信号转换成这些执行元件所能接收的控制信号。输入/输出接口电路还具有良好的抗干扰能力,因此接口电路一般都包含光电隔离电路和 RC 滤波电路,用以消除输入触点的抖动和外部噪声干扰。

总的来说,输入/输出接口主要有两个作用:一是利用内部的光电隔离电路将工业现场和 PLC 内部进行隔离,起保护作用;二是调理信号,可以把不同的信号(如强电、弱电信号)调理成 CPU 可以处理的信号(5 V、3.3 V 或 2.7 V 等)。

(1) 输入接口电路。连接到 PLC 输入接口的输入器件是各种开关、按钮、传感器等。按现场信号可以接纳的电源类型不同,输入接口电路可分为 3 类:直流输入接口电路、交流输出接口电路和交直流输入接口电路。使用时要根据输入信号的类型选择合适的输入接口。各种 PLC 的输入电路大都相同,输入接口电路结构如图 1 - 8 所示,原理图如图 1 - 9(a)、(b)、(c) 所示。光电耦合电路的核心是光电开关电路,由发光二极管及光电晶体管组成,当 PLC 外部开关(现场按钮)接通,指示灯 VD 及光电开关的发光二极管会发光,光电晶体管因基极电流会导通,集电极电平变低,光电耦合电路导通,输入信号送入 PLC 内部电路,CPU 在输入阶段读入数字"1"供用户程序处理,同时 VLED 灯输入指示灯点亮,表示输入端开关接通;如 PLC 外部开关(现场按钮)不接通,因 VD 及光电开关的发光二极管无电流流过而不发光,光电晶体管因无基极电流而截止,集电极输出高电平,光电耦合电路断开,CPU 在输入阶段读入数字"0"供用户程序处理,同时 VLED 灯输入指示灯熄灭,表示输入端开关断开。

一般地,直流输入接口电路所用的电源由外部电源供给,交流输入接口电路所用的电源由外部电源供给。

图 1 - 8   输入接口电路结构

(2) 输出接口电路。PLC 通过输出接口电路向现场控制对象输出控制信号,输出接口电路结构如图 1 - 10 所示。按输出开关器件的种类不同,输出结口电路可分为 3 类:继电器输出接口电路、晶体管输出接口电路、晶闸管输出接口电路,输出接口电路原理图如图 1 - 11 所示。工作原理是当程序执行完,输出信号由输出映像寄存器送至输出锁存器再经光电耦合控制输出晶体管。当晶体管饱和导通时,LED 指示灯点亮,说明该输出端有输出信号。当晶体管截止断开时,LED 输出指示灯熄灭,说明该输出端无输出信号。

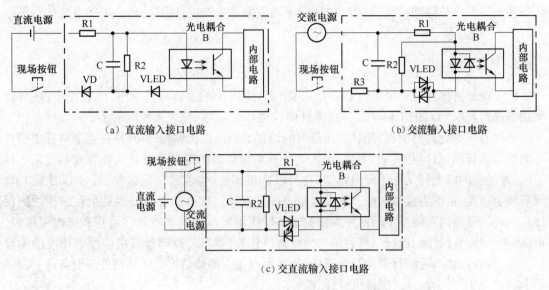

（a）直流输入接口电路　　　　　　　　　　　　　　　（b)交流输入接口电路

（c）交直流输入接口电路

图 1 - 9　输入接口电路原理图

图 1 - 10　输出接口电路结构

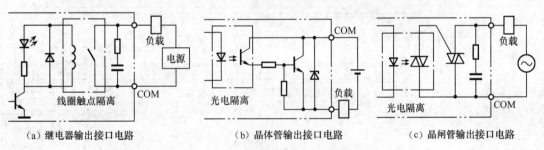

（a）继电器输出接口电路　　　　（b）晶体管输出接口电路　　　　（c）晶闸管输出接口电路

图 1 - 11　输出接口电路原理图

继电器输出接口电路:负载电流大于 2 A,响应时间为 8 ~ 10 ms,机械寿命大于 10^6 次。根据负载需要可接交流或直流电源。

晶体管输出接口电路:负载电流约为 0.5 A,响应时间小于 1 ms,电流小于 100 μA,最大浪涌电流约为 3 A。负载只能选择 36 V 以下的直流电源。

晶闸管输出接口电路:一般采用三端双向晶闸管输出,其耐压较高,负载能力大,响应时间为微秒级。但晶闸管输出接口电路应用较少。

4. 电源

PLC 配有开关式稳压电源模块。电源模块把交流电源转换成供 PLC 的 CPU、存储器等内部电路工作所需要的直流电源,使 PLC 正常工作。PLC 的电源部件有很好的稳压措施,因此对外部电源的稳定性要求不高,一般允许外部电源电压的额定值在 −15% ~ −10% 的范围内。有些 PLC 的电源部件还能向外提供直流 24 V 稳压电源,用于对外部传感器供电。为了防止在外部电源发生故障的情况下 PLC 内部程序和数据等重要信息丢失,PLC 用锂电池作为停电时的后备电源。

5. 外部设备

编程器是可将用户程序输入 PLC 的存储器。可以用编程器检查程序、修改程序;还可以利用编程器监视 PLC 的工作状态。它通过接口与 CPU 联系,完成人机对话。

编程器一般分简易型和智能型,简易型的编程器只能联机编程,并且往往需要将梯形图转化为机器语言助记符(指令表)后才能输入,它一般由简易的键盘和发光二极管或其他显示器组成;智能型的编程器又称图形编程器,它可以联机编程,也可以脱机编程,具有 LCD 或 CRT 图形显示功能,可以直接输入梯形图以及通过屏幕对话。这里的脱机编程是指在编程时把程序存储在编程器内存储器中的一种编程方式。脱机编程编程的优点是在编程和修改程序时,可以不影响原有程序的运行。可利用个人计算机作为编程器,这时计算机应配有相应的编程软件包,若要直接与可编程序控制器通信,还要配有相应的通信电缆。其他外部设备还有存储器卡、EPROM 写入器、合式磁带机、打印机等。

6. CPU224 型 PLC 的外部端子图

外部端子是 PLC 输入、输出及外部电源的连接点。CPU224AC/DC/RLY 型 PLC 外部端子如图 1 − 12 所示。型号中用斜线分隔的三部分分别表示 PLC 供电电源的类型、输入端口的电源类型及输出端口器件的类型,RLY 表示输出类型为继电器。

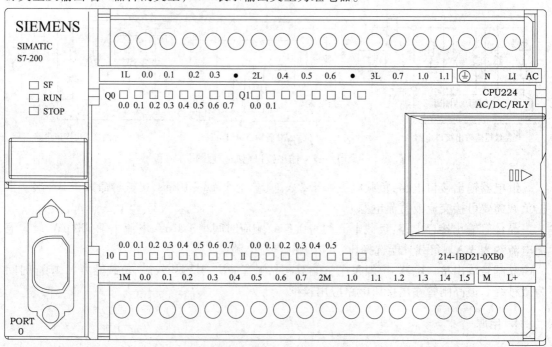

图 1 − 12　CPU224AC/DC/RLY 外部端子图

（1）底部端子（输入端子及传感器电源）：

L+：内部 DC 24 V 电源正极，为外部传感器或输入继电器供电。

M：内部 DC 24 V 电源负极，接外部传感器负极或输入继电器公共端。

1M、2M：输入继电器的公共端口。

I0.0~I1.5：输入继电器端子，输入信号的接入端。

输入继电器用"I"表示，S7-200 系列 PLC 共 128 位，采用八进制（I0.0~I0.7，I1.0~I1.7，…，I15.0~I15.7）。

（2）顶部端子（输出端子及供电电源）：

直流电源供电：L+、M、⏚分别表示电源正极、电源负极和接地。直流电压为 24 V，如图 1-13（a）所示。

交流电源供电：L1、N、⏚分别表示电源相线、中性线和接地线。交流电压为 85~265 V，如图 1-13（b）所示。

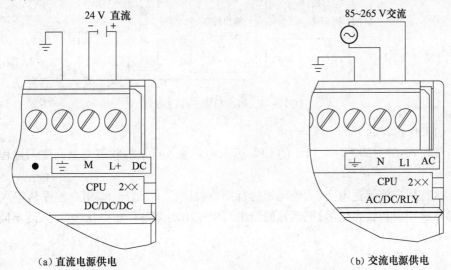

（a）直流电源供电　　　　　　　　　　　　　　（b）交流电源供电

图 1-13　S7-200 系列 PLC 的 CPU 供电电源

7. PLC 的工作

PLC 系统通电后，首先进行内部处理，包括：

（1）系统初始化：设置堆栈指针，工作单元清零，初始化编程接口，设置工作标志及工作指针等。

（2）工作状态选择，如编程状态、运动状态等。

这里，主要讲述 S7-200 系列 PLC 是如何工作的。S7-200 系列 PLC 的 CPU 基本功能就是监视现场的输入信号，根据用户的控制逻辑进行控制运算，输出信号去控制现场设备的运行。

在 S7-200 系列 PLC 系统中，逻辑控制用用户编程实现。用户程序要下载到 S7-200 系列 PLC 的 CPU 中执行。S7-200 系列 PLC 的 CPU 按照循环扫描的方式，完成包括执行用户程序在内的各项任务。

S7-200 系列 CPU 的 CPU 周而复始地执行一系列任务。任务执行一次称为一个扫描周期。在一个扫描周期内,PLC 扫描工作过程如图 1 - 14 所示。

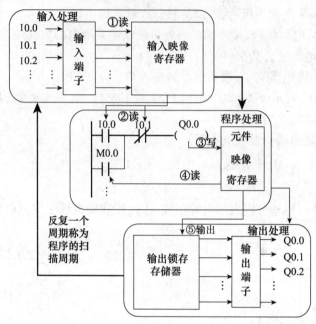

图 1 - 14　PLC 扫描工作过程

PLC 的工作过程如下:

(1) 读输入:S7 - 200 系列 PLC 的 CPU 读取物理输入点上的状态复制到输入过程映像寄存器中;

(2) 执行用户控制逻辑:从头到尾地执行用户程序,一般情况下,用户程序从输入映像寄存器获得外部控制和状态信号,把运算的结果写到输出映像寄存器中,或者存入到不同的数据保存区中;

(3) 处理通信任务;

(4) 执行自诊断:S7 - 200 系列 PLC 的 CPU 检查整个系统是否工作正常;

(5) 写输出:复制输出过程映像寄存器中的数据状态到物理输出点。

过程映像寄存器是 S7 - 200 系列 PLC 的 CPU 中的特殊存储区,专门用于存放物理输入/输出点读取或写到物理输入/输出点的状态。用户程序通过过程映像寄存器访问实际物理输入/输出点,可以大大提高程序执行效率。

为保证某些任务对执行时间的要求,S7 - 200 系列 PLC 也允许用户程序直接访问物理输入/输出点;S7 - 200 系列 CPU 也使用硬件执行诸如高速脉冲、通信等任务,用户程序通过特殊寄存器控制这些硬件的工作。

S7 - 200 系列 PLC 有两种操作模式:停止模式和运行模式。CPU 前面板上的 LED 状态显示了当前的操作模式。在停止模式下,S7 - 200 系列 PLC 不执行程序,可以下载程序、数据和 CPU 系统设置;在运行模式下,S7 - 200 系列 CPU 运行程序。

要改变 S7 - 200 系列 PLC 的 CPU 的操作模式,有以下几种方法:

(1) 使用 S7 - 200 系列 PLC 的 CPU 上的模式开关:开关拨到 RUN 时,CPU 运行;开关拨到 STOP 时,CPU 停止;开关拨到 TERM 时,不改变当前操作模式。如果需要 CPU 在上电时自动运行,模式开关必须在 RUN 位置。

(2) CPU 上的模式开关在 RUN 或 TEMR 位置时,可以使用 Step7 – Micro/WIN V4.0 版本以上编程软件控制 CPU 的运行和停止。

(3) 在程序中插入 STOP 指令,可以在条件满足时将 CPU 设置为停止模式。

任务 1.2   STEP 7 – Micro/WIN V4.0 编程软件的使用

STEP 7 – Micro/WIN V4.0 编程软件是 S7 – 200 系列 PLC 专用的编程、调试和监控软件,其编程界面和帮助文档大部分已汉化,为用户实现、开发、编程和监控提供了良好的界面。STEP 7 – Micro/WIN V4.0 编程软件为用户提供了 3 种程序编辑器:梯形图、指令表和功能图编辑,同时还提供了完善的在线帮助功能,非常方便用户获取需要的帮助信息。下面逐一介绍各种常用功能的使用办法。

1. 编程软件的安装

(1) 必须使用具有 Windows95 以上操作系统的计算机。

(2) 具备下列设备的一种:一根 PC/PPI 电缆、一个插在计算机中的 CP5511、CP5611 通信卡和多点接口 MPI 电缆、或一块 MPI 卡和配套的电缆。

(3) 最新的 STEP 7 – Micro/WIN 编程软件(V4.0 版),读者可以在 http://www.ad.siemens.com.cn 进行下载并安装。

(4) 双击 STEP 7 – Micro/WIN 编程软件的安装程序 setup.exe 图标,根据安装提示完成安装。进入安装程序时选择 English 作为安装过程中的使用语言。

(5) 完成安装后,执行菜单命令 Tools→Options,弹出 Options 对话框,单击 General→Chinese,然后单击 OK 按钮,重新打开编程软件的界面就是中文界面了,如图 1 – 15 所示。

图 1 – 15   PLC 编程软件的中文界面

2. 通信准备

计算机与 S7 - 200 系列 PLC 的连接如图 1 - 16 所示, 连接方法如下所述:

把 PC/PPI 电缆的"PC"RS - 232 端连接到计算机的 RS - 232 通信口, 可以是 COM1 或 COM2 中的任一个。把"PPI"RS - 485 端连接到 PLC 的任一 RS - 485 通信口, 然后拧紧连接螺钉。设置 PC/PPI 电缆上的 DIP 开关, 选定计算机所支持比特率和帧模式。用 DIP 的开关 1、2、3 设定比特率 (一般默认值为 9.6 kbit/s)。开关 4 用来选择 10 和 11 位数据传输模式。开关 5 用于选择将 RS - 232 通信口设置为数据通信设备 (DCE) 模式或数据终端设备 (DTE) 模式。

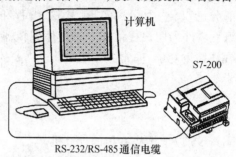

图 1 - 16 计算机与 S7 - 200 系列 PLC 的连接

3. 通信参数设置

首次连接计算机和 PLC 时, 要设置通信参数。设置目的是为了增加使用 PC/PPI cable 项。

（1）在 STEP 7 - Micro/WIN V4.0 软件中文主界面上单击通信按钮 , 弹出"通信"对话框, 通信地址未设置时出现一个问号, 如图 1 - 17 所示。

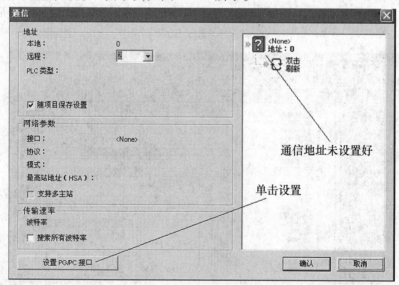

图 1 - 17 "通信"对话框

（2）单击"设置 PG/PC 接口"按钮, 弹出 Set PG/PC Interface 对话框如图 1 - 18 所示, 拖动滑块查看, 默认的通信器件栏中有没有 PC/PPI cable 项。

（3）单击 Select 按钮，弹出 Install/Remove Interface 对话框，如图 1 - 19 所示。

（4）在 Selection 框中选中 PC/PPI cable，单击 Install 按钮，PC/PPI cable 出现在右侧已安装框内，如图 1 - 20 所示。

（5）单击 Close 按钮，再单击 OK 按钮，显示通信地址已设置好，如图 1 - 21 所示

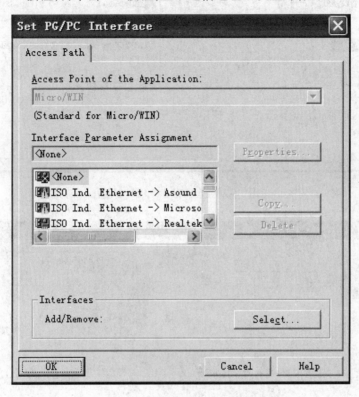

图 1 - 18　"设置通信器件"对话框

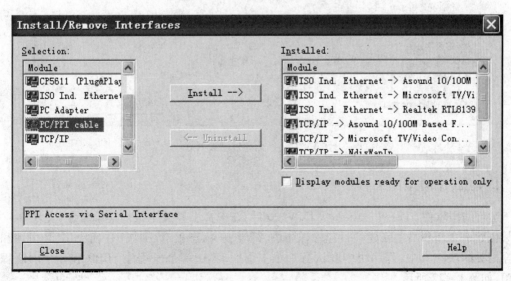

图 1 - 19　"安装/删除通信器件"对话框

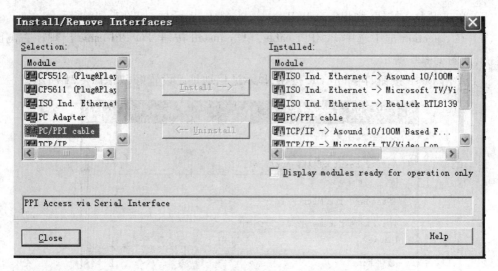

图 1-20　已安装 PC/PPI cable

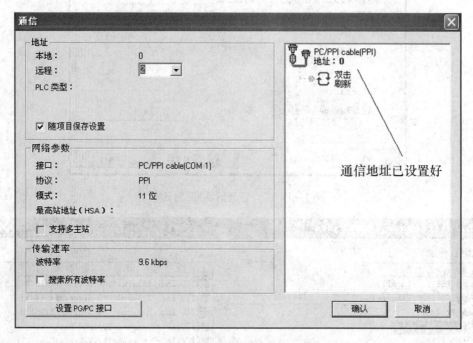

图 1-21　通信地址已设置好

4. 建立和保存项目

运行编程软件 STEP 7 - Micro/WIN V4.0 后,在中文主界面中执行菜单命令"文件"→"新建",创建一个新项目。新建项目包含程序块、符号表、状态表、数据块、系统块、交叉引用和通信等相关的块。其中,程序块中默认有一个主程序 OB1、一个子程序 SBR0 和一个中断程序 INT0,如图 1-22 所示。

执行菜单命令"文件"→"保存",指定文件名和保存路径后,单击"保存"按钮,文件以项目形式保存。

5. 选择 PLC 类型和 CPU 版本

执行菜单命令"PLC"→"类型",在 PLC 类型对话框中选择 PLC 类型和 CPU 版本,如图 1-23 所示。如果已成功建立通信连接,也可以通过单击"读取 PLC"按钮的方法来读取 PLC 类型和 CPU 版本号。

6. 输入指令的方法

在梯形图编辑器中有 4 种输入程序指令的方法:双击指令图标、拖曳指令图标、指令工具栏编程按钮和特殊功能键(【F4】、【F6】、【F9】)。选中程序网络 1,单击指令树中"位逻辑"指令图标,如图 1-24 所示。

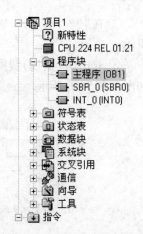

图 1-22　新建项目的结构

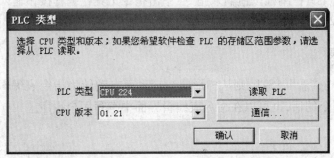

图 1-23　选择 PLC 类型和 CPU 版本

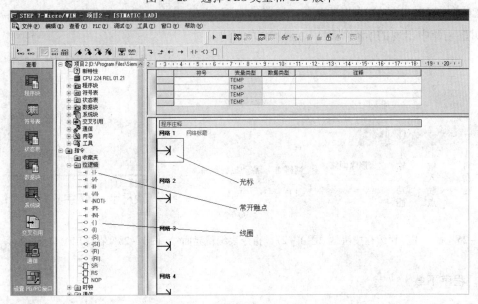

图 1-24　打开指令树中位逻辑指令

(1) 使用指令树指令图标输入指令:

① 双击(或拖拽)动合触点图标,在网络 1 中出现常开(动合)触点符号,如图 1-25(a)所示。

② 在"？？．？"框中输入"I0.5"，按【Enter】键，光标自动跳到下一列，如图 1 - 25(b)所示。

③ 双击(或拖拽)线圈图标，在"？？．？"框中输入"Q0.2"，按【Enter】键，程序输入完毕，如图 1 - 25(c)所示。

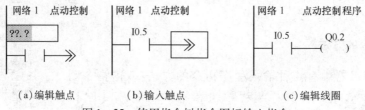

| (a)编辑触点 | (b)输入触点 | (c)编辑线圈 |

图 1 - 25　使用指令树指令图标输入指令

（2）使用指令工具栏编程按钮输入指令：单击指令工具栏编程按钮输入程序，指令工具栏编程按钮如图 1 - 26 所示。

7. 查看指令表

执行菜单命令"查看"→STL，则从梯形图编辑界面自动转为指令表编辑界面，如图 1 - 27 所示。如果熟悉指令的话，也可以在指令表编辑界面中编写用户程序。

8. 程序编译

用户程序编辑完成后，必须编译成 PLC 能够识别的机器指令，才能下载到 PLC。执行菜单命令 PLC→"编译"，开始编译机器指令。编译结束后，在输出窗口显示结果信息，如图 1 - 28 所示。纠正编译中出现的所有错误后，编译才算成功。

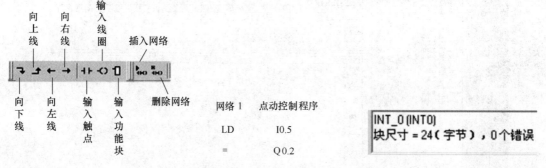

图 1 - 26　指令工具栏编程按钮　　图 1 - 27　指令表编辑界面　　图 1 - 28　在输出窗口显示编译结果

9. 程序下载

计算机与 PLC 建立了通信连接并且编译无误后，可以将程序下载到 PLC 中。下载时 PLC 状态开关应拨到 STOP 位置或单击工具栏菜单按钮■。如果状态开关在其他位置，程序会询问是否转到 STOP 状态。

执行菜单命令"文件"→"下载"，或单击工具栏菜单按钮▼，在图 1 - 29 所示的"下载"

对话框中选择是否下载程序块、数据块和系统块等(通常若程序中不包含数据块或更新系统,只选择下载程序块)。单击"下载"按钮,开始下载程序。下载是从编程计算机将程序装入PLC;上传则相反,是将 PLC 中存储的程序上传到计算机。

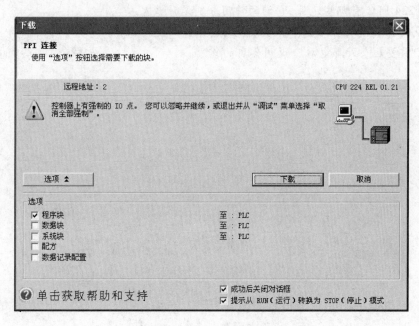

图 1-29　"下载"对话框

10. 运行操作

程序下载到 PLC 后,将 PLC 状态开关拨到 RUN 位置或单击工具栏菜单按钮，按下连接I0.5 的按钮,则输出端 Q0.2 通电;松开此按钮,Q0.2 断电,实现了点动控制功能。

11. 程序运行监控

执行菜单命令"调试"→"开始程序状态监控",未接通的触点和线圈以灰白色显示,通电的触点和线圈以蓝色块显示,并且出现 ON 字符,如图 1-30 所示。

网络 1

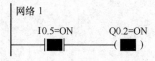

图 1-30　程序状态监控图

至此,完成了一个程序的编辑、写入、程序运行、操作和监控过程。如果需要保持程序,可执行菜单命令"文件"→"保存",选择保存路径和文件名即可。

思考与练习

1. S7-200 系列 PLC 有哪些编址方式?

2. S7 – 200 系列 PLC 有哪些寻址方式?

3. S7 – 200 系列 PLC 的结构是什么?

4. CPU224 PLC 有哪几种工作方式?

5. CPU224 PLC 有哪些元件,它们的作用分别是什么?

6. 常见的扩展模块有几类? 扩展模块的具体作用是什么?

7. PLC 需要几个外部电源? 说明各自的作用。

项目 2

西门子 S7 – 200 系列 PLC 基本指令及应用

项目描述

PLC 经典编程法主要包括经验编程法,老改新编程法,时序编程法等,适合于编写简单程序,局部程序以及旧改新设备的控制程序。

本章主要以"PLC 经验编程法——电动机'长动'控制、PLC'老改新'编程法——电动机正反转控制、PLC 时序编程法——计数控制"3 种方法 4 个实例为载体,描述 PLC 经典编程法,老改新编程法,时序编程法及其应用,所涉及的技术内容包括"工序及控制要求、I/O 分配图、接线图、梯形图"等;并对应会的"电气连接、程序录入、操作调试、新方案试探"等进行实践操作。

任务 2. 1　电动机长动控制

西博士提示

PLC 经验编程法是一种试探性方法,具有一定的随意性,最后的结果并不唯一,编程所用的时间和编程质量与编程者的经验有很大关系,适合于编写简单程序、局部呈现。

【任务】

应用 PLC 技术实现对电动机的"长动"控制,运用 PLC 经验编程法编写控制程序。

【目标】

(1) 知识目标:掌握电动机"长动"过程控制的工序及控制要求、I/O 分配、接线图、梯形图等。

(2) 技能目标:熟练掌握电动机"长动"过程控制的电气接线、程序录入、操作调试、方案改造升级等。

电动机"长动"过程的 PLC 控制实例是学习 PLC 经验编程法的典型实例。电动机"长动"过程的控制程序适合采用经验编程法,它能充分反映 PLC 经验编程法的特点。

【甲方要求】——【任务导入】

应用 PLC 技术实现对电动机的"长动"控制,运用经验法编写控制程序。

设计小型三相交流异步电动机全压启停控制,控制要求:

(1) 按下启动按钮,接触器线圈得电,接触器主触点闭合,使电动机全压启动;

（2）接触器形成自保持，有过载保护；

（3）按下停止按钮，电动机停止。

【拓展】

PLC 内部的辅助继电器，电动机"长动"的继电器控制电路图。

【乙方设计】——【五单一支持】

方案设计单

项目名称	西门子 S7－200 系列 PLC 基本指令及应用		任务名称		电动机长动控制	
方案设计分工						
子任务	提交材料		承担成员		完成工作时间	
PLC 机型选择	PLC 选型分析					
低压电器选型	低压电器选型分析					
位置传感器选型	位置传感器选型分析					
电气安装方案	图样					
方案汇报	PPT					
学习过程记录						
班级		小组编号		成员		

说明：小组每个成员根据方案设计的任务要求，进行认真学习，并将学习过程的内容（要点）进行记录，同时也将学习中存在的问题进行记录

方案设计工作过程		
开始时间		完成时间

说明：根据小组每个成员的学习结果，通过小组分析与讨论，最后形成设计方案

结构框图	
原理说明	
关键元器件型号	
实施计划	
存在的问题及建议	

硬件设计单

项目名称	西门子 S7 – 200 系列 PLC 基本指令及应用	任务名称	电动机长动控制
硬件设计分工			
子任务	提交材料	承担成员	完成工作时间
主电路设计	主电路图、元器件清单		
PLC 接口电路设计	PLC 接口电路图、元器件清单		
硬件接线图绘制	元器件布局图 电路接线图		
硬件安装与调试	装配与调试记录		
学习过程记录			
班级		小组编号		成员	

说明:小组每个成员根据硬件设计的任务要求,进行认真学习,并将学习过程的内容(要点)进行记录,同时也将学习中存在的问题进行记录

硬件设计工作过程		
开始时间		完成时间

说明:根据硬件系统基本结构,画出系统各模块的原理图,并说明工作原理

主电路图	
PLC 接口 电路图	
元器件 布局图	
电路接线图	
存在的问题 及建议	

软件设计单

项目名称	西门子 S7 - 200 系列 PLC 基本指令及应用	任务名称	电动机长动控制

软件设计分工

子任务	提交材料	承担成员	完成工作时间
单周期运行程序设计			
连续运行程序设计	程序流程图及源程序		
输出信号控制程序设计			
…			

学习过程记录

班级		小组编号		成员	

软件设计工作过程

开始时间		完成时间	

说明:根据软件系统结构,画出系统各模块的程序图,及各模块所使用的资源

单周期运行程序	
连续运行程序	
输出信号控制程序	
存在的问题及建议	

程序编制与调试单

项目名称	西门子 S7 – 200 系列 PLC 基本指令及应用	任务名称		电动机长动控制
软件设计分工				
子任务	提交材料	承担成员		完成工作时间
编程软件的安装	安装方法			
编程软件的使用	使用方法			
程序编辑	编辑方法			
程序调试	调试方法			
学习过程记录				
班级		小组编号		成员

程序编辑与调试工作过程		
开始时间		完成时间

说明:根据程序编辑与调试要求进行填写

编程软件的使用	
程序编辑	
程序调试	
存在的问题及建议	

评价单——基础能力评价

考核项目	考核点	权重	考核标准			得分
			A(1.0)	B(0.8)	C(0.6)	
任务分析 (15%)	资料收集	5%	能比较全面地提出需要学习和解决的问题,收集的学习资料较多	能提出需要学习和解决的问题,收集的学习资料较多	能比较笼统地提出一些需要学习和解决的问题,收集的学习资料较少	
	任务分析	10%	能根据产品用途,确定功能和技术指标。产品选型实用性强,符合企业的需要	能根据产品用途,确定功能和技术指标。产品选型实用性强	能根据产品用途,确定功能和技术指标	
方案设计 (20%)	系统结构	7%	系统结构清楚,信号表达正确,符合功能要求			
	元器件选型	8%	主要元器件的选择,能够满足功能和技术指标的要求,按钮设置合理,操作简便	主要元器件的选择,能够满足功能和技术指标的要求,按钮设置合理	主要元器件的选择,能够满足功能和技术指标的要求	
	方案汇报	5%	PPT 简洁、美观,信息丰富,汇报条理性好,语言流畅	PPT 简洁、美观、内容充实,汇报语言流畅	有 PPT,能较好地表达方案内容	
详细设计 与制作 (50%)	硬件设计	10%	PLC 选型合理,电路设计正确,元器件布局合理、美观,接线图走线合理	PLC 选型合理,电路设计正确,元器件布局合理,接线图走线合理	PLC 选型合理,电路设计正确,元器件布局合理	
	硬件安装	8%	仪器、仪表及工具的使用符合操作规范,元器件安装正确规范,布线符合工艺标准,工作环境整洁	仪器、仪表及工具的使用符合操作规范,少量元器件安装有松动,布线符合工艺标准	仪器、仪表及工具的使用符合操作规范,元器件安装位置不符合要求,有 3~5 根导线不符合布线工艺标准,但接线正确	
	程序设计	22%	程序模块划分正确,流程图符合规范、标准,程序结构清晰,内容完整			
	程序调试	10%	调试步骤清楚,目标明确,有调试方法的描述。调试过程记录完整,有分析,结果正确。出现故障有独立处理能力	程序调试有步骤,有目标,有调试方法的描述。调试过程记录完整,结果正确	程序调试有步骤,有目标。调试过程有记录,结果正确	
技术文档 (5%)	设计资料	5%	设计资料完整,编排顺序符合规定,有目录			
学习汇报(10%)		10%	能反思学习过程,认真总结学习经验	能客观总结整个学习过程的得与失		
项目得分						
指导教师		日期			项目得分	
总结						

评价单——提升能力评价

考核项目	考核点	配分	考核标准	扣分	得分
设备安装	(1) 会分配端口、画 I/O 接线图； (2) 按图完整、正确及规范接线； (3) 按照要求编号	30	(1) 不能正确分配端口，扣 5 分，画错 I/O 接线图，扣 5 分； (2) 错、漏线，每处扣 2 分； (3) 错、漏编号，每处扣 1 分		
编程操作	(1) 会采用时序波形图法设计程序； (2) 正确输入梯形图； (3) 正确保存文件； (4) 会转换梯形图； (5) 会传送程序	30	(1) 不能设计出程序或设计错误，扣 10 分； (2) 输入梯形图错误，每处扣 2 分； (3) 保存文件错误，扣 4 分； (4) 转换梯形图错误，扣 4 分； (5) 传送程序错误，扣 4 分		
运行操作	(1) 运行系统，分析操作结果； (2) 正确监控梯形图	30	(1) 系统通电操作错误，每处扣 3 分； (2) 分析操作结果错误，每处扣 2 分； (3) 监控梯形图错误，扣 4 分		
安全、文明工作	(1) 安全用电，无人为损坏仪器、元器件和设备； (2) 保持环境整洁，秩序井然，操作习惯良好； (3) 小组成员协作和谐，态度端正； (4) 不迟到、早退、旷课	10	(1) 发生安全事故，扣 10 分； (2) 人为损坏设备、元器件，扣 10 分； (3) 现场不整洁、工作不文明，团队不协作，扣 5 分； (4) 不遵守考勤制度，每次扣 2～5 分		
合计					

总结与收获

【技术支持】

1. 经验编程法

根据项目的控制要求，对典型程序进行拼合，并在典型程序之间引入起联络作用的中间元件，反复试探设计出所需的控制程序，称为经验编程法。各要素之间的关系如图 2 – 1 所示。

图 2 – 1 经验编程法各要素之间的关系

经验编程法是一种试探性方法,具有一定的随意性,最后的结果并不唯一,编程所用的时间和编程质量与编程者的经验有很大关系,适合于编写简单程序、局部程序。

2. 长动分析

长动:按下启动按钮 SB2,电动机启动旋转;按下停止按钮 SB1,电动机停止转动。

所谓"长动",是指既可使电动机按照"长动"方式工作,也可使电动机按照"点动"方式工作;具体含义如图 2 - 2 所示。

启动按钮 SB2[按下→(松开)]→电动机启转
停车按钮 SB1[按下→(松开)]→电动机停转

图 2 - 2 电动机"长动 + 点动"示意图

3. 项目分析

PLC - 电动机"长动"控制工作过程的示意图如图 2 - 3 所示。用 PLC 实现对电动机的"长动 + 点动"控制时,需要启动按钮 SB2、停车按钮 SB1、PLC、接触器 KM、交流电动机 M、热继电器 FR 等。

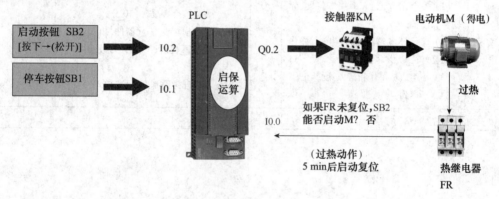

图 2 - 3 PLC - 电动机"长动"控制工作过程的示意图

PLC - 电动机"长动"控制工作过程的控制要求可用"推导路线图"直观,即:

启动按钮 SB2[按下→(松开)]→PLC 做"启保"运算→KM 为 1 态→电动机 M 启转。

停车按钮 SB1[按下→(松开)]→PLC 做"停止"运算→KM 为 0 态→电动机 M 停转。

本控制程序的梯形图如图 2 - 4 所示。对"长动"控制过程的分析如图 2 - 5 所示。

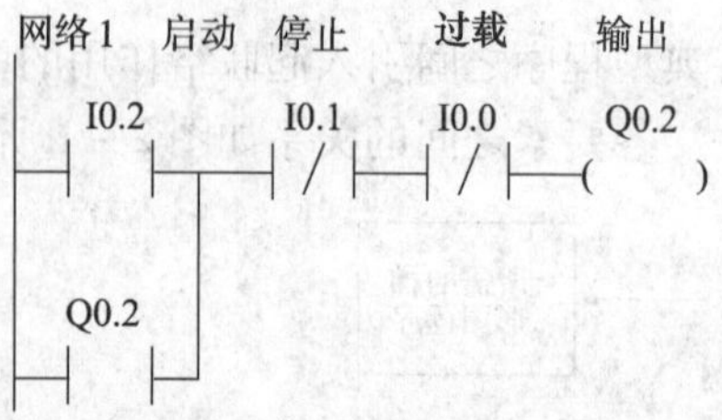

图 2 - 4 交流电动机"长动"控制梯形图

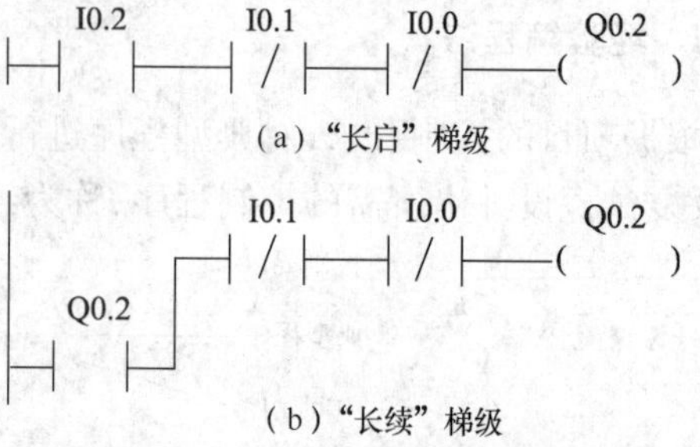

图 2 - 5 "长动"控制过程的分析

起初:Q0.2(0 态),Y2(0 态)。

(1) 启动按钮 SB2(按下):

① 采样。逐一扫描输入端:启动按钮 SB2 按下→I0.2 为 1 态。

② 运算:

扫描"长启"梯级:I0.2 接通,I0.1 自动接通,I0.0 自动接通→Q0.2 为 1 态,KM 接通[见图 2 - 5(a)]。

扫描"长续"梯级:Q0.2 为 1 态,接通,→I0.1 自动接通,I0.0 自动接通→Q0.2 为 1 态,KM 接通[见图 2 - 5(b)]。

③ 逐一刷新输出端:M 启动开始;Q0.2 为 1 态→KM 得电,1 态,故 M 得电,直接启动。

(2) 启动按钮 SB2 松开:

① 采样。逐一扫描输入端:启动按钮 SB2 松开→I0.2 为 0 态。

② 运算:扫描"长启"梯级:I0.2 断开,I0.1 自动接通,I0.0 自动接通→Q0.2 保持 1 态,(自保)因为"长续"保持接通。

扫描"长续"梯级:Q0.2 为 1 态,接通,→I0.1 自动接通,I0.0 自动接通→Q0.2KM 得电,1 态。

③ 逐一刷新输出端:M 启动继续;Q0.2 为 1 态→KM 接通,KM 为 1 态,故 M 得电,继续转动。

(3) 停车按钮 SB1 按下:

① 采样。逐一扫描输入端:停车按钮 SB1 按下→I0.1 为 1 态。

② 运算。扫描"长启"梯级:I0.1 断开,Q0.2 断开→KM 失电,0 态。

扫描"长续"梯级:Q0.2 断开,I0.1 断开→KM 失电,0 态。

③ 逐一刷新输出端:M 启动开始;Q0.2 为 0 态→KM 失电,0 态,故 M 得电,直接停转。

结论:本程序能实现长动控制。

提醒:长动控制的启动信号到来之后,首先使输出 Q0.2 通电自保,再由 I0.2 的动合触点经过动断触点 I0.1、动断触点 I0.0 点传递到 Q0.2,再通过 KM 使电动机实现长动。这里的关键是 Q0.2 对长动的启动信号自保。

【相关知识】

1. S7 - 200 系列 PLC 的软元件

(1) 概述。利用继电器设计一个简单的电动机启动/停止控制系统,首先按照启动/停止系统的要求准备控制部件,用电工学的逻辑思维构思接线,最后接上启动、停止按钮及输出继电器即可完成,启动/停止控制电路如图 2 - 6 所示。按下启动按钮 SB2,接触器 KM 线圈得电,其主触点闭合使电机全压启动;按下停止按钮 SB1,接触器 KM 线圈失电,电动机停止。上述电路为继电器 - 电动机长动控制,属于经典的继电器顺序控制,其中的核心部件继电器是由线圈、电磁铁心、杠杆、复归弹簧、触点电路等部分组成,它按照"电生磁→磁生力→力使触点电路动作"的原理,对触点电路的通断进行顺序控制。

继电器电气控制系统是根据控制要求,用导线将一定数量的继电器连接而成的控制电路;如果控制要求比较复杂,需要的继电器就很多,而且继电器之间的布线也会变得十分复杂,人工接线的工作量很大。

PLC 电气控制系统采用 PLC 作为其控制器;PLC 体积虽然很小,可其内部却含有成千上万的"虚拟继电器",并且"虚拟继电器"之间的逻辑连接由"梯形图程序"自动实现,不需要人工进行接线,不管控制要求有多么复杂,都可以通过"编程"来解决,功能十分强大。可见,与采用继电器组成的控制器相比,电气控制系统采用 PLC 作为控制器具有明显的优势。那么如何应用 PLC 进行控制呢?

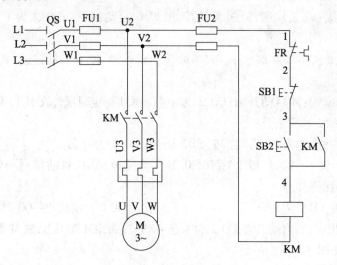

图 2 - 6　启动/停止控制电路

PLC 的程序控制系统就是上面的电工学的逻辑控制系统,如图 2 - 7 所示。PLC 启动/停止控制系统接线图如图 2 - 8 所示,也需要外接启动、停止按钮及输出继电器,所以 PLC 程序控制系统与传统继电器的控制系统相似。

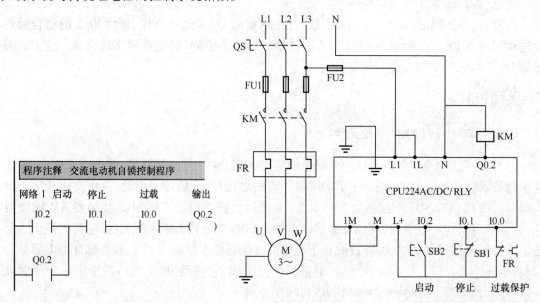

图 2 - 7　PLC 启动/停止控制程序　　　　图 2 - 8　PLC 启动/停止控制系统接线图

传统继电器控制系统的各部件的属性与 PLC 控制系统的软元件有相似之处,但 PLC 的软元件也有很多与传统继电器无法实现的功能;另外传统继电器控制系统的逻辑串电路功能与

PLC 系统的指令系统也有相似之处,但 PLC 系统的指令系统也有本身的方便功能。学习 PLC 编程,首先要详细了解各软元件的属性,再学习系统指令,然后按照控制对象的动作过程进行逻辑构思编程。

(2) 输入映像寄存器。输入映像寄存器是 PLC 用来接收用户设备发来的输入信号,用 I 表示。输入映像寄存器与 PLC 的输入点相连,等效电路如图 2 - 9(a) 所示。编程时应注意,输入映像寄存器的线圈必须由外部信号来驱动,不能在程序内部用指令来驱动。因此,在程序中输入映像寄存器只有触点,而没有线圈。输入映像寄存器地址的编号范围为 I0.0 ~ I15.7,共 128 位。I、Q、V、M、SM、L 均可以按字节、字、双字存取。

(3) 输出映像寄存器。输出映像寄存器用来存放 CPU 执行程序的数据结果,并在输出扫描阶段,将输出映像寄存器的数据结果传送给输出模块,再由输出模块驱动外部负载,等效电路如图 2 - 9(b) 所示。若梯形图中 Q0.0 的线圈得电,对应的硬件继电器的常开触点闭合,使接在标号 Q0.0 端子的外部负载通电,反之则外部负载断电。在梯形图中每一个输出映像寄存器常开和常闭(动断)触点可以多次使用。

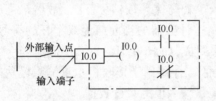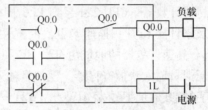

(a) 输入映像寄存器等效电路　　　　(b) 输出映像寄存器等效电路

图 2 - 9　位、输入/输出映像寄存器示意图

(4) 变量存储器。变量存储器用来在程序执行过程中存放中间结果,或者用来保存与工序或任务有关的其他数据。

(5) 位存储器。位存储器(M0.0 ~ M31.7)类似于继电器 - 接触器控制系统中的中间继电器,用来存放中间操作状态或其他控制信息。虽然名为"位存储器",但是也可以按字节、字、双字来存取。S7 - 200 系列 PLC 的 M 存储区只有 32 个字节(即 MB0 ~ MB29)。如果不够用可以用 V 存储区来代替 M 存储区。可以按位、字节、字、双字来存取 V 存储区的数据,如 V10.1、VB0、VW100、VD200 等。

(6) 特殊存储器。特殊存储器用于 CPU 与用户之间交换信息,例如 SM0.0 一直为 1 状态,SM0.1 仅在执行用户程序的第一个扫描周期为 1 状态。SM0.4 和 SM0.5 分别提供周期为 1 min 和 1 s 的时钟脉冲。SM1.0、SM1.1 和 SM1.2 分别为零标志位、溢出标志和负数标志。

(7) 顺序控制继电器。顺序控制继电器又称状态组件,与顺序控制继电器指令配合使用,用于组织设备的顺序操作,以实现顺序控制和步进控制。可以按位、字节、字或双字来存取 S 位,编址范围 S0.0 ~ S31.7。

(8) 局部变量存储器。S7 - 200 系列 PLC 有 64 字节(64 B)的局部变量存储器,编址范围为 LB0.0 ~ LB63.7,其中 60 B 可以用作暂时存储器或者给子程序传递参数。局部变量存储器和变量存储器很相似,主要区别在于局部变量存储器是局部有效的,变量存储器则是全局有效。全局有效是指同一个存储器可以被任何程序(如主程序、中断程序或子程序)存取,局部有效是指存储区和特定的程序相关联。

（9）定时器。PLC 中定时器相当于继电器系统中的时间继电器,用于延时控制。S7 - 200 系列 PLC 有 3 种定时器,它们的时基增量分别为 1 ms、10 ms 和 100 ms,定时器的当前值寄存器是 16 位有符号的整数,用于存储定时器累计的时基增量值(1 ~ 32 767)。定时器的地址编号范围为 T0 ~ T255,它们的分辨率和定时范围各不相同,用户应根据所用 CPU 型号及时基,正确选用定时器编号。

（10）计数器。计数器主要用来累计输入脉冲个数,其结构与定时器相似,其设定值在程序中赋予。CPU 提供了 3 种类型的计数器,分别为加计数器、减计数器和加/减计数器。计数器的当前值为 16 位有符号整数,用来存放累计的脉冲数(1 ~ 32 767)。计数器的地址编号范围为 C0 ~ C255。

（11）累加器。累加器是用来暂存数据的寄存器,可以同子程序之间传递参数,以及存储计算结果的中间值。S7 - 200 系列 PLC 的 CPU 中提供了 4 个 32 位累加器 AC0 ~ AC3。累加器支持字节、字和双字的存取。按字节或字为单位存取时,累加器只使用低 8 位或低 16 位,数据存储长度由所用指令决定。

（12）高速计数器。CPU 224 系列 PLC 提供了 6 个高速计数器(每个计数器最高频率为 30 kHz)用来累计比 CPU 扫描速率更快的事件。高速计数器的当前值为双字长的符号整数,且为只读值。高速计数器的地址由符号 HC 和编号组成,如 HC0,HC1,…,HC5。

（13）模拟量输入映像寄存器。模拟量输入映像寄存器用于接收模拟量输入模块转换后的 16 位数字量,其地址编号为 AIW0、AIW2、…模拟量输入值为只读数据。

（14）模拟量输出映像寄存器。模拟量输出映像寄存器用于暂存模拟量输出模块的输入值,该值经过模拟量输出模块(D/A)转换为现场所需要的标准电压或电流信号,其地址编号以偶数表示,如 AQW0、AQW2…模拟量输出值为只写数据,用户不能读取模拟量输出值。

2. S7 - 200 系列 PLC 的寻址方式

（1）编址方式。在计算机中使用的数据均为二进制数,二进制数的基本单位是 1 个二进制位,8 个二进制位组成 1 字节(1B),2 字节组成 1 个字,2 个字组成 1 个双字。存储器的单位可以是位、字节、字、双字,编址方式也可以是位、字节、字、双字。存储单元的地址由区域标识符、字节地址和位地址组成。

位编址:寄存器标识符 + 字节地址 + 位地址,如 I0.1、M0.0、Q0.3 等。

字节编址:寄存器标识符 + 字节长度(B) + 字节号,如 IB0、VB10、QB0 等。

字编址:寄存器标识符 + 字长度(W) + 起始字节号,如 VW0 表示 VB0、VB1 这 2 字节组成的字。

双字编址:寄存器标识符 + 双字长度(D) + 起始字节号,如 VD20 表示由 VW20、VW21 这两个字组成的双字或由 VB20、VB21、VB22、VB23 这 4 字节组成的双字。

位、字节、字、双字的编址方式如图 2 - 10 所示。

（2）寻址方式。S7 - 200 系列 LPC 指令系统的寻址方式有立即寻址、直接寻址和间接寻址。

立即寻址:对立即数直接进行读写操作的寻址方式称为立即寻址。立即数寻址的数据在指令中以常数形式出现,常数的大小由数据的长度(二进制数的位数)决定。不同数据的取值范围见表 2 - 1。

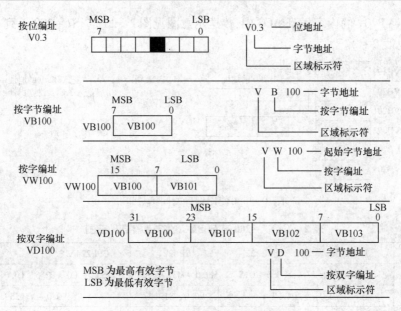

图2-10 位、字节、字、双字的编址方式

表2-1 不同数据的取值范围

数据大小	无符号数范围		有符号数范围	
	十进制	十六进制	十进制	十六进制
字节(8位)	0~255	0~FF	-128~+127	80~7F
字(16位)	0~65 535	0~FFFF	-32 768~+32 768	8000~7FFF
双字(32位)	0~4 294 967 295	0~FFFFFFFF	-2 147 483 648~+2 147 483 647	800000000~7FFFFFFF

S7-200系列PLC中,常数值可为字节、字、双字,存储器以二进制方式存储所有常数。指令中可用二进制、十进制、十六进制或ASCII码形式来表示常数,其具体格式为:

二进制格式:在二进制数前加2#表示,如2#1010。

十进制格式:直接用十进制数表示,如12345。

十六进制格式:在十六进制数前加16#表示,如16#4E4F。

ASCII码格式:用单引号ASCII码文本表示,如'good by'。

直接寻址:指在指令中直接使用存储器的地址编号,直接到指定的区域读取或写入数据,如I0.1、MB10、VW200等。

间接寻址:S7-200系列PLC的CPU允许用指针对下述存储区域进行间接寻址:I、Q、V、M、S、AI、AQ、T(仅当前值)和C(仅当前值)。间接寻址不能用于位地址、HC或L。在使用间接寻址之前,首先要创建一个指向该位置的指针,指针为双字值,用来存放一个存储器的地址,只能用V、L或AC作为指针。

建立指针时必须用双字传送指令(MOVD)将需要间接寻址的存储器地址送到指针中,如"MOVD&VB200,AC1"。指针也可以为子程序传递参数。&VB200表示VB200的地址,而不是VB200中的值,该指令的含义是将VB200的地址送到累加器AC1中。

指针建立好后,可利用指针存取数据。用指针存取数据时,在操作数前加"*"号,表示该操作数为1个指针,如"MOVW *AC1,AC0"表示将AC1中的内容为起始地址一个字长的数据（即 VB200、VB201 的内容送到 AC0 中，传送示意图见图 2－11）。S7－200 系列 PLC 的存储器寻址范围见表 2－2。

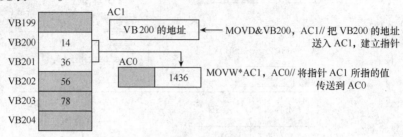

图 2－11　使用指针的间接寻址

表 2－2　S7－200 系列 PLC 的存储器寻址范围

寻址方式	CPU221	CPU222	CPU224	CPU224XP	CPU226
位存储 （字节、位）	I0. 0 ~ I15. 7　　Q0. 0 ~ Q15. 7　　M0. 0 ~ M31. 7　　T0 ~ T255　　C0 ~ C255　　L0. 0 ~ L59. 7				
	V0. 0 ~ V2047. 7		V0. 0 ~ 8191. 7	V0. 0 ~ V10239. 7	
	SM0. 0 ~ SM179. 7	SM0. 0 ~ SM199. 7	SM0. 0 ~ SM549. 7		
字节存取	IB0 ~ IB15　　QB0 ~ QB15　　MB0 ~ MB31　　SB0 ~ SB31　　LB0 ~ LB59　　AC0 ~ AC3				
	VB0 ~ VB2047		VB0 ~ VB8191	VB0 ~ VB10239	
	SMB0. 0 ~ SMB179	SMB0. 0 ~ SMB279	SMB0. 0 ~ SMB549		
字存取	IW0 ~ IW14　　QW0 ~ QW14　　MW0 ~ MW30　　SW0 ~ SW30				
	T0 ~ T255　　C0 ~ C255　　LW0 ~ LW58　　AC0 ~ AC3				
	VW0 ~ SMW178		VW0 ~ VW8190	VW0 ~ VW10238	
	SMW0 ~ SMW178	SMW0 ~ SMW298	SMW0 ~ SMW548		
	AIW0 ~ AIW30	AQW0 ~ AQW30	AIW0 ~ AIW62	AQW0 ~ AQW30	
双字存取	ID0 ~ ID2044　　QD0 ~ QD12　　MD0 ~ MD28　　SD0 ~ SD28　　LD0 ~ LD56　　AC0 ~ AC3				
	VD0 ~ VD2044		VD0 ~ VD8188	VD0 ~ VD10236	
	SMD0 ~ SMD176	SMD0 ~ SMD296	SMD0 ~ SMD546		

　　在可编程序控制器中有多种程序设计语言，它们是梯形图、指令表、顺序功能图、功能块图等。

　　梯形图和指令表是基本程序设计语言，它通常由一系列指令组成，用这些指令可以完成大多数简单的控制功能。例如，代替继电器、计数器、计时器完成顺序控制和逻辑控制等，通过扩展或增强指令集，它们也能执行其他的基本操作。

　　供 S7－200 系列 PLC 使用的 STEP 7－Micro/Win32 编程软件支持 SIMATIC 和 IEC1131－3 两种基本类型的指令集，SIMATIC 是 PLC 专用的指令集，执行速度快，可使用梯形图、指令表、功能块图编程语言。IEC1131－3 是可编程序控制器编程语言标准，IEC1131－3 指令集中指令较少，只能使用梯形图和功能块图两种编程语言。SIMATIC 指令集的某些指令不是 IEC1131－3 中的标准指令。SIMATIC 指令和 IEC1131－3 中的标准指令系统并不兼容。下面将重点介绍 SIMATIC 指令。

3. 梯形图（Ladder Diagram）程序设计语言

梯形图程序设计语言是最常用的一种程序设计语言。它来源于继电器逻辑控制系统的描述。在工业过程控制领域，电气技术人员对继电器逻辑控制技术较为熟悉，因此，由这种逻辑控制技术发展而来的梯形图受到了欢迎，并得到了广泛的应用。梯形图与操作原理图相对应，具有直观性和对应性。与原有的继电器逻辑控制技术的不同点是，梯形图中的能流不是实际意义的电流，内部的继电器也不是实际存在的继电器，因此，应用时，需与原有继电器逻辑控制技术的有关概念区别对待。梯形图的图形指令有 3 种基本形式：

（1）触点：

① 动合触点（常开触点）：—| bit |—；

② 动断触点（常闭触点）：—| / bit |—。

触点符号代表输入条件。如外部开关、按钮及内部条件等。CPU 运行扫描到触点符号时，到触点位指定的存储器位访问（即 CPU 对存储器的读操作）。该位数据（状态）为 1 时，表示能流能通过。计算机读操作的次数不受限制，用户程序中，常开触点，常闭触点可以使用无数次。

（2）线圈。线圈表示输出结果，通过输出接口电路来控制外部的指示灯、接触器及内部的输出条件等。线圈左侧接点组成的逻辑运算结果为 1 时，"能流"可以达到线圈，使线圈得电动作，CPU 将线圈的位地址指定的存储器的位，置1，逻辑运算结果为 0，线圈不通电，存储器的位，置 0。即线圈代表 CPU 对存储器的写操作。PLC 采用循环扫描的工作方式，所以在用户程序中，每个线圈只能使用一次。

（3）指令盒。指令盒代表一些较复杂的功能。如定时器、计数器或数学运算指令等。当"能流"通过指令盒时，执行指令盒所代表的功能。

梯形图按照逻辑关系可分成网络段，分段只是为了阅读和调试方便。在本书部分举例中将网络段省去。图 2 – 12 所示为梯形图示例。

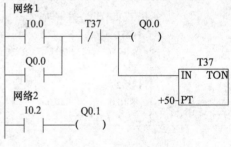

图 2 – 12　梯形图示例

4. 语句表（Command List）程序设计语言

指令表程序设计语言是用布尔助记符来描述程序的一种程序设计语言。指令表程序设计语言与计算机中的汇编语言非常相似，采用布尔助记符来表示操作功能。

指令表程序设计语言具有下列特点：

（1）采用助记符来表示操作功能，具有容易记忆，便于掌握的特点；

（2）在编程器的键盘上采用助记符表示，具有便于操作的特点，可在无计算机的场合进行编程设计；

（3）用编程软件可以将指令表与梯形图相互转换。

例如，将网络图 2 – 12 中的梯形图转换为如下的指令表：

```
网络1
LD      I0.0
O       Q0.0
AN      T37
=       Q0.0
TON     T37, +50
网络2
LD      I0.2
=       Q0.1
```

5. 基本位操作指令

位操作指令是 PLC 常用的基本指令,梯形图指令有触点和线圈两大类,触点又分常开触点和常闭触点两种形式;指令表有与、或以及输出等逻辑关系,位操作指令能够实现基本的位逻辑运算和控制。

1）逻辑取(装载)及线圈驱动指令 LD/LDN

（1）指令功能:

LD(Load):常开触点逻辑运算的开始。对应梯形图则为在左侧母线或线路分支点处初始装载一个常开触点。

LDN(Load Not):常闭触点逻辑运算的开始(即对操作数的状态取反),对应梯形图则为在左侧母线或线路分支点处初始装载一个常闭触点。

=(OUT):输出指令,对应梯形图则为线圈驱动。对同一元件只能使用一次。

（2）指令格式如图 2 – 13 所示。

(a)梯形图   (b)指令表

图 2 – 13　LD/LDN、OUT 指令的使用

说明:

① 触点代表 CPU 对存储器的读操作,常开触点和存储器的位状态一致,常闭触点和存储器的位状态相反。用户程序中同一触点可使用无数次。

如存储器 I0.0 的状态为 1,则对应的常开触点 I0.0 接通,表示能流可以通过;而对应的常闭触点 I0.0 断开,表示能流不能通过。存储器 I0.0 的状态为 0,则对应的常开触点 I0.0 断开,表示能流不能通过;而对应的常闭触点 I0.0 接通,表示能流可以通过。

② 线圈代表 CPU 对存储器的写操作,若线圈左侧的逻辑运算结果为 1,表示能流能够达到线圈,CPU 将该线圈所对应的存储器的位,置 1,若线圈左侧的逻辑运算结果为 0,表示能流不能够达到线圈,CPU 将该线圈所对应的存储器的位,置 0。用户程序中,同一线圈只能使用一次。

(3) LD/LDN,OUT 的指令使用说明:

LD/LDN 指令用于与输入公共母线相连的接点,也可与 OLD、ALD 指令配合使用用于分支回路的开头。

OUT 指令用于 Q、M、SM、T、C、V、S。但不能用于输入映像寄存器 I。输出端不带负载时,控制线圈应尽量使用 M 或其他,而不用 Q。“ = ”可以并联使用无数次,但不能串联。如图 2－14 所示。

LD/LDN 的操作数:I、Q、M、SM、T、C、V、S。

OUT 的操作数:Q、M、SM、T、C、V、S。

```
LD   I0.0
=    M0.0
=    Q0.0
```

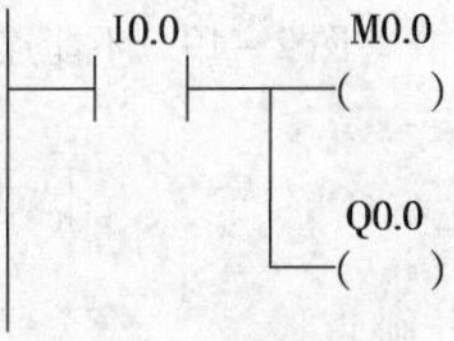

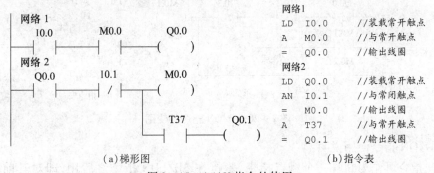

(a)梯形图　　(b)指令表

图 2－14　LD/LDN 并联使用

2) 触点串联指令 A(And)、AN(And not)

(1) 指令功能:

A(And):与操作,在梯形图中表示串联连接单个常开触点。

AN(And not):与非操作,在梯形图中表示串联连接单个常闭触点。

(2) 指令格式如图 2－15 所示。

```
网络1
LD   I0.0      //装载常开触点
A    M0.0      //与常开触点
=    Q0.0      //输出线圈
网络2
LD   Q0.0      //装载常开触点
AN   I0.1      //与常闭触点
=    M0.0      //输出线圈
A    T37       //与常开触点
=    Q0.1      //输出线圈
```

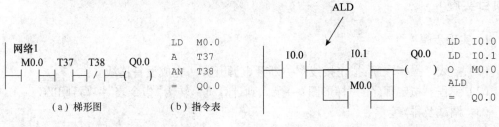

(a)梯形图　　(b)指令表

图 2－15　A/AN 指令的使用

(3) A/AN 指令使用说明:

A/AN 是单个触点串联连接指令,可连续使用,如图 2－16 所示。

若要串联多个接点组合回路时,必须使用 ALD 指令,如图 2－17 所示。

```
LD   M0.0
A    T37
AN   T38
=    Q0.0
```

(a) 梯形图　　(b) 指令表

图 2－16　A/AN 指令示例

```
LD   I0.0
LD   I0.1
O    M0.0
ALD
=    Q0.0
```

图 2－17　ALD 指令示例

若按正确次序编程(即输入:左重右轻、上重下轻;输出:上轻下重),可以反复使用 OUT 指令,如图 2－18 所示。但若按图 2－19 所示的次序编程,就不能连续使用 OUT 指令。

A/AN 的操作数:I、Q、M、SM、T、C、V、S。

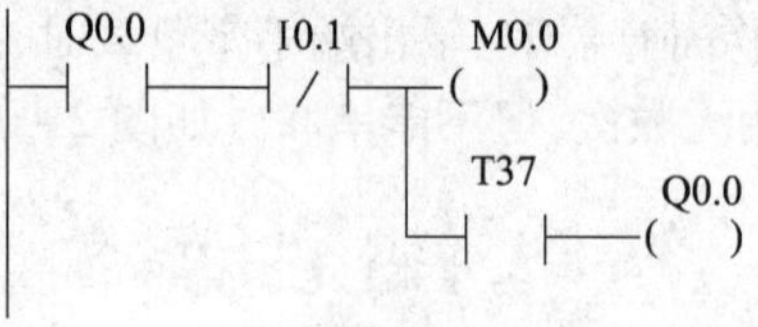

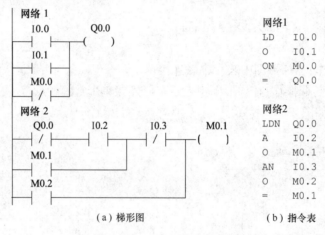

(a) 梯形图

```
LD   Q0.0
AN   I0.1
=    M0.0
A    T37
=    Q0.1
```

(b) 指令表

图 2－18　反复使用输出指令的示例

```
LD   Q0.0
AN   I0.1
LPS
A    T37
=    Q0.1
LPP
=    M0.0
```

图 2－19　不能连续使用输出指令的示例

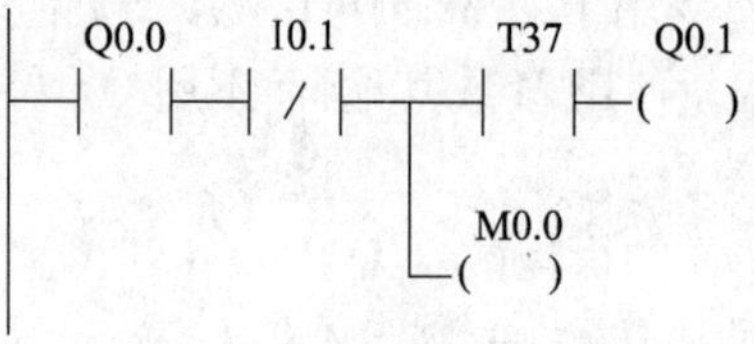

3) 触点并联指令:O(Or)/ON(Or not)

(1) 指令功能:

O:或操作,在梯形图中表示并联连接一个常开触点。

ON:或非操作,在梯形图中表示并联连接一个常闭触点。

(2) 指令格式如图 2－20 所示。

(a) 梯形图

```
网络1
LD   I0.0
O    I0.1
ON   M0.0
=    Q0.0

网络2
LDN  Q0.0
A    I0.2
O    M0.1
AN   I0.3
O    M0.2
=    M0.1
```

(b) 指令表

图 2－20　O/ON 指令的使用

(3) O/ON 指令使用说明:

O/ON 指令可作为并联一个触点指令,紧接在 LD/LDN 指令之后用,即对其前面的 LD/LDN 指令所规定的触点并联一个触点,可以连续使用。

若要并联连接两个以上触点的串联回路时,须采用 OLD 指令。

O/ON 操作数:I、Q、M、SM、V、S、T、C。

【项目实施】

1. 实现步骤

(1) 接线。操作顺序:拟定接线图→断开电源开关→完成设备连线。

(2) 编程。拟定程序的"梯形图"→录入到计算机→转为"指令表"→写到 PLC。

(3) 调试及排障。

(4) 新方案试探。

（5）填写 5 个工作单。

2. 实现内容及实现过程

（1）接线。操作顺序:拟定接线图→断开电源开关→完成设备连线。依据 I/O 分配,结合 PLC 设备,拟定本例供实际操作使用的接线图,如图 2 - 21 所示。按照图 2 - 22 所示的设备接线顺序接好设备之间的连线。接线之前,一定要先断开 24 V 电源开关,以免造成短路。接线时,针对不同的设备采用不同颜色的导线加以区分,如电源线用黑色线,输出线用红色线,输入线用蓝色线,以便调试、检查和排障。

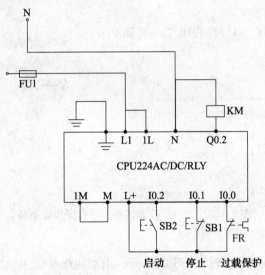

图 2 - 21 设备接线图

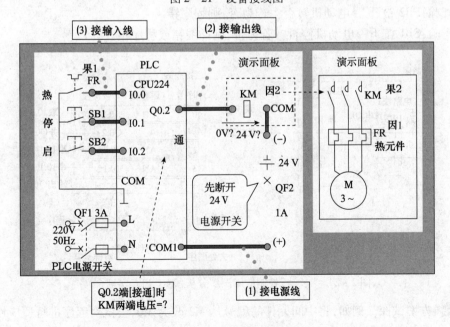

图 2 - 22 "长动"控制的接线顺序

（2）编程，操作顺序：拟定"梯形图"程序→录入到计算机→转为"指令表"→写到 PLC。

① 拟定"梯形图"程序，如图 2 – 23（a）所示。

② "梯形图"程序→录入到计算机。双击指令图标→弹出梯形图编程窗口，录入"梯形图"程序。

③ "梯形图"程序→转为"指令表"程序。单击"工具转换"按钮→编程软件将"梯形图"自动转换成"指令表"

本例程序的指令表如图 2 – 23（b）所示

④ 保存程序，以备后用。单击"文件保存"按钮→将文件名改为 CHANGDONG. PMW→单击"确定"按钮。

⑤ "指令表"从计算机 →经编程电缆→写到 PLC。

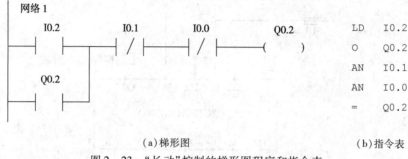

（a）梯形图 　　　　　　　　　　　　（b）指令表

图 2 – 23 "长动"控制的梯形图程序和指令表

（3）调试及排障：

① 查验：SB2 按下→电动机转否？；SB2 松开→电动机继续转否？"长动"控制故障图解分析如图 2 – 24 所示。

② 查验：SB2 松开 →电动机转否？ 若为否，则程序错。

③ 查验：SB1 按下→电动机停否？ 若为否，则插线错或程序错。

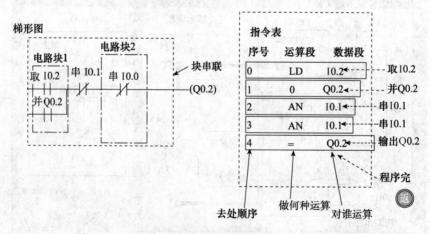

图 2 – 24 "长动"控制故障图解分析（基于 PLC 实训台）

（4）新方案试探。例如，将中间元件的编号从 M2 改为 M0，尝试对程序进行适应性修改。

（5）完善 5 个工作单。

西博士提示

【关键点问题】

（1）经典法编程要点：程序拼合＋中间元件。

（2）"长动"程序：需引进中间元件，以解决点动时出现的"误自锁"问题。

（3）程序的扫描分析：运用主令信号作为前后两次扫描的切换点。

（4）主要技术内容：工序及控制要求、I/O 分配图→接线图、梯形图等。

（5）主要实践步骤：电气接线→程序录入→操作调试→新方案试探。

【练习】

1. 设计电动机的两地控制程序并调试。要求：按下 A 地的启动按钮或 B 地的启动按钮，电动机均可启动运行，按下 A 地的停止按钮或 B 地的停止按钮，电动机均能停止。

2. 某机床用两台电动机 M1 和 M2。要求 M1 启动后 M2 才能启动，任一台电动机过载两台电动机均停止，按下停止按钮时两台电动机同时停止。画出主电路，设计 PLC 程序并进行调试。

任务2.2　电动机正反转控制

西博士提示

PLC"老改新"编程法适合于旧设备改造项目的 PLC 编程。电动机的正反转控制广泛用于需要往返运动的生产设备，如小车送料、电动葫芦等，其控制程序可采用"老改新"编程法。

【任务】

用 PLC 实现电动机正反转控制系统的功能。

【目标】

（1）知识目标：电动机的正反转控制工序及控制要求、I/O 分配图、接线图、梯形图等；

（2）技能目标：电动机的正反转控制电气连接、程序录入、操作调试、新方案试探等。

【甲方要求】——【任务导入】

应用 PLC 技术实现对电动机的正反转控制，运用 PLC"老改新"编程法编写控制程序。控制要求：

（1）按下正转按钮，电动机正向启动运行；

（2）按下反转按钮，电动机反向启动运行；

（3）有过载保护和互锁保护；

（4）按下停止按钮，电动机停止运行。

【拓展】

线圈的互禁互锁、工作台自动往复循环的 PLC 控制。

【乙方设计】——【五单一支持】

方案设计单

项目名称	西门子 S7 – 200 系列 PLC 基本指令及应用		任务名称		电动机正反转控制
方案设计分工					
子任务		提交材料		承担成员	完成工作时间
PLC 机型选择		PLC 选型分析			
低压电器选型		低压电器选型分析			
位置传感器选型		位置传感器选型分析			
电气安装方案		图样			
方案汇报		PPT			
学习过程记录					
班级		小组编号		成员	
说明:小组每个成员根据方案设计的任务要求,进行认真学习,并将学习过程的内容(要点)进行记录,同时也将学习中存在的问题进行记录					
方案设计工作过程					
开始时间			完成时间		
说明:根据小组每个成员的学习结果,通过小组分析与讨论,最后形成设计方案					
结构框图					
原理说明					
关键元器件型号					
实施计划					
存在的问题及建议					

硬件设计单

项目名称	西门子 S7 – 200 系列基本指令及应用		任务名称	电动机正反转控制
硬件设计分工				
子任务	提交材料		承担成员	完成工作时间
主电路设计	主电路图、元器件清单			
PLC 接口电路设计	PLC 接口电路图 元器件清单			
硬件接线图绘制	元器件布局图 电路接线图			
硬件安装与调试	装配与调试记录			
学习过程记录				
班级		小组编号		成员
说明:小组每个成员根据硬件设计的任务要求,进行认真学习,并将学习过程的内容(要点)进行记录,同时也将学习中存在的问题进行记录				
硬件设计工作过程				
开始时间		完成时间		
说明:根据硬件系统基本结构,画出系统各模块的原理图,并说明工作原理				
主电路图				
PLC 接口 电路图				
元器件 布局图				
电路接线图				
存在的问题 及建议				

软件设计单

项目名称	西门子 S7 – 200 系列 PLC 基本指令及应用	任务名称	电动机正反转控制

软件设计分工			
子任务	提交材料	承担成员	完成工作时间
单周期运行程序设计			
连续运行程序设计	程序流程图及源程序		
输出信号控制程序设计			
…			

学习过程记录					
班级		小组编号		成员	

软件设计工作过程			
开始时间		完成时间	

说明：根据软件系统结构，画出系统各模块的程序图，及各模块所使用的资源

单周期运行程序	
连续运行程序	
输出信号控制程序	
存在的问题及建议	

程序编制与调试单

项目名称	西门子 S7 – 200 系列 PLC 基本指令及应用		任务名称	电动机正反转控制
软件设计分工				
子任务	提交材料		承担成员	完成工作时间
编程软件的安装	安装方法			
编程软件的使用	使用方法			
程序编辑	编辑方法			
程序调试	调试方法			
学习过程记录				
班级		小组编号	成员	

程序编辑与调试工作过程	
开始时间	完成时间
说明:根据程序编辑与调试要求进行填写	
编程软件的使用	
程序编辑	
程序调试	
存在的问题及建议	

评价单——基础能力评价

考核项目	考核点	权重	考核标准			得分
			A(1.0)	B(0.8)	C(0.6)	
任务分析 (15%)	资料收集	5%	能比较全面地提出需要学习和解决的问题,收集的学习资料较多	能提出需要学习和解决的问题,收集的学习资料较多	能比较笼统地提出一些需要学习和解决的问题,收集的学习资料较少	
	任务分析	10%	能根据产品用途,确定功能和技术指标。产品选型实用性强,符合企业的需要	能根据产品用途,确定功能和技术指标。产品选型实用性强	能根据产品用途,确定功能和技术指标	
方案设计 (20%)	系统结构	7%	系统结构清楚,信号表达正确,符合功能要求			
	元器件选型	8%	主要元器件的选择,能够满足功能和技术指标的要求,按钮设置合理,操作简便	主要元器件的选择,能够满足功能和技术指标的要求,按钮设置合理	主要元器件的选择,能够满足功能和技术指标的要求	
	方案汇报	5%	PPT 简洁、美观、信息丰富,汇报条理性好,语言流畅	PPT 简洁、美观、内容充实,汇报语言流畅	有 PPT,能较好地表达方案内容	
详细设计与制作 (50%)	硬件设计	10%	PLC 选型合理,电路设计正确,元器件布局合理、美观,接线图走线合理	PLC 选型合理,电路设计正确,元器件布局合理,接线图走线合理	PLC 选型合理,电路设计正确,元器件布局合理	
	硬件安装	8%	仪器、仪表及工具的使用符合操作规范,元器件安装正确规范,布线符合工艺标准,工作环境整洁	仪器、仪表及工具的使用符合操作规范,少量元器件安装有松动,布线符合工艺标准	仪器、仪表及工具的使用符合操作规范,元器件安装位置不符合要求,有 3~5 根导线不符合布线工艺标准,但接线正确	
	程序设计	22%	程序模块划分正确,流程图符合规范、标准,程序结构清晰,内容完整			
	程序调试	10%	调试步骤清楚,目标明确,有调试方法的描述。调试过程记录完整,有分析,结果正确。出现故障有独立处理能力	程序调试有步骤,有目标,有调试方法的描述。调试过程记录完整,结果正确	程序调试有步骤,有目标。调试过程有记录,结果正确	
技术文档 (5%)	设计资料	5%	设计资料完整,编排顺序符合规定,有目录			
学习汇报(10%)		10%	能反思学习过程,认真总结学习经验	能客观总结整个学习过程的得与失		
项目得分						
指导教师			日期		项目得分	
总结						

评价单——提升能力评价

考核项目	考 核 点	配分	考 核 标 准	扣分	得分
设备安装	(1) 会分配端口、画 I/O 接线图； (2) 按图完整、正确及规范接线； (3) 按照要求编号	30	(1) 不能正确分配端口，扣 5 分，画错 I/O 接线图，扣 5 分； (2) 错、漏线，每处扣 2 分； (3) 错、漏编号，每处扣 1 分		
编程操作	(1) 会采用时序波形图法设计程序； (2) 正确输入梯形图； (3) 正确保存文件； (4) 会转换梯形图； (5) 会传送程序	30	(1) 不能设计出程序或设计错误，扣 10 分； (2) 输入梯形图错误，每处扣 2 分； (3) 保存文件错误，扣 4 分； (4) 转换梯形图错误，扣 4 分； (5) 传送程序错误，扣 4 分		
运行操作	(1) 运行系统,分析操作结果； (2) 正确监控梯形图	30	(1) 系统通电操作错误，每处扣 3 分； (2) 分析操作结果错误，每处扣 2 分； (3) 监控梯形图错误，扣 4 分		
安全、文明工作	(1) 安全用电，无人为损坏仪器、元器件和设备； (2) 保持环境整洁,秩序井然,操作习惯良好； (3) 小组成员协作和谐，态度端正； (4) 不迟到、早退、旷课	10	(1) 发生安全事故，扣 10 分； (2) 人为损坏设备、元器件，扣 10 分； (3) 现场不整洁、工作不文明、团队不协作，扣 5 分； (4) 不遵守考勤制度，每次扣 2~5 分		
合计					

总结与收获

【技术支持】

1. 正反转

正转:按下正转按钮 SB2→电动机通正序交流电启动旋转,按下停止按钮 SB1→电动机停止旋转。

反转:按下反转按钮 SB3→电动机通反序交流电启动旋转,按下停止按钮 SB1→电动机停止旋转。

所谓"正反转",是指即可使电动机按照"正转"方式工作,也可使电动机按照"反转"方式工作。具体含义如图 2-25 所示。

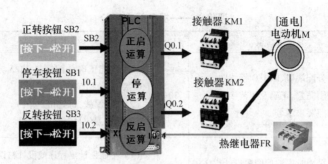

图 2 - 25　电动机正反转的控制过程示意图

2. 三相交流电动机的正序电和反序电

如图 2 - 26 所示,将三相电源进线(L1、L2、L3)依序与电动机的 3 个绕组首端(U、V、W)相连,就可使电动机获正序交流电而正向旋转;只要将三相电源进线中的两个边相对调,就可改变电动机的通电相序,使电动机获得反序交流电而反向旋转。

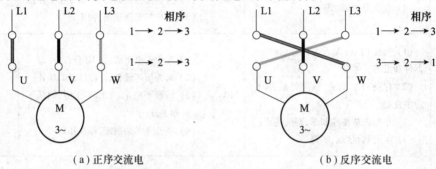

（a）正序交流电　　　　　　　　　　　　　　（b）反序交流电

图 2 - 26　正序交流电与反序交流电的接线图

如图 2 - 25 所示,用 PLC 实现对交流电动机的"正反转"控制,需要正转按钮 SB2、停车按钮 SB1、反转按钮 SB3,还需要 PLC、正转接触器 KM1、反转接触器 KM2、电动机 M 等。

电动机正反转的控制要求可用推导路线图表示,如图 2 - 27 所示。

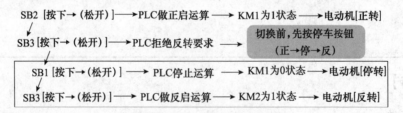

图 2 - 27　电动机正反转控制的工作过程

（1）正转按钮 SB2 按下→电动机正转→反转按钮失效。

（2）停车按钮 SB1 按下→电动机停止。

（3）反转按钮 SB3 按下→电动机反转→正转按钮失效。

正反转切换顺序为:正→停→反,反→停→正,即切换前,要先按停车按钮。

互锁是两台设备之间的一种约束关系,当第一台设备处于"工作状态(1 态)"时,依靠这种约束关系,使第二台设备无法进入"工作状态(1 态)",直到第一台设备退出工作状态为止;反之亦然。

本例中 KM1 与 KM2 之间的互锁关系可用"开关量算式"表示,即 KM1 · KM2 = 1

提醒:在用"老改新"编程法对老设备进行 PLC 改进时,主电路应保持不变,只需对辅助控制电路进行改造。

"老改新"编程法的编程思路是:老辅助电路转换为 PLC 接线图和 PLC 梯形图。具体转换过程如图 2 – 28 所示。

西博士提示

使用"老改新"编程时,转换步骤如下。

(1) 将老辅助电路的输入开关逐一接到 PLC 的相应输入端;老辅助电路的线圈逐一改接到 PLC 的相应输出端,并保留线圈之间的硬互锁关系(如 KM1 与 KM2 之间的硬互锁关系)不变。

(2) 将老辅助电路的触点、线圈逐一转换成 PLC 梯形图虚拟电路中的虚拟触点、虚拟线圈,并保持连接顺序不变,但要将虚拟线圈右侧的触点改接到虚拟线圈左侧。

(3) 检查所得 PLC 梯形图虚拟电路是否满足控制要求;若有不满足之处应做局部修改。

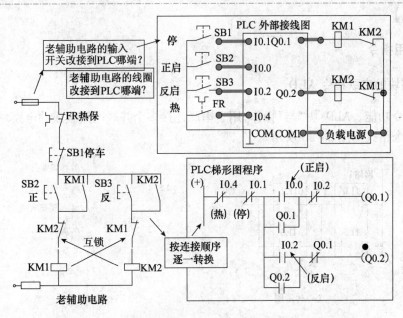

图 2 – 28　老辅助电路转换为 PLC 外部接线图和 PLC 梯形图

提醒:虽然在梯形图中已经对正反转虚拟继电器进行了"软互锁"但在 PLC 外部输出电路中还必须对正反转接触器 KM1 与 KM2 进行"硬互锁"以避免切换时发生短路故障。

提醒:如何实现线圈 Q0.1 与 Q0.2 之间的互锁功能? 先将 Q0.1 的一个常闭触点与 Q0.2 的电路图相串联。在将 Q0.2 的 1 个常闭触点与 Q0.1 的线圈相串联即可。

所得程序的梯形图如图 2 – 29 所示。不难发现,该梯形图虚拟电路实际上是由两个启保停电路组合而成，分别控制电动机的正转与反转。例如，按下正转按钮 SB2，I0.0 变为 1 态，其常开触点接通，Q0.1 线圈通电并自保，通过 Q0.1 的输出端，使 KM1 线圈通电，电动机开始正转；按下停车按钮 SB1，I0.1 为 1 态，其常闭触点断开，使 Q0.1 线圈“断电”，电动机停止运转。这说明该梯形图程序能够实现正转控制；同理，它也能实现反转控制。

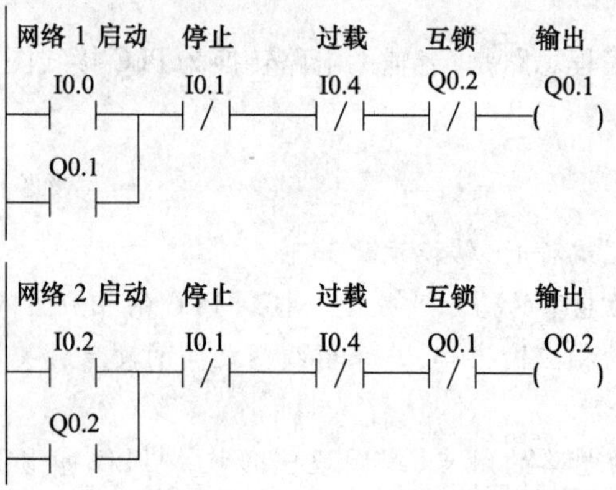

图 2－29　正反转梯形图

结论：所得梯形图既能够满足“正→停→反”的控制要求，也能满足“反→停→正”的控制要求。

【相关知识】

一、常用指令

1. 电路块的串联指令 ALD

(1) 指令功能。ALD：块“与”操作，用于串联连接多个并联电路组成的电路块。

(2) 指令格式如图 2－30 所示。

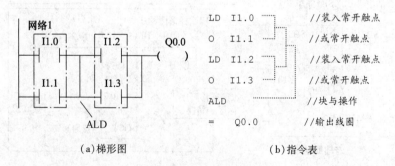

(a) 梯形图

```
LD  I1.0      //装入常开触点
O   I1.1      //或常开触点
LD  I1.2      //装入常开触点
O   I1.3      //或常开触点
ALD           //块与操作
=   Q0.0      //输出线圈
```

(b) 指令表

图 2－30　ALD 指令使用

(3) ALD 指令使用说明：

① 并联电路块与前面电路串联连接时，使用 ALD 指令。分支的起点用 LD/LDN 指令，并联电路结束后使用 ALD 指令与前面电路串联。

② 可以顺次使用 ALD 指令串联多个并联电路块，支路数量没有限制，如图 2－31 所示。

③ ALD 指令无操作数。

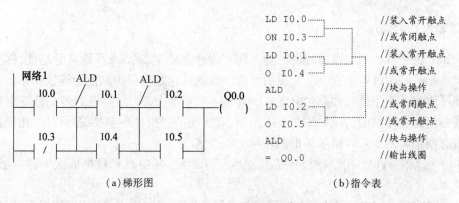

LD I0.0	//装入常开触点
ON I0.3	//或常闭触点
LD I0.1	//装入常开触点
O I0.4	//或常开触点
ALD	//块与操作
LD I0.2	//或常闭触点
O I0.5	//或常开触点
ALD	//块与操作
= Q0.0	//输出线圈

（a）梯形图　　　　　　（b）指令表

图 2-31　ALD 指令使用

2. 电路块的并联指令 OLD

（1）指令功能。OLD：块"或"操作，用于并联连接多个串联电路组成的电路块。

（2）指令格式如图 2-32 所示。

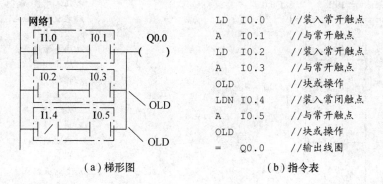

LD I0.0	//装入常开触点
A I0.1	//与常开触点
LD I0.2	//装入常开触点
A I0.3	//与常开触点
OLD	//块或操作
LDN I0.4	//装入常闭触点
A I0.5	//与常开触点
OLD	//块或操作
= Q0.0	//输出线圈

（a）梯形图　　　　　　（b）指令表

图 2-32　OLD 指令的使用

（3）OLD 指令使用说明：

① 并联连接几个串联支路时，其支路的起点以 LD/LDN 开始，并联结束后用 OLD。

② 可以顺次使用 OLD 指令并联多个串联电路块，支路数量没有限制。

③ OLD 指令无操作数。

【例 2-1】　根据图 2-33 所示梯形图，写出对应的指令表。

LD I0.0	OLD
O I0.1	O I0.6
LD I0.2	ALD
A I0.3	ON I0.7
LD I0.4	= Q0.0
AN I0.5	

图 2-33　例 2-1 图

3. 逻辑堆栈的操作

S7 – 200 系列 PLC 采用模拟栈的结构。用于保存逻辑运算结果及断点的地址,称为逻辑堆栈。S7 – 200 系列 PLC 中有一个 9 层的堆栈。在此讨论断点保护功能的堆栈操作。

堆栈操作指令用于处理线路的分支点。在编制控制程序时,经常遇到多个分支电路同时受一个或一组触点控制的情况如图 2 – 34 所示,若采用前述指令不容易编写程序,用堆栈操作指令则可方便地将图 2 – 34 所示梯形图转换为指令表。

LPS(入栈)指令:LPS 指令把栈顶值复制后压入堆栈,栈中原来数据依次下移一层,栈底值压出丢失。

LRD(读栈)指令:LRD 指令把逻辑堆栈第二层的值复制到栈顶,2 ~ 9 层数据不变,堆栈没有压入和弹出,但原栈顶的值丢失。

LPP(出栈)指令:LPP 指令把堆栈弹出一级,原第二级的值变为新的栈顶值,原栈顶数据从栈内丢失。

LPS、LRD、LPP 指令的操作过程如图 2 – 34 所示。

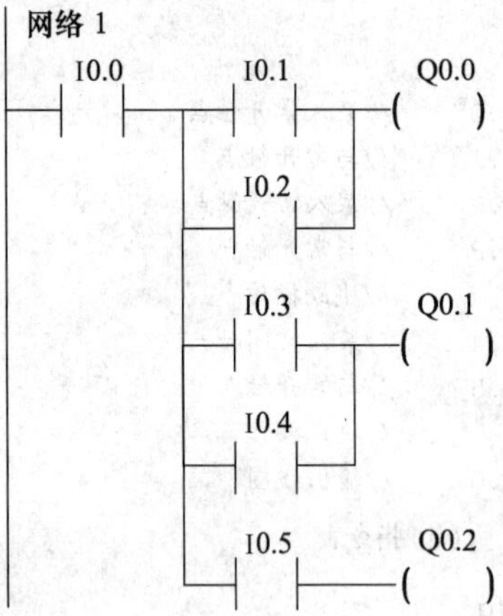

```
网络 1
   I0.0      I0.1        Q0.0
   ┤├───────┤├──────────( )           LD    I0.0    //装载常开触点
                                       LPS           //压入堆栈
            I0.2                       LD    I0.1    //装载常开触点
            ┤├                         O     I0.2    //或常开触点
                                       ALD           //块与操作
                                       =     Q0.0    //输出线圈
   I0.3                 Q0.1           LRD           //读栈
   ┤├──────────────────( )            LD    I0.3    //装载常开触点
                                       O     I0.4    //或常开触点
   I0.4                                ALD           //块与操作
   ┤├                                  =     Q0.1    //输出线圈
                                       LPP           //出栈
   I0.5                 Q0.2           A     I0.5    //与常开触点
   ┤├──────────────────( )            =     Q0.2    //输出线圈
```

图 2 – 34   LPS、LRD、LPP 指令的操作

逻辑堆栈指令可以嵌套使用,最多为 9 层。为保证程序地址指针不发生错误,入栈指令 LPS 和出栈指令 LPP 必须成对使用,最后一次读栈操作应使用出栈指令 LPP。

堆栈指令没有操作数。

4. 置位/复位指令 S/R

(1) 指令功能:

置位指令 S:使能输入有效后从起始位 S – bit 开始的 N 个位,置 1 并保持。

复位指令 R:使能输入有效后从起始位 S – bit 开始的 N 个位,清 0 并保持。

(2) 指令格式见表 2 – 3,用法如图 2 – 35 所示,时序如图 2 – 36 所示。

(3) 指令使用说明:

① 对同一元件(同一寄存器的位)可以多次使用 S/R 指令(与 OUT 指令不同)。

② 由于是扫描工作方式,当置位/复位指令同时有效时,写在后面的指令具有优先权。

③ 操作数 N 为:VB, IB, QB, MB, SMB, SB, LB, AC, 常量, * VD, * AC, * LD。取值

范围为:0～255。数据类型为:字节。

④ 操作数 S－bit 为:I, Q, M, SM, T, C, V, S, L。数据类型为:布尔。

⑤ 置位/复位指令通常成对使用,也可以单独使用或与指令盒配合使用。

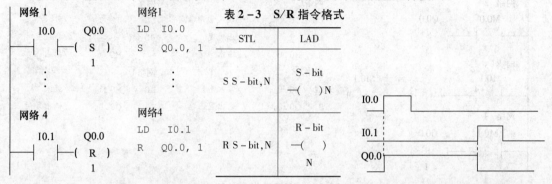

图 2－35　S/R 指令的使用

表 2－3　S/R 指令格式

STL	LAD
S S－bit,N	S－bit —(　)N
R S－bit,N	R－bit —(　) N

图 2－36　S/R 指令的时序图

【例 2－2】　图 2－37 所示的置位/复位指令应用举例及时序分析。

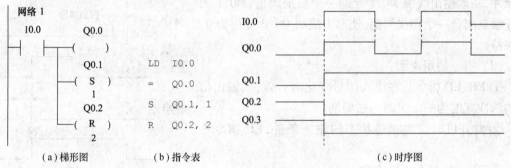

(a) 梯形图　(b) 指令表　(c) 时序图

图 2－37　置位/复位指令应用举例

5. 脉冲生成指令 EU/ED

(1) 指令功能:EU 指令:

在 EU 指令前有一个上升沿时(由 OFF→ON)产生一个宽度为一个扫描周期的脉冲,驱动其后输出线圈。

ED 指令:在 ED 指令前有一个下降沿时(由 ON→OFF)产生一个宽度为一个扫描周期的脉冲,驱动其后输出线圈。

(2) 指令格式见表 2－4,用法如图 2－38 所示,时序图如图 2－39 所示。

表 2－4　EU/ED 指令格式

STL	LAD	操作数
EU(Edge Up)	—| P |—	无
ED(Edge Down)	—| N |—	无

程序及运行结果分析如下:

I0.0 的上升沿,经触点(EU)产生一个扫描周期的时钟脉冲,驱动输出线圈 M0.0 导通一个扫描周期,M0.0 的常开触点闭合一个扫描周期,使输出线圈 Q0.0 置位为 1,并保持。

```
网络1
LD   I0.0      //装入常开触点
EU             //正跳变
=    M0.0      //输出
网络2
LD   M0.0      //装入
S    Q0.0, 1   //输出置位
网络3
LD   I0.1      //装入
ED             //负跳变
=    M0.1      //输出
网络4
LD   M0.1      //装入
R    Q0.0, 1   //输出复位
```

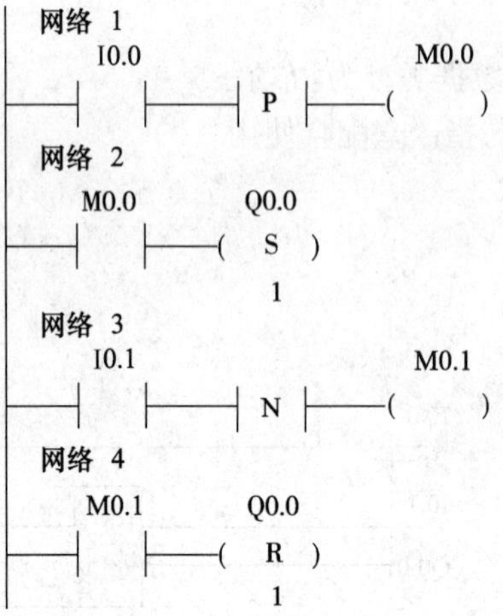

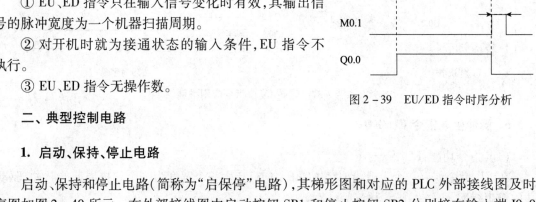

图 2－38　EU/ED 指令的使用

I0.1 的下降沿，经触点（ED）产生一个扫描周期的时钟脉冲，驱动输出线圈 M0.1 导通一个扫描周期，M0.1 的常开触点闭合一个扫描周期，使输出线圈 Q0.0 复位为 0，并保持。

图 2－39　EU/ED 指令时序分析

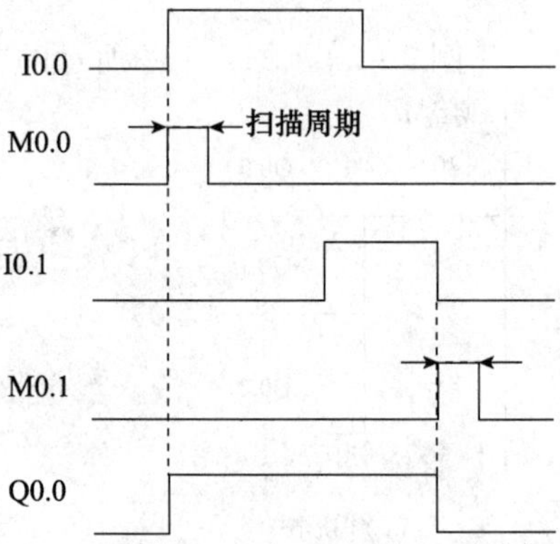

（3）指令使用说明：

① EU、ED 指令只在输入信号变化时有效，其输出信号的脉冲宽度为一个机器扫描周期。

② 对开机时就为接通状态的输入条件，EU 指令不执行。

③ EU、ED 指令无操作数。

二、典型控制电路

1. 启动、保持、停止电路

启动、保持和停止电路（简称为“启保停”电路），其梯形图和对应的 PLC 外部接线图及时序图如图 2－40 所示。在外部接线图中启动按钮 SB1 和停止按钮 SB2 分别接在输入端 I0.0 和 I0.1，负载接在输出端 Q0.0。因此输入映像寄存器 I0.0 的状态与启动按钮 SB1 的状态相对应，输入映像寄存器 I0.1 的状态与停止按钮 SB2 的状态相对应。而程序运行结果写入输出映像寄存器 Q0.0，并通过输出电路控制负载。图中的启动信号 I0.0 和停止信号 I0.1 是由启动按钮和停止按钮提供的信号，持续 ON 的时间一般都很短，这种信号称为短信号。“启保停”电路最主要的特点是具有“记忆”功能，按下启动按钮，I0.0 的常开触点接通，如果这时未按停止按钮，I0.1 的常闭触点接通，Q0.0 的线圈“得电”，它的常开触点同时接通。松开启动按钮，I0.0 的常开触点断开，“能流” 经 Q0.0 的常开触点和 I0.1 的常闭触点流过 Q0.0 的线圈，Q0.0 仍为 ON，这就是所谓的“自锁”或“自保持”功能。按下停止按钮，I0.1 的常闭触点断开，使 Q0.0 的线圈失电，其常开触点断开，以后即使松开停止按钮，I0.1 的常闭触点恢复接通状态，Q0.0 的线圈仍然“失电”。时序分析如图 2－40（c）所示。这种功能也可以用图 2－40（d）中的 S/R 指令来实现。在实际电路中，启动信号和停止信号可能由多个触

点组成的串、并联电路提供。

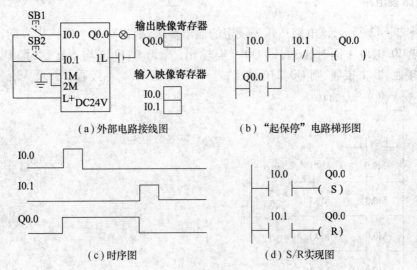

（a）外部电路接线图　　　（b）"起保停"电路梯形图

（c）时序图　　　　　　（d）S/R 实现图

图 2-40 "启保停"控制电路

小结：

（1）每一个传感器或开关输入对应一个 PLC 确定的输入点，每一个负载对应 PLC 一个确定的输出点。

（2）为了使梯形图和继电器接触器控制的电路图中的触点的类型相同，外部按钮一般用常开按钮。

2. 互锁电路

如图 2-41 所示输入信号 I0.0 和输入信号 I0.1，若 I0.0 先接通，M0.0 自保持，使 Q0.0 有输出，同时 M0.0 的常闭触点断开，即使 I0.1 再接通，也不能使 M0.1 动作，故 Q0.1 无输出。若 I0.1 先接通，则情形与前述相反。因此在控制环节中，该电路可实现信号互锁。

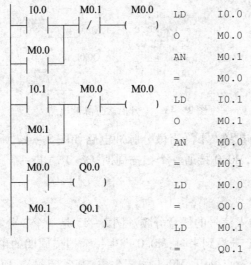

图 2-41 互锁电路

3. 比较电路

如图 2-42 所示,该电路按预先设定的输出要求,根据对两个输入信号的比较,决定某一输出。若 I0.0、I0.1 同时接通,则 Q0.0 有输出;若 I0.0、I0.1 均不接通,则 Q0.1 有输出;若 I0.0 不接通、I0.1 接通,则 Q0.2 有输出;若 I0.0 接通、I0.1 不接通,则 Q0.3 有输出。

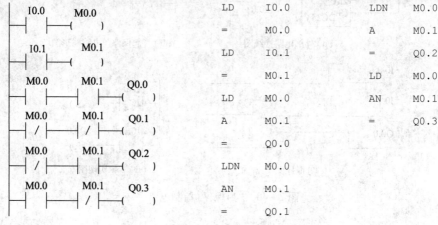

图 2-42 比较电路

4. 微分脉冲电路

(1) 上升沿微分脉冲电路。上升沿微分脉冲电路如图 2-43 所示。PLC 是以循环扫描方式工作的,PLC 第一次扫描时,输入 I0.0 由 OFF→ON 时,M0.0、M0.1 线圈得电,Q0.0 线圈得电。在第一个扫描周期中,在第一行的 M0.1 的常闭触点保持接通,因为扫描该行时,M0.1 线圈的状态为失电。一个扫描周期其状态只刷新一次,等到 PLC 第二次扫描时,M0.1 的线圈为得电状态,其对应的 M0.1 常闭触点断开,M0.0 线圈失电,Q0.0 线圈失电,所以 Q0.0 接通时间为一个扫描周期。

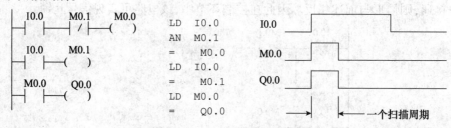

图 2-43 上升沿微分脉冲电路

(2) 下降沿微分脉冲电路。下降沿微分脉冲电路如图 2-44 所示。PLC 第一次扫描时,输入 I0.0 由 ON→OFF 时,M0.0 接通一个扫描周期,Q0.0 输出一个脉冲。

5. 分频电路

用 PLC 可以实现对输入信号的任意分频。图 2-45 是一个 2 分频电路。将脉冲信号加到 I0.0 端,在第一个脉冲的上升沿到来时,M0.0 产生一个扫描周期的单脉冲,使 M0.0 的常开触点闭合,由于 Q0.0 的常开触点断开,M0.1 线圈失电,其常闭触点 M0.1 闭合,Q0.0 的线圈得

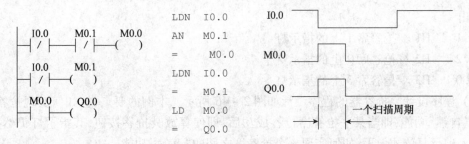

图 2 - 44 下降沿微分脉冲电路

电并自保持;第二个脉冲上升沿到来时,M0.0 又产生一个扫描周期的单脉冲,M0.0 的常开触点又接通一个扫描周期,此时 Q0.0 的常开触点闭合,M0.1 线圈得电,其常闭触点 M0.1 失电,Q0.0 线圈失电;直至第三个脉冲到来时,M0.0 又产生一个扫描周期的单脉冲,使 M0.0 的常开触点闭合,由于 Q0.0 的常开触点断开,M0.1 线圈失电,其常闭触点 M0.1 闭合,Q0.0 的线圈又得电并自保持。以后循环往复,不断重复上过程。由图 2 - 45 可见,输出信号 Q0.0 是输入信号 I0.0 的二分频。

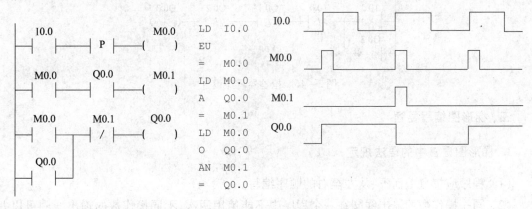

图 2 - 45 分频电路

抢答器程序设计

(1) 控制任务。有 3 个抢答席和 1 个主持人席,每个抢答席上各有 1 个抢答按钮和 1 盏抢答指示灯。参赛者在允许抢答时,第一个按下抢答按钮的抢答席上的指示灯将会亮,且释放抢答按钮后,指示灯仍然亮;此后另外 2 个抢答席上即使在按各自的抢答按钮,其指示灯也不会亮。这样主持人就可以轻易地知道谁是第一个按下抢答器的。该题抢答结束后,主持人按下主持席上的复位按钮(常闭按钮),则指示灯熄灭,又可以进行下一题的抢答比赛。

(2) 工艺要求:本控制系统有 4 个按钮,其中 3 个常开按钮 S1、S2、S3,1 个常闭按钮 S0。另外,作为控制对象有 3 盏灯 H1、H2、H3。

(3) I/O 分配表:

输入

I0.0　　S0 //主持席上的复位按钮(常闭按钮)

I0.1　　S1 //抢答席 1 上的抢答按钮

I0.2　　S2 //抢答席 2 上的抢答按钮

I0.3　　S3 //抢答席 3 上的抢答按钮

输出

Q0.1　　H1 //抢答席 1 上的指示灯

Q0.2　　H2 //抢答席 2 上的指示灯

Q0.0　　H3 //抢答席 3 上的指示灯

（4）程序设计。抢答器的程序设计如图 2－46 所示。本例的要点是：如何实现抢答器指示灯的"自锁"功能，即当某一抢答席抢答成功后，即使释放其抢答按钮，其指示灯仍然亮，直至主持人进行复位才熄灭；如何实现 3 个抢答席之间的"互锁"功能。

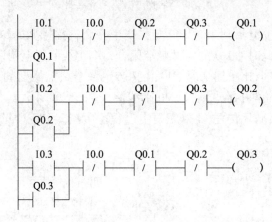

图 2－46　抢答器程序设计

三、梯形图编程要领

1. 梯形图语言中的语法规定

（1）程序应按自上而下、从左至右的顺序编写。

（2）同一操作数的输出线圈在一个程序中不能使用两次，不同操作数的输出线圈可以并行输出，如图 2－47 所示。

（3）线圈不能直接与左侧母线相连。如果需要，可以通过特殊内部标志位存储器 SM0.0（该位始终为 1）来连接，如图 2－48 所示。

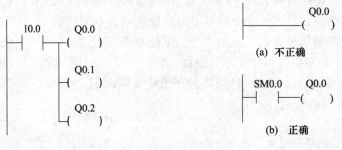

图 2－47　　　　　　　　　图 2－48　线圈与母线的连接

（4）适当安排编程顺序，以减少程序的步数：

① 串联多的支路应尽量放在上部，如图 2－49 所示。

② 并联多的支路应靠近左侧母线，如图 2－50 所示。

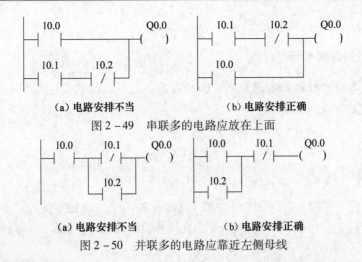

(a) 电路安排不当　　　(b) 电路安排正确

图 2 -49　串联多的电路应放在上面

(a) 电路安排不当　　　(b) 电路安排正确

图 2 -50　并联多的电路应靠近左侧母线

③ 线圈不能放在触点的左边。

④ 对复杂的电路,用 ALD、OLD 等指令难以编程,可重复使用一些触点画出其等效电路,然后再进行编程,如图 2 -51 所示。

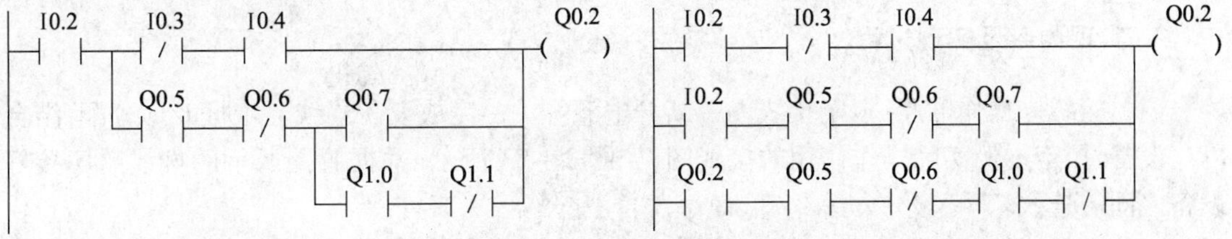

(a) 复杂电路　　　　　　　　　　(b) 等效电路

图 2 -51　复杂电路编程技巧

2. 设置中间单元

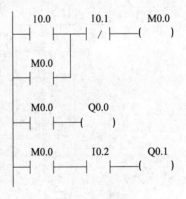

在梯形图中,若多个线圈都受某一触点串并联电路的控制,为了简化电路,在梯形图中可设置该电路控制的存储器的位,如图 2 -52 所示。这类似于继电器电路中的中间继电器。

图 2 -52　设置中间单元

3. 尽量减少可编程序控制器的输入信号和输出信号

可编程序控制器 PLC 的价格与 I/O 点数有关,因此减少 I/O 点数是降低硬件费用的主要措施。如果几个输入元件触点的串并联电路总是作为一个整体出现,可以将他们作为可编程序控制器的一个输入信号,只占可编程序控制器的一个输入点。如果某元件的触点只用一次并且与 PLC 输出端的负载串联,不必将它们作为 PLC 的输入信号,可以将它们放在 PLC 外部的输出回路,与外部负载串联。

4. 设置外部联锁电路

为了防止控制正反转的两个接触器同时动作造成三相电源短路,应在 PLC 外部设置硬件联锁电路。

5. 外部负载的额定电压

PLC 的继电器输出模块和双向晶闸管输出模块一般只能驱动额定电压 AC 220 V 的负载,交流接触器的线圈应选用 220 V。

【项目实施】

1. 实现步骤

(1)接线。操作顺序:拟定接线圈→断开电源开关→完成设备连接。

(2)编程。拟定程序的"梯形图"→录入到计算机→转为"指令表"→写到 PLC。

(3)调试与排障。

(4)新方案试探。例如,要求能用正反转按钮直接切换正反转,即"正→反"、"反→正",程序该如何修改?

(5)填写 5 个工作单。

2. 实现内容及实现过程

(1)接线。操作顺序:拟定接线图→断开电源开关→完成设备连线。依据 I/O 分配,结合 PLC 设备,拟定本例实际操作使用的接线图,如图 2 - 53 所示,并据此图所示的接线顺序接好设备之间的连线。

(2)编程。操作顺序:拟定"梯形图"程序→录入到计算机→转为"指令表"→写到 PLC。

① 拟定"梯形图"程序,如图 2 - 53 所示。

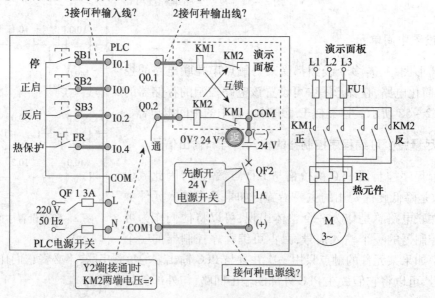

图 2 - 53 正反转控制的接线图

② "梯形图"程序→录入到计算机。双击指令图标→弹出梯形图编程窗口,录入"梯形图"程序。

③ "梯形图"程序→转为"指令表"。单击"工具转换"按钮→编程软件将"梯形图"自动转换成"指令表"。

在本例中,关键的指令助记符(相当于运算符)有以下 3 个:

MPS:存公,存公共电路段。

MPP:吐公,吐公共电路段

ANB:串,串前两块电路。

④ 保存程序,以备后用。

【练习】

设计一个汽车车库门控制系统。具体控制要求是:当汽车到达车库门前时,超声波开关接收到车来的信号,门电动机正转,车门上升。当升到顶点碰到上限位开关时,门停止上升。当汽车驶入车库后,光电开关发出信号,门电动机反转,门下降。当碰到限位开关后,门电动机停止。

任务2.3　正次品分拣机控制

西博士提示

PLC 时序编程法使用定时器指令

【任务】

用 PLC 实现定时控制系统的功能。

【目标】

(1) 知识目标:定时控制的控制要求、I/O 分配、接线图、梯形图等

(2) 技能目标:定时控制的电气接线、程序录入、操作调试、方案升级等。

【甲方要求】——【任务导入】

应用 PLC 技术实现对正次品分拣机控制。

(1) 用启动和停止按钮控制电动机 M 运行和停止。在电动机运行时,被检测的产品(包括正次品)在传送带上运行。

(2) 产品(包括正次品)在传送带上运行时,S1(检测器)检测到的次品,经过 5 s 传送,到达次品剔除位置时,启动电磁铁 Y,驱动剔除装置,剔除次品(电磁铁通电 1 s),S2(检测器)检测到的次品,经过 3 s 传送,启动电磁铁 Y,驱动剔除装置,剔除次品;正品继续向前输送。正次品分拣操作流程图如图 2 −54 所示。

控制要求:

(1) 按 I/O 分配表完成 PLC 外部电路接线。

(2) 输入参考程序并编辑。

(3) 编译、下载、调试应用程序。

（4）通过实验模板，模拟控制要求，看显示出运行结果是否正确。

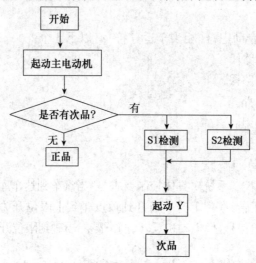

图 2 - 54　正次品分拣操作流程图

【乙方设计】——【五单一支持】

方案设计单

项目名称	西门子 S7 - 200 系列 PLC 基本指令及应用	任务名称		正次品分拣机控制
方案设计分工				
子任务	提交材料		承担成员	完成工作时间
PLC 机型选择	PLC 选型分析			
低压电器选型	低压电器选型分析			
位置传感器选型	位置传感器选型分析			
电气安装方案	图样			
方案汇报	PPT			
学习过程记录				
班级		小组编号		成员
说明:小组每个成员根据方案设计的任务要求,进行认真学习,并将学习过程的内容(要点)进行记录,同时也将学习中存在的问题进行记录				
方案设计工作过程				
开始时间		完成时间		
说明:根据小组每个成员的学习结果,通过小组分析与讨论,最后形成设计方案				
结构框图				

续表

	方案设计工作过程
原理说明	
关键元器件 型号	
实施计划	
存在的问题 及建议	

硬件设计单

项目名称	西门子 S7 - 200 系列 PLC 基本指令及应用	任务名称	正次品分拣机控制

硬件设计分工			
子任务	提交材料	承担成员	完成工作时间
主电路设计	主电路图、元器件清单		
PLC 接口电路设计	PLC 接口电路图元器件清单		
硬件接线图绘制	元器件布局图		
电路接线图			
硬件安装与调试	装配与调试记录		

学习过程记录					
班级		小组编号		成员	

说明:小组每个成员根据硬件设计的任务要求,进行认真学习,并将学习过程的内容(要点)进行记录,同时也将学习中存在的问题进行记录

硬件设计工作过程			
开始时间		完成时间	

说明:根据硬件系统基本结构,画出系统各模块的原理图,并说明工作原理

主电路图	

硬件设计工作过程	
PLC 接口电路图	
元器件布置图	
电路接线图	
存在的问题及建议	

软件设计单

项目名称	西门子 S7 – 200 系列 PLC 基本指令及应用	任务名称	正次品分拣机控制

软件设计分工			
子任务	提交材料	承担成员	完成工作时间
单周期运行程序设计	程序流程图及源程序		
连续运行程序设计			
输出信号控制程序设计			
…			

学习过程记录					
班级		小组编号		成员	

软件设计工作过程	
开始时间	完成时间

说明：根据软件系统结构，画出系统各模块的程序图，及各模块所使用的资源

单周期运行程序	
连续运行程序	

软件设计工作过程	
输出信号控制程序	
存在的问题及建议	

程序编制与调试单

项目名称	西门子 S7 - 200 系列 PLC 基本指令及应用	任务名称	正次品分拣机控制
软件设计分工			
子任务	提交材料	承担成员	完成工作时间
编程软件的安装	安装方法		
编程软件的使用	使用方法		
程序编辑	编辑方法		
程序调试	调试方法		
学习过程记录			
班级		小组编号		成员	

程序编辑与调试工作过程	
开始时间		完成时间	
说明:根据程序编辑与调试要求	
编程软件的使用	
程序编辑	
程序与调试	
存在的问题及建议	

评价单——基础能力评价

考核项目	考核点	权重	考核标准			得分
			A(1.0)	B(0.8)	C(0.6)	
任务分析 (15%)	资料收集	5%	能比较全面地提出需要学习和解决的问题,收集的学习资料较多	能提出需要学习和解决的问题,收集的学习资料较多	能比较笼统地提出一些需要学习和解决的问题,收集的学习资料较少	
	任务分析	10%	能根据产品用途,确定功能和技术指标。产品选型实用性强,符合企业的需要	能根据产品用途,确定功能和技术指标。产品选型实用性强	能根据产品用途,确定功能和技术指标	
方案设计 (20%)	系统结构	7%	系统结构清楚,信号表达正确,符合功能要求			
	元器件选型	8%	主要元器件的选择,能够满足功能和技术指标的要求,按钮设置合理,操作简便	主要元器件的选择能够满足功能和技术指标的要求,按钮设置合理	主要元器件的选择,能够满足功能和技术指标的要求	
	方案汇报	5%	PPT 简洁、美观,信息丰富,汇报条理性好,语言流畅	PPT 简洁、美观、内容充实,汇报语言流畅	有 PPT,能较好地表达方案内容	
详细设计与制作 (50%)	硬件设计	10%	PLC 选型合理,电路设计正确,元器件布局合理、美观,接线图走线合理	PLC 选型合理,电路设计正确,元器件布局合理,接线图走线合理	PLC 选型合理,电路设计正确,元器件布局合理	
	硬件安装	8%	仪器、仪表及工具的使用符合操作规范,元器件安装正确规范,布线符合工艺标准,工作环境整洁	仪器、仪表及工具的使用符合操作规范,少量元器件安装有松动,布线符合工艺标准	仪器、仪表及工具的使用符合操作规范,元器件安装位置不符合要求,有 3～5 根导线不符合布线工艺标准,但接线正确	
	程序设计	22%	程序模块划分正确,流程图符合规范、标准,程序结构清晰,内容完整			
	程序调试	10%	调试步骤清楚,目标明确,有调试方法的描述。调试过程记录完整,有分析,结果正确。出现故障有独立处理能力	程序调试有步骤,有目标,有调试方法的描述。调试过程记录完整,结果正确	程序调试有步骤,有目标。调试过程有记录,结果正确	
技术文档 (5%)	设计资料	5%	设计资料完整,编排顺序符合规定,有目录			
学习汇报(10%)		10%	能反思学习过程,认真总结学习经验	能客观总结整个学习过程的得与失		
项目得分						
指导教师			日期		项目得分	

总结

评价单——提升能力评价

考核项目	考 核 点	配分	考 核 标 准	扣分	得分
设备安装	(1) 会分配端口、画 I/O 接线图； (2) 按图完整、正确及规范接线； (3) 按照要求编号	30	(1) 不能正确分配端口，扣 5 分，画错 I/O 接线图，扣 5 分； (2) 错、漏线，每处扣 2 分； (3) 错、漏编号，每处扣 1 分		
编程操作	(1) 会采用时序波形图法设计程序； (2) 正确输入梯形图； (3) 正确保存文件； (4) 会转换梯形图； (5) 会传送程序	30	(1) 不能设计出程序或设计错误，扣 10 分； (2) 输入梯形图错误，每处扣 2 分； (3) 保存文件错误，扣 4 分； (4) 转换梯形图错误，扣 4 分； (5) 传送程序错误，扣 4 分		
运行操作	(1) 运行系统，分析操作结果； (2) 正确监控梯形图	30	(1) 系统通电操作错误，每处扣 3 分； (2) 分析操作结果错误，每处扣 2 分； (3) 监控梯形图错误，扣 4 分		
安全、文明工作	(1) 安全用电，无人为损坏仪器、元器件和设备； (2) 保持环境整洁，秩序井然，操作习惯良好； (3) 小组成员协作和谐，态度端正； (4) 不迟到、早退、旷课	10	(1) 发生安全事故，扣 10 分； (2) 人为损坏设备、元器件，扣 10 分； (3) 现场不整洁、工作不文明，团队不协作，扣 5 分； (4) 不遵守考勤制度，每次扣 2 ~ 5 分		
合计					

总结与收获

【技术支持】

1. I/O 分配

输入				输出		
SB1	I0.0	M 启动按钮		M	Q0.0	电动机(传送带驱动)，
SB2	I0.1	M 停止按钮		Y	Q0.1	次品剔除
S1	I0.2	检测站 1				
S2	I0.3	检测站 2				

2. 参考程序

正次品分拣操作参考程序如图 2 – 55 所示。

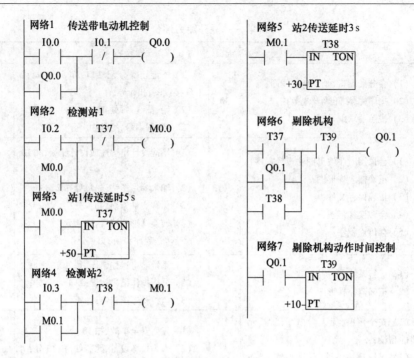

图 2-55　正次品分拣操作参考程序

【相关知识】

一、定时器指令

S7-200 系列 PLC 的定时器是对内部时钟累计时间增量计时的。每个定时器均有一个 16 位的当前值寄存器用以存放当前值(16 位符号整数);一个 16 位的预置值寄存器用以存放时间的设定值;还有一位状态位,反应其触点的状态。

1. 定时器工作方式

S7-200 系列 PLC 定时器按工作方式分为 3 类定时器。其指令格式见表 2-5。

表 2-5　定时器的指令格式

LAD	STL	说　　　明
???? IN TON ????-PT	TON　T××,PT	TON:通电延时定时器; TONR:记忆型通电延时定时器; TOF:断电延时型定时器;
???? IN TONR ????-PT	TONR T××,PT	IN 是使能输入端,指令盒上方输入定时器的编号(T××),范围为 T0~T255; PT 是预置值输入端,最大预置值为 32 767;
???? IN TOF ????-PT	TOF　T××,PT	PT 的数据类型:INT; PT 操作数有:IW,QW,MW,SMW,T,C,VW,SW,AC,常数

2. 时基

按时基脉冲分,有 1 ms、10 ms、100 ms 这 3 种定时器。不同的时基标准,定时精度、定时范围和定时器刷新的方式不同。

(1) 定时精度和定时范围。定时器的工作原理是:使能输入有效后,当前值 PT 对 PLC 内部的时基脉冲增 1 计数,当计数值大于或等于定时器的预置值后,状态位,置 1。其中,最小计时单位为时基脉冲的宽度,又为定时精度;从定时器输入有效,到状态位输出有效,经过的时间为定时时间,即定时时间 = 预置值 × 时基。当前值寄存器为 16 bit,最大计数值为 32 767,由此可推算不同分辨率的定时器的设定时间范围。CPU 22X 系列 PLC 的 256 个定时器分属 TON/TOF 和 TONR 工作方式,见表 2-6。可见时基越大,定时时间越长,但精度越差。

表 2-6　定时器的类型

工作方式	时基/ms	最大定时范围/s	定时器号
TONR	1	32.767	T0,T64
	10	327.67	T1～T4,T65～T68
	100	3 276.7	T5～T31,T69～T95
TON/TOF	1	32.767	T32,T96
	10	327.67	T33～T36,T97～T100
	100	3 276.7	T37～T63,T101～T255

(2) 1 ms　10 ms　100 ms 定时器的刷新方式不同:

1 ms 定时器每隔 1 ms 刷新一次与扫描周期和程序处理无关,即采用中断刷新方式。因此当扫描周期较长时,在一个周期内可能被多次刷新,其当前值在一个扫描周期内不一定保持一致。

10 ms 定时器则由系统在每个扫描周期开始自动刷新。由于每个扫描周期内只刷新一次,故而每次程序处理期间,其当前值为常数。

100 ms 定时器则在该定时器指令执行时刷新。下一条执行的指令,即可使用刷新后的结果,符合正常的思路,使用方便可靠。但应当注意,如果该定时器的指令不是每个周期都执行,定时器就不能及时刷新,可能导致出错。

3. 定时器指令工作原理

下面将从原理应用等方面分别叙述通电延时型定时器,记忆型通电延时定时器,断电延时型定时器三种定时器的使用方法。

(1) 通电延时定时器(TON)指令工作原理。程序及时序分析如图 2-56 所示。当 I0.0 接通时即使能端(IN)输入有效时,驱动 T37 开始计时,当前值从 0 开始递增,计时到设定值 PT 时,T37 状态位,置 1,其常开触点 T37 接通,驱动 Q0.0 输出,其后当前值仍增加,但不影响状态位。当前值的最大值为 32 767;当 I0.0 分断时即使能端无效时,T37 复位,当前值清零,状态位也清零,即回复原始状态。若 I0.0 接通时间未到设定值就断开,T37 则立即复位,Q0.0 不会有输出。

(2) 记忆型通电延时定时器(TONR)指令工作原理。使能端(IN)输入有效时(接通),定时器开始计时,当前值递增,当前值大于或等于预置值(PT)时,输出状态位,置 1。使能端输入无效时(断开),当前值保持(记忆),使能端再次接通有效时,在原记忆值的基础上递增计时。

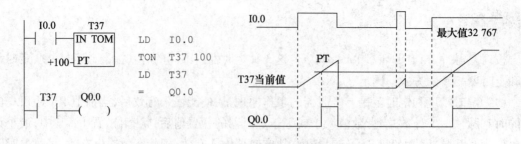

图 2-56 通电延时型定时器工作原理分析

注意:TONR 记忆型通电延时定时器采用线圈复位指令 R 进行复位操作,当复位线圈有效时,定时器当前位清零,输出状态,位置 0。

程序分析,如图 2-57 所示。如 T3,当输入 IN 为 1 时,定时器计时;当输入 IN 为 0 时,其当前值保持并不复位;下次 IN 再为 1 时,T3 当前值从原保持值开始往上加,将当前值与设定值 PT 比较,当前值大于等于设定值时,T3 状态位,置 1,驱动 Q0.0 有输出,以后即使 IN 再为0,也不会使 T3 复位,要使 T3 复位,必须使用复位指令。

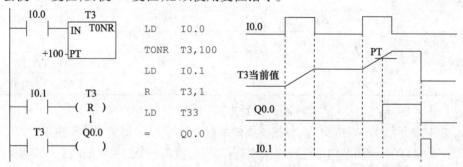

图 2-57 TONR 记忆型通电延时定时器工作原理分析

(3)断电延时型定时器(TOF)指令工作原理。断电延时型定时器用来在输入断开,延时一段时间后,才断开输出。使能端输入有效时,定时器输出状态位立即置 1,当前值复位为 0。使能端断开时,定时器开始计时,当前值从 0 递增,当前值达到预置值时,定时器状态位复位为0,并停止计时,当前值保持。

如果输入断开的时间小于预定时间,定时器仍保持接通。使能端再接通时,定时器当前值仍设为 0。断电延时型定时器的应用程序及时序分析如图 2-58 所示。

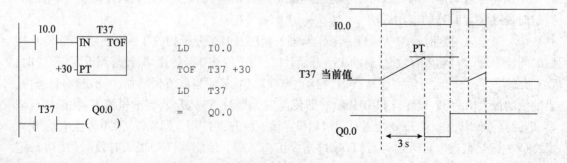

图 2-58 TOF 断电延时型定时器的工作原理

小结：

（1）以上介绍的 3 种定时器具有不同的功能：通电延时型定时器（TON）用于单一间隔的定时；记忆型通电延时定时器（TONR）用于累计时间间隔的定时；断电延时型定时器（TOF）用于故障事件发生后的时间延时。

（2）TOF 和 TON 共享同一组定时器，不能重复使用，即不能把一个定时器同时用作 TOF 和 TON。例如，不能既有 TON T32，又有 TOF T32。

二、定时器指令的应用

1. 一个机器扫描周期的时钟脉冲发生器

使用定时器自身的常闭触点作为定时器的使能输入的梯形图，如图 2-59 所示。定时器的状态位，置 1 时，依靠自身的常闭触点的断开使定时器复位，并重新开始定时，进行循环工作。采用不同时基标准的定时器时，会有不同的运行结果，具体分析如下：

（1）T32 是时基为 1 ms 的定时器，每隔 1ms 定时器刷新一次当前值，CPU 当前值若恰好在处理常闭触点和常开触点之间被刷新，Q0.0 可以接通一个扫描周期，但这种情况出现的几率很小，一般情况下，不会正好在这时刷新。若在执行其他指令时，定时时间到，1 ms 的定时刷新，使定时器输出状态位置位，常闭触点打开，当前值复位，定时器输出状态位立即复位，所以输出线圈 Q0.0 一般不会通电。

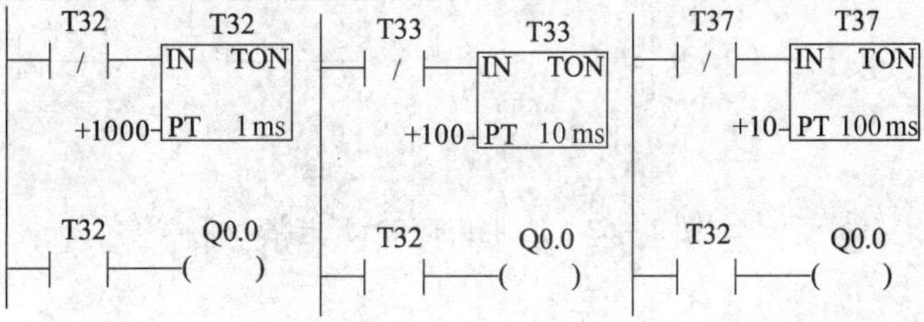

图 2-59　定时器自身的常闭触点作为定时器的使能输入的梯形图

（2）若将图 2-59 中的定时器 T32 换成 T33，时基变为 10 ms，当前值在每个扫描周期开始刷新，计时时间到时，扫描周期开始时，定时器输出状态位置位，常闭触点断开，立即将定时器当前值清零，定时器输出状态位复位（为 0）。这样输出线圈 Q0.0 永远不可能通电。

（3）若用时基为 100 ms 的定时器，如 T37，当前指令执行时刷新，Q0.0 在 T37 计时时间到时准确地接通一个扫描周期。可以输出一个断开为延时时间，接通为一个扫描周期的时钟脉冲。

（4）若将输出线圈的常闭触点作为定时器的使能输入，如图 2-60 所示，则无论何种时基的定时器都能正常工作。

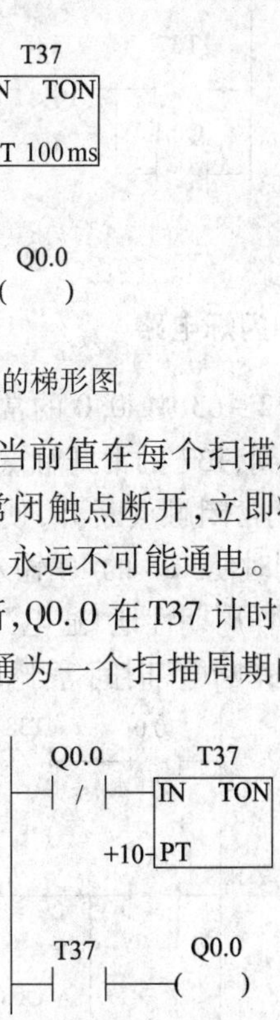

2. 延时断开电路

延时断开电路如图 2-61 所示。I0.0 为一个输入信号，当 I0.0 接通时，Q0.0 接通并保持；当 I0.0 断开后，经 4 s 延时后，Q0.0 断开。T37 同时被复位。

图 2-60　输出线圈的常闭触点作为定时器使能输入的梯形图

3. 延时接通和断开

延时接通和断开电路如图 2 - 62 所示。电路用 I0.0 控制 Q0.1，I0.0 的常开触点接通后，T37 开始定时，9 s 后 T37 的常开触点接通，使 Q0.1 变为 ON，I0.0 为 ON 时其常闭触点断开，使 T38 复位。I0.0 变为 OFF 后 T38 开始定时，7 s 后 T38 的常闭触点断开，使 Q0.1 变为 OFF，T38 亦被复位。

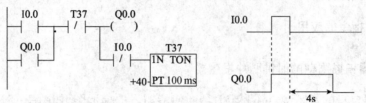

图 2 - 61　延时断开电路

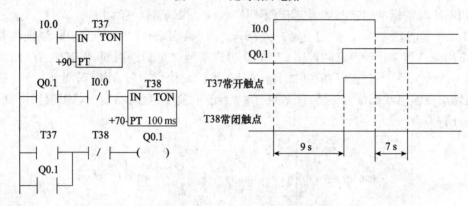

图 2 - 62　延时接通和断开电路

4. 闪烁电路

图 2 - 63 中 I0.0 的常开触点接通后，T37 的 IN 输入端为 1 状态，T37 开始定时。2 s 后定时时间到，T37 的常开触点接通，使 Q0.0 变为 ON，同时 T38 开始计时。3 s 后 T38 的定时时间到，它的常闭触点断开，使 T37 的 IN 输入端变为 0 状态，T37 的常开触点断开，Q0.0 变为 OFF，同时使 T38 的 IN 输入端变为 0 状态，其常闭触点接通，T37 又开始定时，以后 Q0.0 的线圈将这样周期性地"通电"和"断电"，直到 I0.0 变为 OFF。Q0.0 线圈"通电"时间等于 T38 的设定值；"断电"时间等于 T37 的设定值。

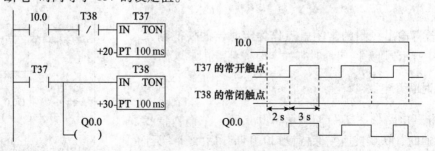

图 2 - 63　闪烁电路

【例 2 - 3】　用接在 I0.0 输入端的光电开关检测传送带上通过的产品,有产品通过时 I0.0 为 ON,如果在 10 s 内没有产品通过,由 Q0.0 发出报警信号,用 I0.1 输入端外接的开关解除报警信号,相应的梯形图如图 2 - 64 所示。

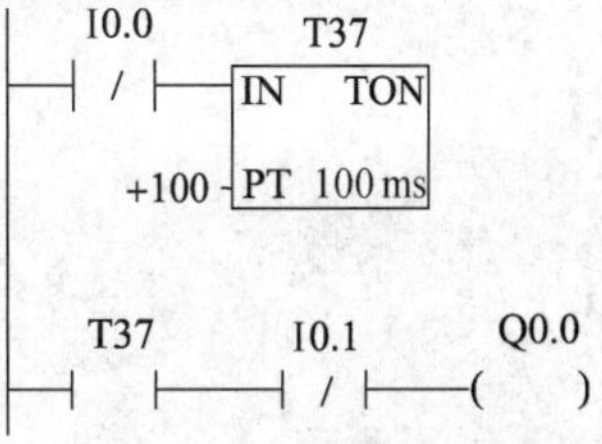

```
 I0.0         T37
─┤/├──────┤IN   TON │
              │           │
         +100─┤PT  100 ms │


 T37        I0.1       Q0.0
─┤├────────┤/├─────────( )
```

图 2 - 64　梯形图

【项目实施】

实现步骤:

(1) 接线。操作顺序:拟定接线图→断开电源开关→完成设备连线。

(2) 编程。拟定程序的"梯形图"→录入到计算机→转为"指令表"→写到 PLC。

(3) 调试与排障。

(4) 新方案试探。

(5) 填写五个工作单。

【练习】

设计三相异步电动机延时启动的 PLC 控制系统。按下启动按钮,延时继电器得电并自保护,延时(40 s)后接触器线圈得电,电动机启动运行。按下停止按钮,电动机停止运行。延时继电器使电动机完成延时启动任务。

任务 2.4　轧钢机控制的设计实现

西博士提示

PLC 时序编程法使用计数器指令

【任务】

用 PLC 实现计数控制系统的功能。

【目标】

(1) 知识目标:计数控制的控制要求、I/O 分配、接线图、梯形图等

(2) 技能目标:计数控制的电气接线、程序录入、操作调试、方案升级等。

【甲方要求】——【任务导入】

应用 PLC 技术实现对轧钢机控制。

轧钢机实物图如图 2 - 65 所示。当启动时,电动机 M1、M2 运行,按 S1(S1 为传感器装置)表示检测到物件,电动机 M3 正转,即 M3F 亮。再按 S2(S2 为传感器装置),电动机 M3 反转,即 M3R 亮,同时电磁阀 Y1 动作。再按 S1,电动机 M3 正转,重复经过 3 次循环,再按 S2,则停机一段时间(3s),取出成品后,继续运行,不需要按启动按钮。当停止时,必须按启动按钮后方可运行。必须注意不先按 S1,而按 S2 将不会有动作。

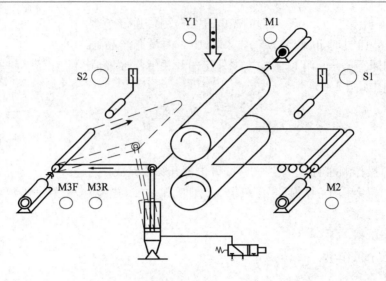

图 2-65　轧钢机实物图

控制要求：

（1）按 I/O 分配表完成 PLC 外部电路接线。

（2）输入参考程序并编辑。

（3）编译、下载、调试应用程序。

（4）通过实验模板，模拟控制要求，看显示出运行结果是否正确。

【乙方设计】——【五单一支持】

方案设计单

项目名称	西门子 S7-200 系列 PLC 基本指令及应用	任务名称	轧钢机控制的设计实现
方案设计分工			
子任务	提交材料	承担成员	完成工作时间
PLC 机型选择	PLC 选型分析		
低压电器选型	低压电器选型分析		
位置传感器选型	位置传感器选型分析		
电气安装方案	图样		
方案汇报	PPT		
学习过程记录			
班级		小组编号		成员	
说明:小组每个成员根据方案设计的任务要求,进行认真学习,并将学习过程的内容(要点)进行记录,同时也将学习中存在的问题进行记录			
方案设计工作过程			
开始时间		完成时间	
说明:根据小组每个成员的学习结果,通过小组分析与讨论,最后形成设计方案			

方案设计工作过程	
结构框图	
原理说明	
关键元器件型号	
实施计划	
存在的问题及建议	

硬件设计单

项目名称	西门子 S7－200 系列 PLC 基本指令及应用	任务名称	轧钢机控制的设计实现

硬件设计分工			
子任务	提交材料	承担成员	完成工作时间
主电路设计	主电路图、元器件清单		
PLC 接口电路设计	PLC 接口电路图元器件清单		
硬件接线图绘制	元器件布局图电路接线图		
硬件安装与调试	装配与调试记录		

学习过程记录					
班级		小组编号		成员	

说明：小组每个成员根据硬件设计的任务要求，进行认真学习，并将学习过程的内容（要点）进行记录，同时也将学习中存在的问题进行记录

硬件设计工作过程			
开始时间		完成时间	

说明：根据硬件系统基本结构，画出系统各模块的原理图，并说明工作原理

主电路图	

硬件设计工作过程	
PLC 接口 电路图	
元器件 布置图	
电路接线图	
存在的问 题及建议	

软件设计单

项目名称	西门子 S7 - 200 系列 PLC 基本指令及应用	任务名称	轧钢机控制的设计实现
软件设计分工			

子任务	提交材料	承担成员	完成工作时间
单周期运行程序设计	程序流程图及源程序		
连续运行程序设计			
输出信号控制程序设计			
…			

学习过程记录					
班级		小组编号		成员	

软件设计工作过程	
开始时间	完成时间
说明:根据软件系统结构,画出系统各模块的程序图,及各模块所使用的资源	
单周期 运行程序	
连续运行 程序	

续表

软件设计工作过程	
输出控制 程序	
存在的问题 及建议	

程序编制与调试单

项目名称	西门子 S7 – 200 系列 PLC 基本指令及应用	任务名称	轧钢机控制的设计实现

软件设计分工			
子任务	提交材料	承担成员	完成工作时间
编程软件的安装	安装方法		
编程软件的使用	使用方法		
程序编辑	编辑方法		
程序调试	调试方法		

学习过程记录					
班级		小组编号		成员	

程序编辑与调试工作过程			
开始时间		完成时间	
说明：根据程序编辑与调试要求进行填写			
编程软件 的使用			
程序编辑			
程序调试			
存在的问题 及建议			

评价单——基础能力评价

考核项目	考核点	权重	考核标准 A(1.0)	B(0.8)	C(0.6)	得分
任务分析 (15%)	资料收集	5%	能比较全面地提出需要学习和解决的问题,收集的学习资料较多	能提出需要学习和解决的问题,收集的学习资料较多	能比较笼统地提出一些需要学习和解决的问题,收集的学习资料较少	
	任务分析	10%	能根据产品用途,确定功能和技术指标。产品选型实用性强,符合企业的需要	能根据产品用途,确定功能和技术指标。产品选型实用性强	能根据产品用途,确定功能和技术指标	
方案设计 (20%)	系统结构	7%	系统结构清楚,信号表达正确,符合功能要求			
	元器件选型	8%	主要元器件的选择,能够满足功能和技术指标的要求,按钮设置合理,操作简便	主要器件的选择能够满足功能和技术指标的要求,按钮设置合理	主要器件的选择,能够满足功能和技术指标的要求	
	方案汇报	5%	PPT 简洁、美观、信息量丰富,汇报条理性好,语言流畅	PPT 简洁、美观、内容充实,汇报语言流畅	有 PPT,能较好地表达方案内容	
详细设计 与制作 (50%)	硬件设计	10%	PLC 选型合理,电路设计正确,元器件布局合理、美观,接线图走线合理	PLC 选型合理,电路设计正确,元器件布局合理,接线图走线合理	PLC 选型合理,电路设计正确,元器件布局合理	
	硬件安装	8%	仪器、仪表及工具的使用符合操作规范,元器件安装正确规范,布线符合工艺标准,工作环境整洁	仪器、仪表及工具的使用符合操作规范,少量元器件安装有松动,布线符合工艺标准	仪器、仪表及工具的使用符合操作规范,元器件安装位置不符合要求,有 3~5 根导线不符合布线工艺标准,但接线正确	
	程序设计	22%	程序模块划分正确,流程图符合规范、标准,程序结构清晰,内容完整			
	程序调试	10%	调试步骤清楚,目标明确,有调试方法的描述。调试过程记录完整,有分析,结果正确。出现故障有独立处理能力	程序调试有步骤,有目标,有调试方法的描述。调试过程记录完整,结果正确	程序调试有步骤,有目标。调试过程有记录,结果正确	
技术文档 (5%)	设计资料	5%	设计资料完整,编排顺序符合规定,有目录			
学习汇报(10%)		10%	能反思学习过程,认真总结学习经验	能客观总结整个学习过程的得与失		
项目得分						
指导教师			日期		项目得分	

总结

评价单——提升能力评价

考核项目	考 核 点	配分	考 核 标 准	扣分	得分
设备安装	(1) 会分配端口、画 I/O 接线图; (2) 按图完整、正确及规范接线; (3) 按照要求编号	30	(1) 不能正确分配端口,扣 5 分,画错 I/O 接线图,扣 5 分; (2) 错、漏线,每处扣 2 分; (3) 错、漏编号,每处扣 1 分		
编程操作	(1) 会采用时序波形图法设计程序; (2) 正确输入梯形图; (3) 正确保存文件; (4) 会转换梯形图; (5) 会传送程序	30	(1) 不能设计出程序或设计错误,扣 10 分; (2) 输入梯形图错误,每处扣 2 分; (3) 保存文件错误,扣 4 分; (4) 转换梯形图错误,扣 4 分; (5) 传送程序错误,扣 4 分		
运行操作	(1) 运行系统,分析操作结果; (2) 正确监控梯形图	30	(1) 系统通电操作错误,每处扣 3 分; (2) 分析操作结果错误,每处扣 2 分; (3) 监控梯形图错误,扣 4 分		
安全、文明工作	(1) 安全用电,无人为损坏仪器、元器件和设备; (2) 保持环境整洁,秩序井然,操作习惯良好; (3) 小组成员协作和谐,态度端正; (4) 不迟到、早退、旷课	10	(1) 发生安全事故,扣 10 分; (2) 人为损坏设备、元器件,扣 10 分; (3) 现场不整洁、工作不文明,团队不协作,扣 5 分; (4) 不遵守考勤制度,每次扣 2 ~ 5 分		
合计					

总结与收获

【技术支持】

从项目的时序要求出发,拟定时序(波形)图,根据时序图因果转化的需要引入"时序元件"(如计数器、定时器等),再按入出需要引入其他元件,最终得到所需的程序,这就是"时序编程法",简称"时序法"。各要素之间关系如图 2 - 66 所示。

图 2 - 66　时序编程法各要素之间的关系

应用时序编程法,编写计数控制程序,主要步骤如下:

(1) 根据控制要求,拟定 I/O 分配。

(2) 拟定时序波形图。

(3) 根据时序图上的因果点,依据时序确定计数程序梯形图对应的各个梯级。

(4) 逐一分析计数程序各梯级功能是否与时序图上的"因果点"符合。

（5）根据输出需要,在计数程序梯形图中补上各输出所需要的梯级。

（6）程序测试与调试。

I/O 分配

输入			输出		
SB1	I0.0	启动按钮	M1：Q0.0	正转	
SB2	I0.3	停止按钮	M2：Q0.1	反转	
S1：	I0.1	按钮	M3F：Q0.2	正转指示灯	
S2：	I0.2	按钮	M3R：Q0.3	反转指示灯	
			Y1：Q0.4	锻压控制	

按图 2 - 67 所示的梯形图输入程序。

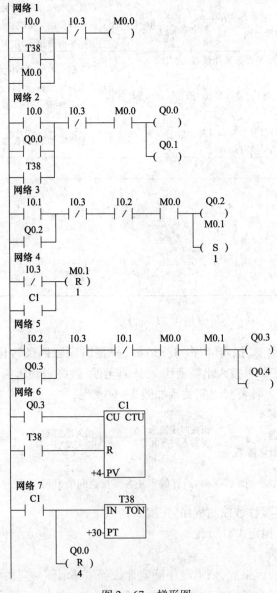

图 2 - 67 梯形图

【相关知识】

一、计数器指令

计数器利用输入脉冲上升沿累计脉冲个数。结构主要由一个 16 位的预置值寄存器、一个 16 位的当前值寄存器和 1 位状态位组成。当前值寄存器用以累计脉冲个数,计数器当前值大于或等于预置值时,状态位,置 1。

S7 – 200 系列 PLC 有 3 类计数器:CTU – 加计数器,CTD – 减计数器,CTUD – 加/减计数器。

1. 计数器指令格式

计数器指令格式见表 2 – 7 所示。

表 2 – 7　计数器指令格式

STL	LAD	指令使用说明
CTU　C×××,PV	???? CU　CTU R ???? – PV	(1) 梯形图指令符号中:CU 为加计数脉冲输入端;CD 为减计数脉冲输入端;R 为加计数复位端;LD 为减计数复位端;PV 为预置值。 (2) C××× 为计数器的编号,范围为 C0 ~ C255。 (3) PV 预置值最大范围:32 767;PV 的数据类型:INT;PV 操作数为: VW、T、C、IW、QW、MW、SMW、AC、AIW、K。 (4) CTU/CTUD/CD 指令使用要点:STL 形式中 CU,CD,R,LD 的顺序不能错;CU,CD,R,LD 信号可为复杂逻辑关系
CTD　C×××,PV	???? CD　CTD LD ???? – PV	
CTUD　C×××,PV	???? CU　CTUD CD R ???? – PV	

2. 计数器工作原理分析

(1) 加计数器指令(CTU)。当 R = 0 时,计数脉冲有效;当 CU 端有上升沿输入时,计数器当前值加 1。当计数器当前值大于或等于设定值(PV)时,该计数器的状态位(C – bit),置 1,即其常开触点闭合,计数器仍计数,但不影响计数器的状态位。直至计数达到最大值(32 767)。当 R = 1 时,计数器复位,即当前值清零,该计数器的状态位也清零。加计数器计数范围:0 ~ 32 767。

(2) 减计数指令(CTD)。当复位 LD 有效时,LD = 1,计数器把设定值(PV)装入当前值存储器,计数器状态位复位(置 0)。当 LD = 0,即计数脉冲有效时,开始计数,CD 端每来一个输入脉冲上升沿,减计数的当前值从设定值开始递减计数,当前值等于 0 时,计数器状态位置位(置 1),停止计数。

(3) 加/减计数指令(CTUD)。当 R = 0 时,计数脉冲有效;当 CU 端(CD 端)有上升沿输入时,计数器当前值加 1(减 1)。当计数器当前值大于或等于设定值时,该计数器的状态位,置 1,即其常开触点闭合。当 R = 1 时,计数器复位,即当前值清零,该计数器的状态位也清零。加减计数器计数范围: − 32 768 ~ 32 767。

【例 2 − 4】 加/减计数器指令应用示例,程序及运行时序如图 2 − 68 所示。

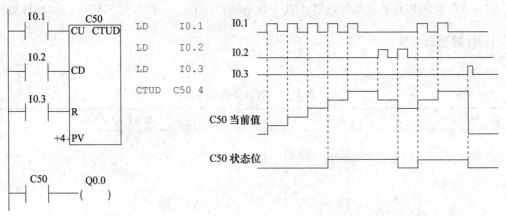

图 2 − 68 加/减计数器应用示例

【例 2 − 5】 减计数指令应用示例,程序及运行时序如图 2 − 69 所示。

在复位脉冲 I1.0 有效时,即 I1.0 = 1 时,当前值等于预置值,计数器的状态位,置 0;当复位脉冲 I1.0 = 0,计数器有效,在 CD 端每来一个脉冲的上升沿时,当前值减 1 计数,当前值从预置值开始减至 0 时,计数器的状态位,置 1,Q0.0 = 1。在复位脉冲 I1.0 有效时,即 I1.0 = 1 时,计数器 CD 端即使有脉冲上升沿,计数器也不减 1 计数。

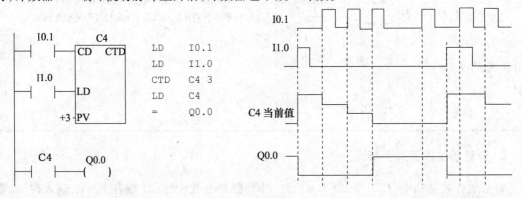

图 2 − 69 减计数器指令应用示例

二、计数器指令的应用

1. 计数器的扩展

S7 − 200 系列 PLC 计数器最大的计数范围是 32 767,若须更大的计数范围,则须进行扩展。图 2－70 所示为计数器扩展程序。图中是两个计数器的组合电路,C1 形成了一个设定值为 100 次自复位计数器。计数器 C1 对 I0.1 的接通次数进行计数,I0.1 的触点每闭合 100 次 C1 自复位重新开始计数。同时,连接到计数器 C2 端,C1 的常开触点闭合,使 C2 计数一次,当 C2 计数到 2 000 次时,I0.1 共接通 $100 \times 2\ 000$ 次 $= 200\ 000$ 次,C2 的常开触点闭合,线圈 Q0.0 通电。该电路的计数值为两个计数器设定值的乘积,即 $C_总 = C1 \times C2$。

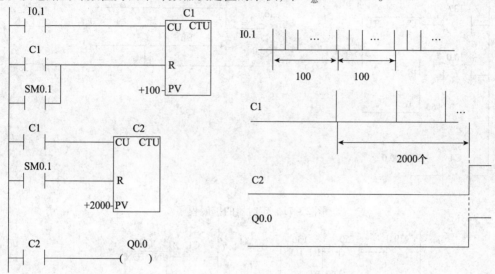

图 2－70 计数器扩展程序

2. 定时器的扩展

S7－200 系列 PLC 的定时器的最长定时时间为 3 276.7s,如果需要更长的定时时间,可使用图 2－71 所示的程序。图中最上面一行电路是一个脉冲信号发生器,脉冲周期等于 T37 的设定值(60 s)。I0.0 为 OFF 时,100 ms 定时器 T37 和计数器 C4 处于复位状态,它们不能工作。I0.0 为 ON 时,其常开触点接通,T37 开始定时,60 s 后 T37 定时时间到,其当前值等于设定值,其常闭触点断开,使它自己复位,复位后 T37 的当前值变为 0,同时它的常闭触点接通,使它自己的线圈重新通电,又开始定时,T37 将这样周而复始地工作,直到 I0.0 变为 OFF。

T37 产生的脉冲送给计数器 C4,记满 60 个(即 1 h)后,C4 当前值等于设定值 60,它的常开触点闭合。设 T37 和 C4 的设定值分别为 K_T 和 K_C,对于 100 ms 定时器总的定时时间为 $T = 0.1 K_T K_C(\text{s})$。

3. 自动声光报警操作程序

自动声光报警操作程序用于当电动单梁起重机加载到 1.1 倍额定负荷并反复运行 1 h 后,发出声光信号并停止运行,程序如图 2－72 所示。当系统处于自动工作方式时,I0.0 触点为闭合状态,定时器 T50 每 60 s 发出一个脉冲信号作为计数器 C1 的计数输入信号,当计数值达 60 个(即 1 h)后,C1 常开触点闭合,Q0.0、Q0.7 线圈同时得电,指示灯发光且电铃鸣响;此时 C1 的另一常开触点接通定时器 T51 线圈,10 s 后 T51 常闭触点断开 Q0.7 线圈,电铃鸣响消失,指示灯持续发光直至再一次重新开始运行。

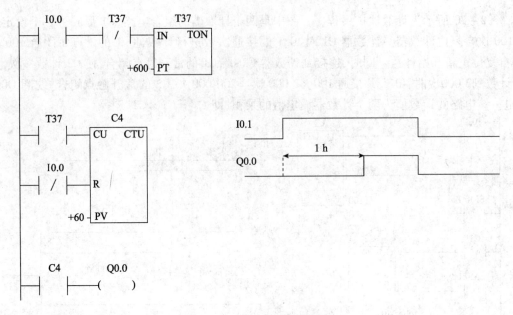

图 2 - 71   定时器的扩展程序

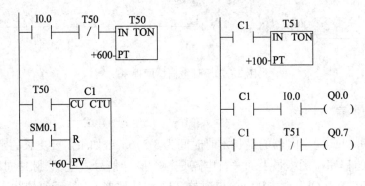

图 2 - 72   自动声光报警程序

【项目实施】

实现步骤

（1）接线。操作顺序：拟定接线图→断开电源开关→完成设备连线。

（2）编程。拟定程序的"梯形图"→录入到计算机→转为"指令表"→写到 PLC。

（3）调试与排障。按控制要求进行操作，观察并记录现象。通过程序状态图，在操作过程中观察计数器的工作过程。改变计数器的预置值，设定 PV =3，再重新操作，观察轧钢机现象。

（4）新方案试探。

（5）填写 5 个工作单。

【练习】

有一个小型仓库，需要对每天存放的货物进行统计：当货物达到 150 件时，仓库监控室绿灯亮；当货物数量达到 200 件时，仓库监控室内红灯以 1 s 频率闪烁报警。

思考与练习

1. 试用 PLC 设计出一条自动运输线,有两台电动机,M1 拖动运输机,M2 拖动卸料机。要求:

(1) M1 先启动后才能允许 M2 启动;

(2) M2 先停止,经一段时间后 M1 才自动停止,且 M2 可以单独停止;

(3) 两台电动机均有短路、长期过载保护。

2. 设计 M1 和 M2 两台电动机顺序启、停的控制线路。要求:

(1) M1 启动后,M2 立即自动启动;

(2) M1 停止后,延时一段时间,M2 才自动停止;M2 能点动调整工作;两台电动机均有短路、长期过载保护。试用 PLC 设计出其控制程序。

3. 设计一个工作台前进—退回的控制线路。工作台由电动机 M 拖动,行程开关 ST1、ST2 分别装在工作台的原位和终点。要求:

(1) 能自动实现前进—后退—停止到原位;

(2) 工作台前进到达终点后停一下再后退;

(3) 工作台在前进中可以人为地立即后退到原位;

(4) 有终端保护。

试用 PLC 设计出其控制程序。

4. 试用 PLC 设计按行程原则实现机械手的夹紧—正转—放松—反转—回原位的控制。

5. 某机床主轴由一台三相笼形异步电动机拖动,润滑油泵由另一台三相笼形异步电动机拖动,均采用直接启动,工艺要求是:

(1) 主轴必须在润滑油泵开动后,才能启动;

(2) 主轴为正向运转,为调试方便,要求能正、反向点动;

(3) 主轴停止后,才允许润滑油泵停止;

(4) 具有必要的电气保护。试设计主电路和控制电路,并对设计的电路进行简单说明。

6. M1 和 M2 均为三相笼形异步电动机,可直接启动,按下列要求设计主电路和控制电路:

(1) M1 先启动,经一段时间后 M2 自行启动;

(2) M2 启动后,M1 立即停车;

(3) M2 能单独停车;

(4) M1 和 M2 均能点动。

7. 设计一个控制线路,要求第 1 台电动机启动 10 s 后,第 2 台电动机自行启动,运行 5 s 后,第 1 台电动机停止并同时使第 3 台电动机自行启动,再运行 10 s,电动机全部停止。

8. 设计一小车运行控制线路,小车由异步电动机施动,其动作要求如下:

(1) 小车由原位开始前进,到终端后自动停止;

(2) 在终端停留 2 min 后自动返回原位停止;

(3) 要求能在前进或后退途中任意位置都能停止或启动。

西门子 S7 – 200 系列 PLC 步进顺序控制指令及应用

项目描述

步进顺序控制编程法是 PLC 的程序控制的重要方法。顺序控制编程法是将系统的工作过程分解成若干个阶段(步),绘制顺序功能图。再依据顺序功能图设计步进梯形图程序及指令表程序,使程序设计工作变得思路清晰。不容易遗落或者冲突。

任务 3.1 电动机顺序启停控制系统的设计实现

西博士提示

电动机的顺序启停控制在工业中应用非常广泛,可以实现自动化生产线不同环节的顺序启动和停止。本任务就是利用 PLC 的顺序功能图来实现 3 台电动机顺序启停的控制,从而学习顺序功能图中启保停电路的顺序控制梯形图设计方法的应用,以及步进顺序控梯形图的调试。

【任务】

用 PLC 实现电动机顺序启停控制系统的功能。

【目标】

(1)知识目标:掌握顺序功能图的应用,掌握启保停电路的顺序控制梯形图设计方法;

(2)技能目标:会根据工艺要求画出顺序功能图以及梯形图,能够运用启保停电路的顺序控制梯形图设计方法实现顺序控制,熟悉步进梯形图的调试。

【甲方要求】——【任务导入】

(1)控制系统要求:运用启保停电路的顺序控制梯形图设计方法,实现电动机顺序启停控制功能。

(2)按键要求:启动按钮 SB1;停止按钮 SB2;

(3)启动要求:按下启动按钮 SB1 后,3 台电动机顺序自动启动,间隔时间为 5 s;

（4）停止要求：完成相关工作后按下停止按钮 SB2,3 台电动机逆序自动停止，间隔时间为 10 s;

（5）注意：在启动过程中，如果按下停止按钮，则立即停止启动过程，对已经启动运行的电动机，立即进行反方向逆序停止，直到全部结束。

【乙方设计】——【五单一支持】

方案设计单

项目名称	西门子 S7-200 系列 PLC 步进顺序控制指令及应用		任务名称	电动机顺序启停控制系统的设计实现
方案设计分工				
子任务	提交材料		承担成员	完成工作时间
PLC 机型选择	PLC 选型分析			
低压电器选型	低压电器选型分析			
电气安装方案	图样			
方案汇报	PPT			
学习过程记录				
班级		小组编号		成员
说明：小组每个成员根据方案设计的任务要求，进行认真学习，并将学习过程的内容（要点）进行记录，同时也将学习中存在的问题进行记录				
方案设计工作过程				
开始时间			完成时间	
说明：根据小组每个成员的学习结果，通过小组分析与讨论，最后形成设计方案				
结构框图				
原理说明				
关键元器件型号				
实施计划				
存在的问题及建议				

硬件设计单

项目名称	西门子 S7－200 系列 PLC 步进顺序控制指令及应用	任务名称	电动机顺序启停控制系统的设计实现

硬件设计分工			
子任务	提交材料	承担成员	完成工作时间
主电路设计	主电路图、元器件清单		
PLC 接口电路设计	PLC 接口电路图 元器件清单		
硬件接线图绘制	元器件布局图 电路接线图		
硬件安装与调试	装配与调试记录		

学习过程记录					
班级		小组编号		成员	

说明:小组每个成员根据硬件设计的任务要求,进行认真学习,并将学习过程的内容(要点)进行记录,同时也将学习中存在的问题进行记录

硬件设计工作过程			
开始时间		完成时间	

说明:根据硬件系统基本结构,画出系统各模块的原理图,并说明工作原理

主电路图	
PLC 接口 电路图	
元器件 布置图	
电路接线图	
存在的问题 及建议	

软件设计单

项目名称	西门子系列 PLCS7 – 200 步进顺序控制指令及应用	任务名称	电动机顺序启停控制系统的设计实现
统的设计实现			
软件设计分工			

子任务	提交材料	承担成员	完成工作时间
单周期运行程序设计			
连续运行程序设计			
输出信号控制程序设计	程序流程图及源程序		
…			

学习过程记录					
班级		小组编号		成员	

软件设计工作过程			
开始时间		完成时间	
说明:根据软件系统结构,画出系统各模块的程序图,及各模块所使用的资源			
单周期运行程序			
连续运行程序			
输出信号控制程序			
存在的问题及建议			

程序编制与调试单

项目名称	西门子 S7 – 200 系列 PLC 步进顺序控制指令及应用	任务名称	电动机顺序启停控制系统的设计实现
统的设计实现			
软件设计分工			
子任务	提交材料	承担成员	完成工作时间
编程软件的安装	安装方法		
编程软件的使用	使用方法		
程序编辑	编辑方法		
程序调试	调试方法		
学习过程记录			
班级		小组编号		成员	

程序编辑与调试工作过程			
开始时间		完成时间	
说明:根据程序编辑与调试要求进行填写			
编程软件的使用			
程序编辑			
程序调试			
存在的问题及建议			

评价单——基础能力评价

考核项目	考核点	权重	考核标准			得分
			A(1.0)	B(0.8)	C(0.6)	
任务分析 (15%)	资料收集	5%	能比较全面地提出需要学习和解决的问题,收集的学习资料较多	能提出需要学习和解决的问题,收集的学习资料较多	能比较笼统地提出一些需要学习和解决的问题,收集的学习资料较少	
	任务分析	10%	能根据产品用途,确定功能和技术指标。产品选型实用性强,符合企业的需要	能根据产品用途,确定功能和技术指标。产品选型实用性强	能根据产品用途,确定功能和技术指标	
方案设计 (20%)	系统结构	7%	系统结构清楚,信号表达正确,符合功能要求			
	元器件选型	8%	主要元器件的选择,能够满足功能和技术指标的要求,按钮设置合理,操作简便	主要元器件的选择,能够满足功能和技术指标的要求,按钮设置合理	主要元器件的选择,能够满足功能和技术指标的要求	
	方案汇报	5%	PPT 简洁、美观、信息量丰富,汇报条理性好,语言流畅	PPT 简洁、美观、内容充实,汇报语言流畅	有 PPT,能较好地表达方案内容	
详细设计与制作 (50%)	硬件设计	10%	PLC 选型合理,电路设计正确,元件布局合理、美观,接线图走线合理	PLC 选型合理,电路设计正确,元件布局合理,接线图走线合理	PLC 选型合理,电路设计正确,元件布局合理	
	硬件安装	8%	仪器、仪表及工具的使用符合操作规范,元器件安装正确规范,布线符合工艺标准,工作环境整洁	仪器、仪表及工具的使用符合操作规范,少量元器件安装有松动,布线符合工艺标准	仪器、仪表及工具的使用符合操作规范,元器件安装位置不符合要求,有 3~5 根导线不符合布线工艺标准,但接线正确	
	程序设计	22%	程序模块划分正确,流程图符合规范、标准,程序结构清晰,内容完整			
	程序调试	10%	调试步骤清楚,目标明确,有调试方法的描述。调试过程记录完整,有分析,结果正确。出现故障有独立处理能力	程序调试有步骤,有目标,有调试方法的描述。调试过程记录完整,结果正确	程序调试有步骤,有目标。调试过程有记录,结果正确	
技术文档 (5%)	设计资料	5%	设计资料完整,编排顺序符合规定,有目录			
学习汇报(10%)		10%	能反思学习过程,认真总结学习经验	能客观总结整个学习过程的得与失		
项目得分						
指导教师			日期		项目得分	

总结

评价单——提升能力评价

考核项目	考 核 点	配分	考 核 标 准	扣分	得分
设备安装	(1) 会分配端口、画 I/O 接线图； (2) 按图完整、正确及规范接线； (3) 按照要求编号	30	(1) 不能正确分配端口，扣 5 分，画错 I/O 接线图，扣 5 分； (2) 错、漏线，每处扣 2 分； (3) 错、漏编号，每处扣 1 分		
编程操作	(1) 会采用时序波形图法设计程序； (2) 正确输入梯形图； (3) 正确保存文件； (4) 会转换梯形图； (5) 会传送程序	30	(1) 不能设计出程序或设计错误，扣 10 分； (2) 输入梯形图错误，每处扣 2 分； (3) 保存文件错误，扣 4 分； (4) 转换梯形图错误，扣 4 分； (5) 传送程序错误，扣 4 分		
运行操作	(1) 运行系统，分析操作结果； (2) 正确监控梯形图	30	(1) 系统通电操作错误，每处扣 3 分； (2) 分析操作结果错误，每处扣 2 分； (3) 监控梯形图错误，扣 4 分		
安全、文明工作	(1) 安全用电，无人为损坏仪器、元器件和设备； (2) 保持环境整洁，秩序井然，操作习惯良好； (3) 小组成员协作和谐，态度端正； (4) 不迟到、早退、旷课	10	(1) 发生安全事故，扣 10 分； (2) 人为损坏设备、元器件，扣 10 分； (3) 现场不整洁、工作不文明、团队不协作，扣 5 分； (4) 不遵守考勤制度，每次扣 2~5 分		
合计					

总结与收获

【技术支持】

1. 确定 I/O 个数，进行 I/O 地址分配

根据控制要求，首先确定 I/O 个数，然后进行 I/O 地址分配。I/O 地址分配见表 3-1。

表 3-1 I/O 地址分配表

输 入		输 出	
输入寄存器	作　用	输出寄存器	作　用
I0.0	启动按钮 SB1	Q0.0	电动机 M1(KM1)
I0.1	停止按钮 SB2	Q0.1	电动机 M2(KM2)
		Q0.2	电动机 M3(KM3)

2. 画出 PLC 外部接线图

电动机顺序启停控制系统 PLC 外部接线图,如图 3 – 1 所示。

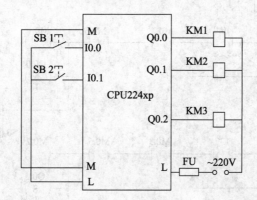

图 3 – 1　电动机顺序启停控制系统 PLC 外部接线图

3. 设计程序

(1)顺序功能图,如图 3 – 2 所示。

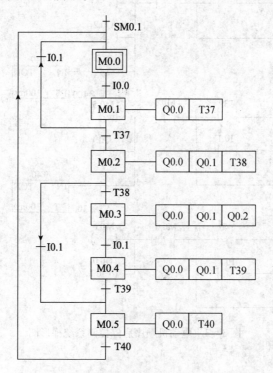

图 3 – 2　电动机顺序起停控制系统顺序功能图

(2)梯形图,如图 3 – 3 所示。

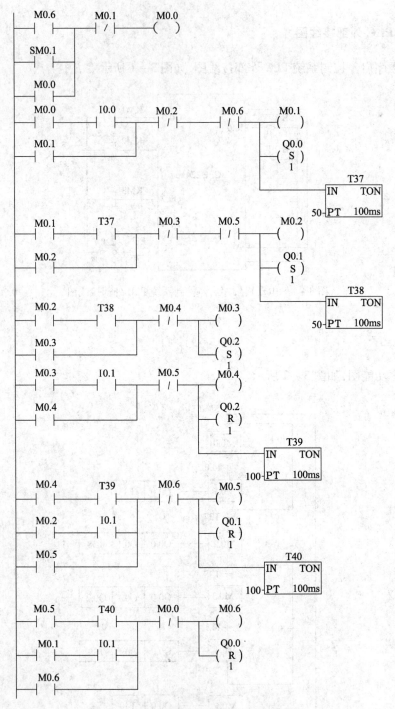

图 3 - 3　电动机顺序启停控制系统梯形图

【相关知识】

　　用经验设计法设计梯形图时,没有一套固定的方法和步骤可以遵循,具有很大的试探性和随意性,对于不同的控制系统,没有一种通用的容易掌握的设计方法。在设计复杂系统的梯形图时,用大量的中间单元来完成记忆和互锁等功能,由于需要考虑的因素很多,它们往往又交织在一起,分析起来非常困难,并且很容易遗漏一些应该考虑的问题。修改某一局部电路时,很可能会"牵一发而动全身",对系统的其他部分产生意想不到的影响,因此梯形图的修改也很麻烦,往往花了很长时间还得不到一个满意的结果。用经验设计法设计出的复杂梯形图很难阅读,给系统的修改和改进带来了很大的困难。下面将讲述顺序控制设计法,这种方法能够解决经验设计法遇到的困难。

1. 顺序控制系统和顺序控制设计法

(1) 顺序控制系统。如果一个控制系统可以分解成几个独立的控制动作,且这些动作必须严格按照一定的先后次序执行,才能保证生产的正常运行,这样的系统称为顺序控制系统,又称步进控制系统。

(2) 顺序控制设计法。顺序控制设计法是针对顺序控制系统的一种专门设计方法。这种方法是将控制系统的工作全过程按其状态的变化划分为若干阶段,这些阶段称为"步"。这些步在各种输入条件、内部状态和时间条件下,自动、有序地进行操作。

通常这种方法利用顺序功能图来进行设计,过程中各步都有自己应完成的动作。从每一步转移到下一步,一般都是有条件的,条件满足则上一步动作结束,下一步动作开始,上一步的动作会被清除。

顺序控制设计法是一种先进的设计方法,很容易被初学者接受,对于有经验的工程师,也会提高设计的效率,程序的调试、修改和阅读也很方便,成为当前 PLC 程序设计的主要方法。

(3) 顺序功能图的组成。顺序功能图主要由步、有向连线、转换、转换条件和动作(命令)组成,如图 3–4 所示。

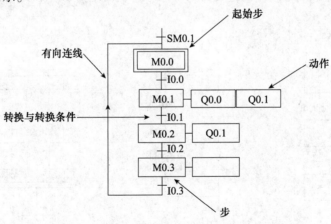

图 3–4　顺序功能图的结构

(4) 转换实现的基本规则如下:

① 转换实现的条件。在顺序功能图中步的活动状态的进展是由转换的实现来完成的。转换的实现必须同时满足以下两个条件:

a. 该转换所有的前级步都是活动步;

b. 相应的转换条件得到满足。

② 转换实现应完成的操作。转换的实现应完成以下两个操作:

a. 使所有的后续步都变为活动步。

b. 使所有的前级步都变为不活动步。

（5）顺序功能图的基本结构如下：

① 单序列是由一系列相继激活的步组成，每一步的后面仅有一个转换，每一个转换的后面仅有一个步，如图 3－5(a)所示，单序列的特点是没有分支和合并。

② 选择序列的开始称为分支，如图 3－5(b)所示。转换符号只能标在水平线之下。如果步 5 是活动步，并且转换条件 h＝1，则发生由步 5 向步 8 进展。如果步 5 是活动步，并且转换条件 k＝1，则发生由步 5 向步 10 进展。如果将选择条件 k 改为 k·h，则当 k 和 h 同时为 1 状态时，将优先选择 h 对应的序列，一般只允许同时选择一个序列。

选择序列的结束称为合并，如图 3－5(b)所示。几个选择序列合并到一个公共序列时，用需要重新组合的序列相同数量的转换符号和水平连线来表示，转换符号只允许标在水平连线之上。如果步 9 是活动步，并且转换条件 j＝1，则发生由步 9 向步 12 进展。如果步 11 是活动步，并且转换条件 n＝1，则发生由步 11 向步 12 进展。

③ 并行序列的开始称为分支，如图 3－5(c)所示。当转换的实现导致几个序列同时激活时，这些序列称为并行序列。当步 3 是活动的，并且转换条件 e＝1，步 4 和步 6 同时变为活动步，同时步 3 变为不活动步。为了强调转换的同步实现，水平连线用双线表示。步 4 和步 6 被同时激活后，每个序列中活动步的进展是独立的。在表示同步的水平双线之上，只允许有一个转换符号。并行序列用来表示系统的几个同时工作的独立部分的工作情况。

并行序列的结束称为合并，如图 3－5(c)所示。在表示同步的水平双线之下，只允许有一个转换符号。当直接连在双线上的所有前级步(步 5 和步 7)都处于活动状态，并且转换条件 i＝1时，才会发生步 5 和 7 到步 10 的进展，即步 5 和 7 同时变为不活动步，而步 10 变为活动步。

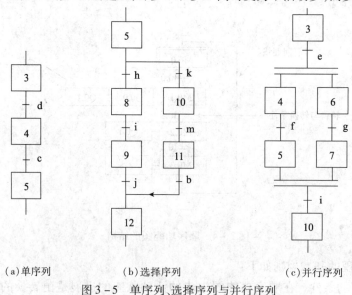

(a)单序列　　　　(b)选择序列　　　　(c)并行序列

图 3－5　单序列、选择序列与并行序列

2. 顺序控制设计法的设计步骤

（1）步的划分。将系统的一个工作周期划分为若干个顺序相连的阶段，这些阶段称为步，并且用编程元件来代表各步。步是根据 PLC 输出状态的变化来划分的,在任何一步内,各输出状态不变,但是相邻步之间输出状态是不同的。

(2) 转换条件的确定。使系统由当前步转入下一步的信号称为转换条件。转换条件可能是外部输入信号,如按钮、指令开关、限位开关的接通/断开等,也可能是 PLC 内部产生的信号,如定时器、计数器触点的接通/断开等。转换条件也可能是若干个信号的与、或、非逻辑组合。

(3) 顺序功能图的绘制。根据以上分析和被控对象工作内容、步骤、顺序和控制要求画出顺序功能图。绘制顺序功能图是顺序控制设计法关键的一个步骤。

绘制顺序功能图应注意的问题如下:

① 两个步绝对不能直接相连,必须用一个转换将它们隔开。

② 两个转换也不能直接相连,必须用一个步将它们隔开。

③ 顺序功能图中起始步是必不可少的,它一般对应于系统等待启动的初始状态,这一步可能没有动作执行,因此很容易遗漏。如果没有该步,无法表示初始状态,系统也无法返回停止状态。

④ 只有当某一步所有的前级步都是活动步时,该步才有可能变为活动步。如果用无断电保持功能的编程元件来代表各步,则 PLC 开始进入 RUN 模式时各步均处于 0 状态,因此必须要有初始信号,将起始步预置为活动步,否则顺序功能图中永远不会出现活动步,系统将无法工作。

(4) 梯形图的编制。根据顺序功能图,按某种编程方式写出梯形图程序。如果 PLC 支持顺序功能图编程,则可直接使用该顺序功能图作为最终程序。

经验设计法实际上是用输入信号 I 直接控制输出信号 Q,如图 3 - 6(a)所示。如果无法直接控制,或者为了实现记忆和互锁等功能,只好被动地增加一些辅助元件和辅助触点。由于不同的系统的输出 Q 与输入 I 之间的关系各不相同,以及它们对联锁、互锁的要求千变万化,不可能找出一种简单通用的设计方法。

顺序控制设计法则是用输入信号 I 控制代表各步的编程元件(如内部位存储器 M),再用它们控制输出信号 Q,如图 3 - 6(b)所示。步是根据输出信号 Q 的状态划分的,M 与 Q 之间具有很简单的"或"或者相等的逻辑关系,输出电路的设计极为简单。任何复杂系统代表步的位存储器 M 的控制电路,其设计方法都是通用的,并且很容易掌握,所以顺序控制设计法具有简单、规范、通用的优点。由于 M 是依次顺序变为 ON/OFF 状态的,实际上已经基本上解决了经验设计法中的记忆和联锁等问题。

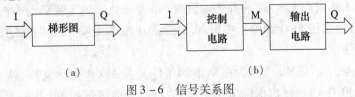

(a)　　　　　　　　　　　(b)

图 3 - 6　信号关系图

3. 启保停电路的顺序控制梯形图设计方法

根据顺序功能图设计梯形图时,可以用存储器位 M 来代表步,某一步为活动,对应的存储器位为 1,某一转换实现时,该转换的后续步变为活动步,前级步变为不活动步。

(1) 单序列的编程方法。启保停电路仅仅使用触点和线圈有关的指令,任何一种可编程序控制器的指令系统都有这一类指令,因此这是一种通用的编程方法,可以用于任意型号的可编程序控制器。

【例3－1】 图3－7中的波形图给出了控制锅炉鼓风机和引风机的要求。控制要求:按了启动按钮 I0.0 后,应先开引风机,延时后再开鼓风机;按了停止按钮 I0.1 后,应先停鼓风机,5 s后再停止引风机。

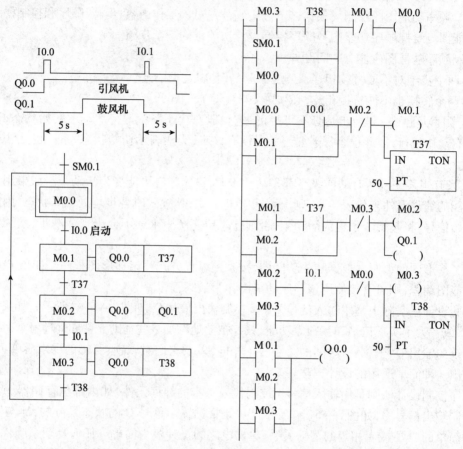

图3－7 用启保停电路实现鼓风机与引风机的自动控制

步的设计:根据 Q0.0 和 Q0.1 ON／OFF 状态变化,显然工作期间可以分为 3 步,分别用 M0.1、M0.2、M0.3 来代表这 3 步,另外还应设置 M0.0 来代表的等待启动的初始步。

转换条件:启动按钮 I0.0 和停止按钮 I0.1 的常开触点、定时器延时接通的常开触点是各步之间的转换条件。

启动条件和停止条件:M0.1 变为活动步的条件是步 M0.0 为活动步,且二者之间的转换条件的常开触点 I0.0 = 1。在启保停电路中,则应将代表前级步的 M0.0 的常开触点和代表转换条件的 I0.0 的常开触点作为启动电路。当 M0.1 和 T37 的常开触点均闭合时,步 M0.2 变为活动步,步 M0.1 变为不活动步,因此可以将 M0.2 = 1 作为使存储器位 M0.1 变为 OFF 的条件,即将 M0.2 的常闭触点与 M0.1 的线圈串联。上述的逻辑关系可以用逻辑代数式表示为

$$M0.1 = (M0.0 \cdot I0.0 + M0.1) \cdot \overline{M0.2}$$

本例中,可以用 T37 的常闭触点代替 M0.2 常闭触点。但是当转换条件由多个信号经

"与、或、非"逻辑运算组合而成时,需将它的逻辑表达式求反,再将对应的触点串并联电路作为起保电路的停止电路,这样做不如使用后续步对应的常闭触点简单方便。

步的处理:用位存储器来代表步,某一步为活动步时,对应的辅助继电器为ON,某一转换实现时,该转换的后续步变为活动步,前级步变为不活动步。由于很多转换条件都是短信号,即它存在的时间比它激活后续步为活动步的时间短,因此,应使用有记忆(又称保持)功能的电路(如启保停电路和置位复位指令组成的电路)来控制代表步的位存储器。以初始步M0.0为例,由顺序功能图可知,M0.3是它的前级步,二者之间的转换条件为T38的常开触点,所以应将M0.3和T38常开触点串联,作为M0.3的启动电路。可编程序控制器开始运行时应将M0.0置为1,否则系统无法工作,故将仅在第一个扫描周期接通的SM0.1的常开触点与启动电路并联,启动电路还并联了M0.0的自保持触点,后续步M0.1的常闭触点与M0.0的线圈串联,M0.1为1时M0.0的线圈断电,初始步变为不活动步。

动作的处理:

① 某一输出信号仅在某一步中为ON,可以将它们的线圈分别与对应步的位存储器的线圈并联。例如图3-7中的Q0.1,就属于这种情况,可以将它的线圈与对应步存储器位M0.2的线圈并联。

② 某一输出继电器在几步中都为ON,应将代表各有关步的辅助继电器的常开触点并联后,驱动该输出继电器的线圈。图3-7中Q0.0在M0.1~M0.3这3步中均应工作,所以用M0.1~M0.3的常开触点组成的并联电路来驱动Q0.0的线圈。

(2) 选择序列的编程方法:

① 选择序列分支的编程方法。图3-8中步M0.0之后有一个选择序列的分支,设M0.0为活动步,当它的后续步M0.1或M0.2变为活动步时,它都应变为不活动步(M0.0变为0状态),所以应将M0.1或M0.2的常闭触点与M0.0的线圈串联。

如果某一步的后面有一个由N条分支组成的选择序列,该步可能转换到不同的N步去,则应将这N个后续步对应的存储器的常闭触点与该步的线圈串联,作为结束该步的条件。

② 选择序列合并的编程方法。图3-8中,步M0.2之前有一个选择序列的合并,当步M0.1为活动步(M0.1为1状态)并且转换条件I0.1满足,或步M0.0为活动步并且条件I0.2满足,步M0.2都应变为活动步,即代表该步的存储器位M0.2的启动条件应为M0.1·I0.1和M0.0·I0.2对应的启动电路由两条并联支路组成,每条支路分别由M0.1、I0.1和M0.0、I0.2的常开触点串联而成。

一般来说,对于选择序列的合并,如果某一步之前N个转换(即有N条分支 进入该步),则代表该步的存储器位的启动电路由N条支路并联而成,各支路由某一前级步对应的存储器位的常开触点与相应转换条件对应触点或电路串联而成。

(3) 并行序列的编程方法:

① 并行序列分支的编程方法。图3-8中的步M0.2之后有一个并行序列的分支,当步M0.2是活动步并且转换条件I0.3满足时,步M0.3与步M0.5应同时变为活动步,这是用M0.2和I0.3的常开触点组成的串联电路分别作为M0.3和M0.5的启动电路来实现的,与此同时,步M0.2应变为不活动步。步M0.3和M0.5是同时变为活动步的,只需将M0.3或M0.5的常闭触点与M0.2的线圈串联就行了。

② 并行序列合并的编程方法。步M0.0之前有一个并行序列的合并,该转换实现的条件

是所有的前级步(即步 M0.4 和 M0.6)都是活动步和转换条件 I0.6 满足。由此可知,应将 M0.4,M0.6 和 I0.6 的常开触点串联,作为控制 M0.7 的启保电路的启动电路。

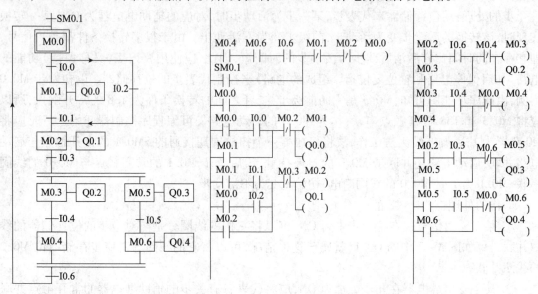

图 3 - 8　选择序列与并行序列的顺序功能图与梯形图

任何复杂的顺序功能图都是由单序列、选择序列和并行序列组成的,掌握了单序列的编程方法和选择序列、并行序列的分支、合并的编程方法,就不难迅速地设计出任何复杂的顺序功能图描述的开关量控制系统的梯形图。

(4) 仅有两步的闭环的处理。如果在顺序功能图中有仅由两步组成的小闭环,如图 3 - 9 (a)所示。用启保停电路设计的梯形图不能正常工作。如 M0.2 和 I0.2 均为 1 时,M0.3 的起动电路接通,但是这时与 M0.3 的线圈串联的 M0.2 的常闭触点却是断开的,所以 M0.3 的线圈不能通电。出现上述问题的根本原因在于步 M0.2 既是步 M0.3 的前级步,又是它的后续步。

如果用转换条件 I0.2 和 I0.3 的常闭触点分别代替后续步 M0.3 和 M0.2 的常闭触点如图 3 - 9(b)所示,将引发出另一问题。假设步 M0.2 为活动步时 I0.2 变为 1 状态,执行修改后的图 3 - 9(b)中的第 1 个启保停电路时,因为 I0.2 为 1 状态,它的常闭触点断开,使 M0.2 的线圈断电。M0.2 的常开触点断开,使控制 M0.3 的启保停电路的启动电路开路,因此不能转换到步 M0.3。

为了解决这一问题,增设了一个受 I0.2 控制的中间元件 M1.0 如图 3 - 9(c)所示,用 M1.0 的常闭触点取代修改后的图 3 - 9(b)中 I0.2 的常闭触点。如果 M0.2 为活动步时 I0.2 变为 1 状态,执行图 3 - 9(c)中的第 1 个起保停电路时,M1.0 尚为 0 状态,它的常闭触点闭合,M0.2 的线圈通电,保证了控制 M0.3 的启保停电路的启动电路接通,使 M0.3 的线圈通电。执行完图 3 - 9(c)中最后一行程序后,M1.0 变为 1 状态,在下一个扫描周期使 M0.2 的线圈通电。

【例 3 - 2】　某专用钻床用两只钻头同时钻两个孔。控制要求操作人员放好工件后,按下启动按钮 I0.0,工件被夹紧后两只钻头同时开始工作,钻到由限位开关 I0.2 和 I0.4 设定的深度时分别上行,回到由限位开关 I0.3 和 I0.5 设定的起始位置时停止上行。两只钻头都到位后,工件被松开,松开到位后,加工结束,系统返回初始状态。

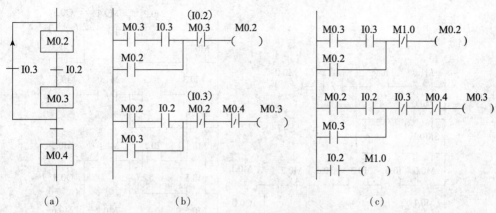

图 3 - 9　仅有两步的闭环的处理

分析:图 3 - 10 中系统的顺序功能图存储器位 M0.0 ~ M0.1 代表各步。两只钻头和各自的限位开关组成了两个子系统,这两个子系统在钻孔过程中并行工作,因此并行序列中的两个子序列分别表示这两个子系统的工作情况。

在步 M0.1,Q0.0 为 1,夹紧电磁阀的线圈通电,工件被夹紧后,压力继电器 I0.1 的常开触点为 ON,使步 M0.1 变为不活动步,步 M0.2 和步 M0.5 同时变为活动步,Q0.1,Q0.3 为 1,大、小钻头向下进给,开始钻孔。当大、小孔分别钻完后,Q0.2、Q0.4 分别变为 1,钻头向上运动,返回初始位置后,限位开关 I0.3 与 I0.5 均为 ON,等待步 M0.4 与 M0.7 分别变为活动步。它们之后的" = 1"表示转换条件总是满足,即只要 M0.4 和 M0.7 都变为活动步,就会实现步 M0.4,M0.7 到步 M1.0 的转换。在步 M1.0,控制工件松开的 Q0.5 为 1,工件被松开后,限位开关 I0.7 为 ON,系统返回初始步 M0.0。

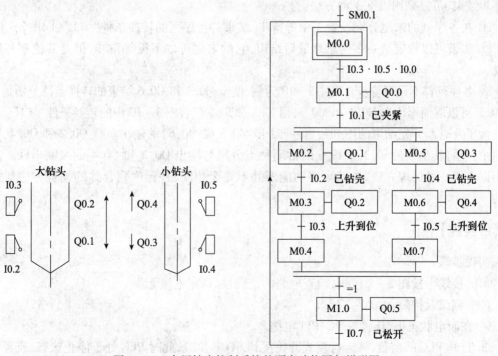

图 3 - 10　专用钻床控制系统的顺序功能图与梯形图

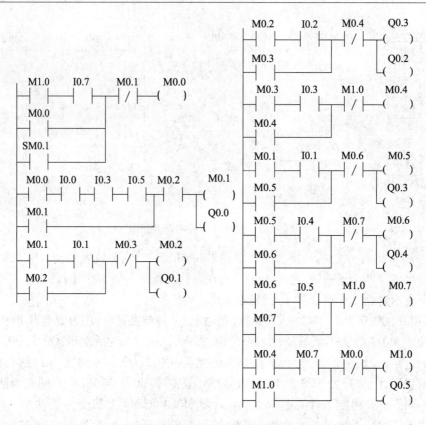

图 3 - 10 专用钻床控制系统的顺序功能图与梯形图(续)

步结束,可以采用以下 3 种方法:

① 在各序列的末尾分别设置一个等待步,结束并行序列的转换条件" =1"(同图 3 - 10)。

② 如果可以肯定某一序列总是最后结束,它的末尾可以不设等待步,但是其他序列则应设置。

③ 各序列都不设等待步。以图 3 - 10 为例,使步 M0.3 和 M0.6 结束的转换条件分别是 I0.3 和 I0.5,可以取消等待步 M0.4 和 M0.7,用 I0.3 和 I0.5 代替图 3 - 10 中的转换条件" =1"。

为了及时断开先结束的序列最后一步(步 M0.3 或 M0.6)的输出负载 Q0.2 和 Q0.4,在梯形图中,应将转换条件 I0.3 和 I0.5 的常闭触点分别与输出 Q0.2 和 Q0.4 的线圈串联。不管采用以上哪一种处理方法,虽然顺序功能图并不完全相同,并行序列合并的编程方法却是相同的。

【项目实施】

实现步骤:

(1) 接线。按图 3 - 1 接线,检查电路的正确性,确定连接无误。

(2) 调试及排障:

① 在断电状态下,连接好 PC/PPI 电缆。

② 打开 PLC 的前盖,将运行模式开关拨到 STOP 位置,此时 PLC 处于停止状态,或者单击工具栏中的 STOP 按钮,可以进行程序编写。

③ 在作为编程器的 PC 上,运行 STEP 7 - Micro/WIN32 编程软件。

④ 执行"新建"命令,生成一个新项目;执行"打开"命令,打开一个已有的项目;执行"另存为"命令,可修改项目的名称。

⑤ 执行"PLC 类型"命令,设置 PLC 的型号。

⑥ 设置通信参数。

⑦ 编写控制程序。

⑧ 单击工具栏中的"编译"按钮或"全部编译"按钮来编译输入的程序。

⑨ 下载程序文件到 PLC。

⑩ 将运行模式选择开关拨到 RUN 位置,或者单击工具栏的 RUN 按钮使 PLC 进入运行方式。

⑪ 按下启动按钮 SB1,观察运行情况。

【练习】

设计液料混合装置。设计要求:SL1、SL2、SL3 分别为高水位、中水位、低水位三个液面传感器,在其各自被液体淹没时为 ON,反之为 OFF。阀 YV1、YV2、YV3 分别为液体 A、液体 B 和混合液体的电磁阀,线圈通电时打开,线圈断电时关闭。开始时容器是空的,各阀门均关闭,各传感器均为 OFF。按下启动按钮后,打开阀 YV1,液体 A 流入容器,当中限位 SL2 开关变为 ON 时,关闭阀 YV1,打开阀 YV2,液体 B 流入容器。当液面到达上限位 SL1 开关时,关闭阀 YV2,电动机 M 开始运行,搅动液体。60 s 后停止搅动,打开阀 YV3,放出混合液,当液面降至下限位 SL3 开关之后再过 5 s,容器放空,关闭阀 YV3,打开阀 YV1,又开始下一周期的操作。按下停止按钮,在当前工作周期的操作结束后,才停止操作。

任务3.2 按钮式人行道交通灯控制系统的设计实现

西博士提示

交通灯的出现大大缓解了交通秩序混乱和交通拥堵的问题,可见,交通灯在日常生活中起着很重要的作用。本任务就是利用 PLC 的顺序功能图来实现按钮式人行道交通灯的控制,从而学习顺序功能图中以转换为中心的顺序控制梯形图的设计方法的应用,以及步进顺控梯形图的调试。

【任务】

用 PLC 实现按钮式人行道交通灯控制系统的功能。

【目标】

(1)知识目标:掌握顺序功能图的应用,掌握以转换为中心的顺序控制梯形图的设计方法;

(2)技能目标:会根据要求画顺序功能图,能够运用以转换为中心的顺序控制梯形图的设计方法实现顺序控制,熟悉步进梯形图的调试。

【甲方要求】——【任务导入】

（1）控制系统要求:运用以转换为中心的顺序控制梯形图的设计方法,实现按钮式人行道交通灯控制功能。

（2）按键要求:按钮 SB1;按钮 SB2 分别为人行横道道路两侧控制按钮。

（3）控制对象:主干道红灯、主干道黄灯、主干道绿灯,人行道红灯和人行道绿灯。

（4）控制过程:在正常情况下,汽车通行,主干道绿灯亮,人行道红灯亮,当行人想要通过马路时,可按按钮。当按下按钮之后,主干道交通灯将从绿（5 s）→绿闪（3 s）→黄（3 s）→红（20 s）,当主干道红灯亮时,人行道从红灯亮转为绿灯亮,15 s 以后,人行道绿灯开始闪烁,闪烁 5 s 后转入主干道绿灯亮,人行道红灯亮。

按钮式人行道交通灯控制系统示意图如图 3 – 11 所示。

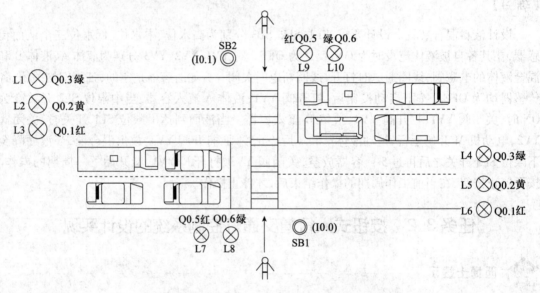

图 3 – 11　按钮式人行道交通灯控制系统示意图

【乙方设计】——【五单一支持】

方案设计单

项目名称	西门子 S7 – 200 系列 PLC 步进顺序控制指令及应用		任务名称	按钮式人行道交通灯控制系统的设计实现
方案设计分工				
子任务	提交材料		承担成员	完成工作时间
PLC 机型选择	PLC 选型分析			
低压电器选型	低压电器选型分析			
电气安装方案	图样			
方案汇报	PPT			

续表

学习过程记录					
班级		小组编号		成员	

说明:小组每个成员根据方案设计的任务要求,进行认真学习,并将学习过程的内容(要点)进行记录,同时也将学习中存在的问题进行记录

方案设计工作过程			
开始时间		完成时间	

说明:根据小组每个成员的学习结果,通过小组分析与讨论,最后形成设计方案

结构框图	
原理说明	
关键元器件型号	
实施计划	
存在的问题及建议	

硬件设计单

项目名称	西门子 S7 – 200 系列 PLC 步进顺序控制指令及应用	任务名称	按钮式人行道交通灯控制系统的设计实现
硬件设计分工			
子任务	提交材料	承担成员	完成工作时间
主电路设计	主电路图、元器件清单		
PLC 接口电路设计	PLC 接口电路图 元器件清单		
硬件接线图绘制	元器件布局图 电路接线图		
硬件安装与调试	装配与调试记录		
学习过程记录			
班级		小组编号		成员	

说明:小组每个成员根据硬件设计的任务要求,进行认真学习,并将学习过程的内容(要点)进行记录,同时也将学习中存在的问题进行记录

硬件设计工作过程			
开始时间		完成时间	
说明:根据硬件系统基本结构,画出系统各模块的原理图,并说明工作原理			
主电路图			
PLC 接口电路图			
元器件布置图			
电路接线图			
存在的问题及建议			

软件设计单

项目名称	西门子 S7－200 系列 PLC 步进顺序控制指令及应用	任务名称	按钮式人行道交通灯控制系统的设计实现
软件设计分工			
子任务	提交材料	承担成员	完成工作时间
单周期运行程序设计			
连续运行程序设计	程序流程图及源程序		
输出信号控制程序设计			
……			
学习过程记录			
班级		小组编号		成员	

续表

软件设计工作过程			
开始时间		完成时间	
说明:根据软件系统结构,画出系统各模块的程序图,及各模块所使用的资源			
单周期运行程序			
连续运行程序			
输出信号控制程序			
存在的问题及建议			

程序编制与调试单

项目名称	西门子 S7 - 200 系列 PLC 步进顺序控制指令及应用	任务名称	按钮式人行道交通灯控制系统的设计实现
软件设计分工			
子任务	提交材料	承担成员	完成工作时间
编程软件的安装	安装方法		
编程软件的使用	使用方法		
程序编辑	编辑方法		
程序调试	调试方法		
学习过程记录			

班级		小组编号		成员	

程序编辑与调试工作过程			
开始时间		完成时间	
说明:根据程序编辑与调试要求进行填写			
编程软件的使用			
程序编辑			

续表

程序编辑与调试工作过程	
程序调试	
存在的问题及建议	

评价单——基础能力评价

考核项目	考核点	权重	考核标准			得分
			A(1.0)	B(0.8)	C(0.6)	
任务分析(15%)	资料收集	5%	能比较全面地提出需要学习和解决的问题,收集的学习资料较多	能提出需要学习和解决的问题,收集的学习资料较多	能比较笼统地提出一些需要学习和解决的问题,收集的学习资料较少	
	任务分析	10%	能根据产品用途,确定功能和技术指标。产品选型实用性强,符合企业的需要	能根据产品用途,确定功能和技术指标。产品选型实用性强	能根据产品用途,确定功能和技术指标	
方案设计(20%)	系统结构	7%	系统结构清楚,信号表达正确,符合功能要求			
	元器件选型	8%	主要元器件的选择,能够满足功能和技术指标的要求,按钮设置合理,操作简便	主要元器件的选择,能够满足功能和技术指标的要求,按钮设置合理	主要元器件的选择,能够满足功能和技术指标的要求	
	方案汇报	5%	PPT 简洁、美观、信息丰富,汇报条理性好,语言流畅	PPT 简洁、美观、内容充实,汇报语言流畅	有 PPT,能较好地表达方案内容	
详细设计与制作(50%)	硬件设计	10%	PLC 选型合理,电路设计正确,元器件布局合理、美观,接线图走线合理	PLC 选型合理,电路设计正确,元器件布局合理,接线图走线合理	PLC 选型合理,电路设计正确,元器件布局合理	
	硬件安装	8%	仪器、仪表及工具的使用符合操作规范,元器件安装正确规范,布线符合工艺标准,工作环境整洁	仪器、仪表及工具的使用符合操作规范,少量元器件安装有松动,布线符合工艺标准	仪器、仪表及工具的使用符合操作规范,元器件安装位置不符合要求,有 3~5 根导线不符合布线工艺标准,但接线正确	
	程序设计	22%	程序模块划分正确,流程图符合规范、标准,程序结构清晰,内容完整			
	程序调试	10%	调试步骤清楚,目标明确,有调试方法的描述。调试过程记录完整,有分析,结果正确。出现故障有独立处理能力	程序调试有步骤,有目标,有调试方法的描述。调试过程记录完整,结果正确	程序调试有步骤,有目标。调试过程有记录,结果正确	

续表

考核项目	考核点	权重	考核标准			得分
			A(1.0)	B(0.8)	C(0.6)	
技术文档(5%)	设计资料	5%	设计资料完整,编排顺序符合规定,有目录			
学习汇报(10%)		10%	能反思学习过程,认真总结学习经验	能客观总结整个学习过程的得与失		
项目得分						
指导教师			日期		项目得分	

总结

评价单——提升能力评价

考核项目	考核点	配分	考核标准	扣分	得分
设备安装	(1) 会分配端口、画 I/O 接线图; (2) 按图完整、正确及规范接线; (3) 按照要求编号	30	(1) 不能正确分配端口,扣 5 分,画错 I/O 接线图,扣 5 分; (2) 错、漏线,每处扣 2 分; (3) 错、漏编号,每处扣 1 分		
编程操作	(1) 会采用时序波形图法设计程序; (2) 正确输入梯形图; (3) 正确保存文件; (4) 会转换梯形图; (5) 会传送程序	30	(1) 不能设计出程序或设计错误,扣 10 分; (2) 输入梯形图错误,每处扣 2 分; (3) 保存文件错误,扣 4 分; (4) 转换梯形图错误,扣 4 分; (5) 传送程序错误,扣 4 分		
运行操作	(1) 运行系统,分析操作结果; (2) 正确监控梯形图	30	(1) 系统通电操作错误,每处扣 3 分; (2) 分析操作结果错误,每处扣 2 分; (3) 监控梯形图错误,扣 4 分		
安全、文明工作	(1) 安全用电,无人为损坏仪器、元器件和设备; (2) 保持环境整洁,秩序井然,操作习惯良好; (3) 小组成员协作和谐,态度端正; (4) 不迟到、早退、旷课	10	(1) 发生安全事故,扣 10 分; (2) 人为损坏设备、元器件,扣 10 分; (3) 现场不整洁、工作不文明,团队不协作,扣 5 分; (4) 不遵守考勤制度,每次扣 2 ~ 5 分		
合计					

总结与收获

【技术支持】

1. 确定 I/O 个数，进行 I/O 地址分配

根据控制要求，首先确定 I/O 个数，然后进行 I/O 地址分配，I/O 地址分配见表 3 – 2。

表 3 – 2　I/O 地址分配表

输　　入		输　　出	
输入寄存器	作用	输出寄存器	作用
I0.0	按钮 SB1	Q0.1	主干道红灯
I0.1	按钮 SB2	Q0.2	主干道黄灯
		Q0.3	主干道绿灯
		Q0.5	人行道红灯
		Q0.6	人行道绿灯

2. 画出 PLC 外部接线图

按钮式人行道交通灯控制系统 PLC 外部接线图，如图 3 – 12 所示。

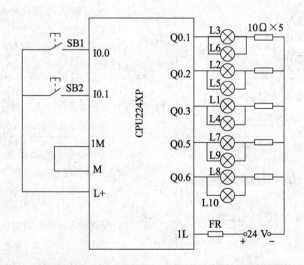

图 3 – 12　按钮式人行道交通灯控制系统 PLC 外部接线图

3. 设计程序

（1）时序图及顺序功能图，如图 3 – 13 所示。

（2）梯形图，如图 3 – 14 所示。

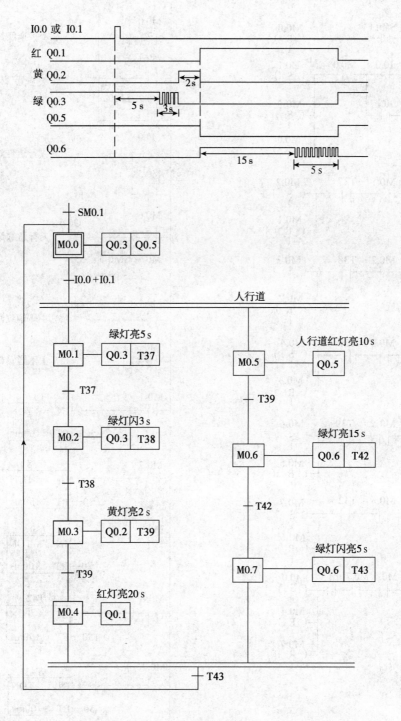

图 3 - 13　按钮式人行道交通灯控制系统时序图及顺序功能图

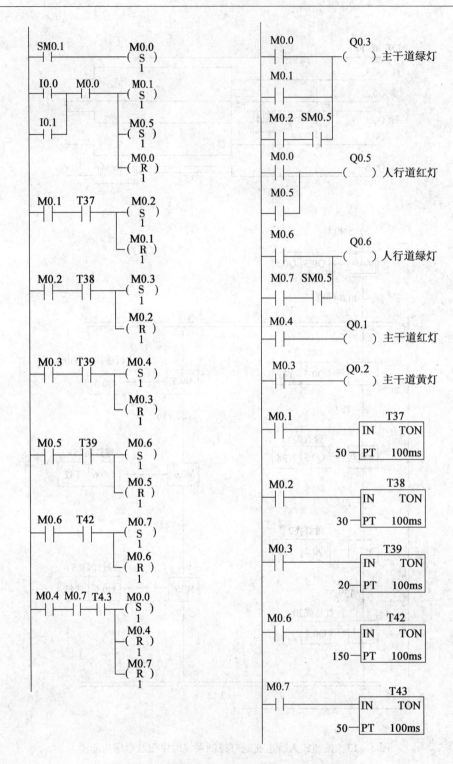

图 3 - 14　按钮式人行道交通灯控制系统梯形图

【相关知识】

以转换为中心的顺序控制梯形图设计方法

1. 以转换为中心的单序列的编程方法

在顺序功能图中,如果某一转换所有的前级步都是活动步并且满足相应的转换条件,则转换实现,即所有由有向连线与相应转换符号相连的后续步都变为活动步,而所有由有向连线与相应转换符号相连的前级步都变为不活动步。在以转换为中心的编程方法中,用该转换所有前级步对应的存储器位的常开触点与转换对应的触点或电路串联(即启保停电路中的启动电路),作为使所有后续步对应的存储器位置位(使用时置位指令)和使所有前级步对应的存储器位复位(使用复位指令)的条件。在任何情况下,代表步的存储器位的控制电路都可以用这一原则来设计,每一个转换对应一个这样的控制置位和复位电路块,有多少个转换就有多少个这样的电路块。这种设计方法特别有规律,在设计复杂的顺序功能图的梯形图时既容易掌握,又不容易出错。

【例 3－3】　某组合机床的动力头在初始状态时停在最左边,限位开关 I0.3 为 1 状态(见图 3－15)。按下启动按钮 I0.0,动力头的进给运动如图 3－15 所示,工作一个循环后,返回并停在初始位置,控制电磁阀的 Q0.1 ~ Q0.2 在各工步的状态如图 3－15 中的顺序功能图所示。

从图 3－15 可以看出以转换为中心的编程方法的顺序功能图与梯形图的对应关系。实现图中 I0.1 对应的转换需要同时满足两个条件,即该转换的前级步是活动步(M0.1 = 1)和转换条件满足(I0.1 = 1)。在梯形图中,可以用 M0.1 和 I0.1 的常开触点组成的串联电路来表示上述条件。该电路接通时,两个条件同时满足,此时应将该转换的后续步变为活动步(用"SM0.2",1 指令将 M0.2 置位)和将该转换的前级步变为不活动步(用"R M0.0,1"指令将 M0.1 复位),这种编程方法与转换实现的基本规则之间有着严格的对应关系,用它编制复杂的顺序功能图的梯形图时,更能显示出它的优越性。

使用这种编程方法时,不能将输出位的线圈与置位指令和复位指令并联,这是因为图 3－15 中前级步和转换条件对应的串联电路接通的时间是相当短的(只有一个扫描周期),

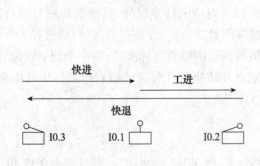

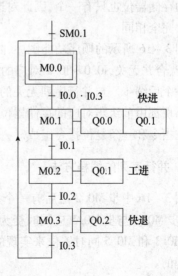

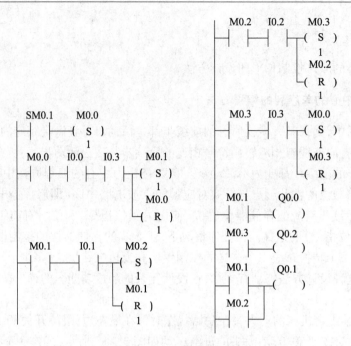

图 3 - 15　动力头控制系统的顺序功能图与梯形图

转换条件满足后前级马上被复位,该串联电路断开,而输出位的线圈至少应该在某一步对应的全部时间内被接通。所以应根据顺序功能图,用代表步的存储器位的常开触点或它们的并联电路来驱动输出位的线圈,即

对所有后续步对应的存储器位置位(使用 S 指令);

对所有前级步对应的存储器位复位(使用 R 指令)。

2. 选择序列的编程方法

如果某一转换与并行序列的分支、合并无关,它的前级步和后续步都只有一个,需要复位、置位的存储器位也只有一个,因此对选择序列的分支与合并的编程方法实际上与单序列的编程方法完全相同。

图 3 - 16 所示的顺序功能图中,除 I0.3 与 I0.6 对应的转换以外,其余的转换与并行序列的分支、合并无关,I0.0 ~ I0.2 对应的转换与选择序列的分支、合并有关,它们都只有一个前级步和一个后续步。与并行序列无关的转换对应的梯形图是非常标准的,每一个控制置位、复位的电路块都由前级步对应的存储器位的常开触点和转换条件对应的触点组成的串联电路、一条置位指令和一条复位指令组成。

3. 并行序列的编程方法

图 3 - 16 中步 M0.2 之后有一个并行序列分支,当 M0.2 是活动步,并且转换条件 I0.3 满足时,步 M0.3 与步 M0.5 应同时变为活动步,这是用 M0.2 和 I0.3 的常开触点组成的串联电路使 M0.3 和 M0.5 同时置位来实现的;与此同时,步 M0.2 应变为不活动步,这是用复位指令来实现的。

　　I0.6 对应的转换之前有一个并行序列的合并,该转换实现的条件是所有的前级步(即步 M0.4 和 M0.6)都是活动步和转换条件 I0.6 满足。由此可知,应将 M0.4、M0.6 和 I0.6 的常开触点串联,作为使后续步 M0.0 置位和使 M0.4、M0.6 复位的条件。

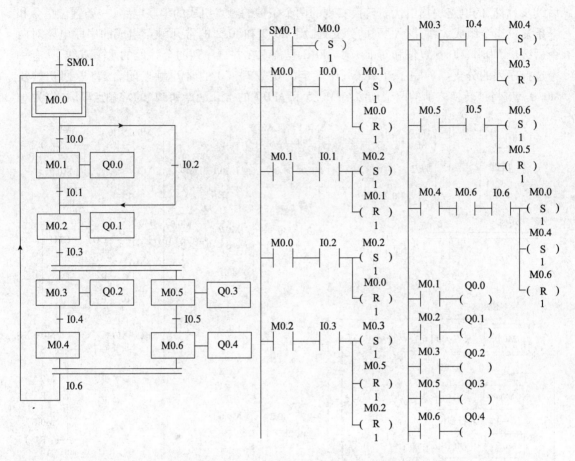

图 3 – 16　选择序列与并行序列

　　图 3 – 17 中转换的上面是并行序列的合并;转换的下面是并行序列的分支。该转换实现的条件是所有的前级步(即步 M1.0 和 M1.1)都是活动步和转换条件 $\overline{I0.1}$ + I0.3 满足,因此应将 M1.0、M1.1、I0.3 的常开触点与 I0.1 的常闭触点组成串并联电路,作为使 M1.2、M1.3 置位和使 M1.0、M1.1 复位的条件。

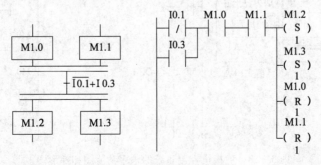

图 3 – 17　转换的同步实现

【例 3 - 4】 图 3 - 18 为剪板机控制系统的顺序功能图,以及以转换为中心的编程方法编制的梯形图程序。顺序功能图中共有 9 个转换(包括 SM0.1),转换条件 SM0.1 只需对初始步 M0.0 置位。除了与并行序列的分支、合并的转换以外,其余的转换都只有一个前级步和一个后续步,对应的电路块均由代表转换实现的两个条件的触点组成的串联电路、一条置位指令和一条复位指令组成。在并行序列的分支处,用 M0.3 和 I0.2 的常开触点组成的串联电路对两个后续步 M0.4、M0.6 置位和对前级步 M0.3 复位。在并行序列的合并处的水平双线下,有一个选择序列的分支。剪完了计数器 C0 设定的块数时,C0 的常开触点闭合,将返回初始步 M0.0。应将该转换之前的两个前级步 M0.5 和 M0.7 的常开触点和 C0 的常触点串联,作为对

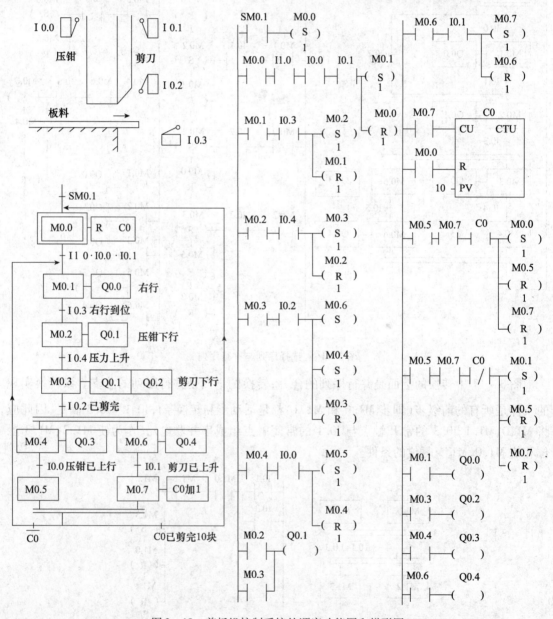

图 3 - 18 剪板机控制系统的顺序功能图和梯形图

后续步 M0.0 置位和对前级步 M0.5 和 M0.7 复位条件。没有剪完了计数器 C0 设定的块数时,C0 的常闭触点闭合,将返回步 M0.1,所以将该转换之前的两个前级步 M0.5 和 M0.7 的常开触点和 C0 的常闭点触点串联,作为对后续步 M0.1 置位和对前级步 M0.5 和 M0.7 复位条件。

【项目实施】

实现步骤:

(1) 接线。按图 3 - 12 接线,检查电路的正确性,确定连接无误。

(2) 调试及排障:

① 在断电状态下,连接好 PC/PPI 电缆。

② 打开 PLC 的前盖,将运行模式开关拨到 STOP 位置,此时 PLC 处于停止状态,或者单击工具栏中的 STOP 按钮,可以进行程序编写。

③ 在作为编程器的 PC 上,运行 STEP 7 - Micro/WIN32 编程软件。

④ 执行"新建"命令,生成一个新项目;执行"打开命令",打开一个已有的项目;执行"另存为"命令,可修改项目的名称。

⑤ 执行"PLC 类型"命令,设置 PLC 的型号。

⑥ 设置通信参数。

⑦ 编写控制程序。

⑧ 单击工具栏中的"编译"按钮或"全部编译"按钮来编译输入的程序。

⑨ 下载程序文件到 PLC。

⑩ 将运行模式选择开关拨到 RUN 位置,或者单击工具栏的 RUN 按钮使 PLC 进入运行方式。

⑪ 按下启动按钮 SB1,观察运行情况。

任务 3.3　全自动洗衣机控制系统的设计实现

西博士提示

全自动洗衣机的进水和排水分别由进水电磁阀和排水电磁阀控制。洗涤和脱水由同一台电动机拖动,通过电磁离合器来控制,将动力传递给洗涤波轮或甩干桶(内桶)。电磁离合器断电,电动机带动洗涤波轮实现正反转,进行洗涤;电磁离合器通电,电动机带动甩干桶单向旋转,进行甩干(此时洗涤波轮不转)。水位高低分别是由高低水位开关进行检测。

【任务】

用 PLC 实现全自动洗衣机控制系统的功能。

【目标】

（1）知识目标：掌握顺序功能图应用，掌握顺序控制继电器指令的顺序控制梯形图设计方法；

（2）技能目标：能够根据要求画出顺序功能图，能够熟练运用步进指令实现顺序控制，会对出现的故障根据设计要求独立检修。

【甲方要求】——【任务导入】

（1）控制系统要求：运用顺序控制继电器指令的顺序控制梯形图设计方法，实现全自动洗衣机控制系统的功能。

（2）按键要求：启动按钮 SB0，高水位开关 SQ1，低水位开关 SQ2；

（3）控制过程：启动时，首先进水，到高水位时停止进水，开始洗涤。正转洗涤 15 s，暂停 3 s后反转洗涤 15 s，暂停 3 s后再正转洗涤，如此反复 3 次。洗涤结束后，开始排水，当水位下降到低水位时，进行脱水（同时排水），脱水时间为 10 s，这样完成一次从进水到脱水的大循环过程。经过 3 次上述大循环后（第 2、3 次为漂洗），进行洗衣完成报警，报警 10 s 后结束全过程，自动停机。

全自动洗衣机控制系统示意图如图 3-19 所示。

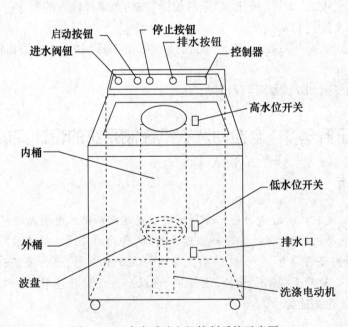

图 3-19　全自动洗衣机控制系统示意图

【乙方设计】——【五单一支持】

方案设计单

项目名称	西门子 S7 – 200 系列 PLC 步进顺序控制指令及应用	任务名称	全自动洗衣机控制系统的设计实现
方案设计分工			
子任务	提交材料	承担成员	完成工作时间
PLC 机型选择	PLC 选型分析		
低压电器选型	低压电器选型分析		
电气安装方案	图样		
方案汇报	PPT		
学习过程记录			
班级		小组编号		成员	

说明:小组每个成员根据方案设计的任务要求,进行认真学习,并将学习过程的内容(要点)进行记录,同时也将学习中存在的问题进行记录

方案设计工作过程			
开始时间		完成时间	

说明:根据小组每个成员的学习结果,通过小组分析与讨论,最后形成设计方案

结构框图	
原理说明	
关键元器件型号	
实施计划	
存在的问题及建议	

硬件设计单

项目名称	西门子 S7 – 200 系列 PLC 步进顺序控制指令及应用	任务名称	全自动洗衣机控制系统的设计实现

硬件设计分工			
子任务	提交材料	承担成员	完成工作时间
主电路设计	主电路图、元器件清单		
PLC 接口电路设计	PLC 接口电路图 元器件清单		
硬件接线图绘制	元器件布局图 电路接线图		
硬件安装与调试	装配与调试记录		

学习过程记录				
班级		小组编号		成员

说明:小组每个成员根据硬件设计的任务要求,进行认真学习,并将学习过程的内容(要点)进行记录,同时也将学习中存在的问题进行记录

硬件设计工作过程	
开始时间	完成时间

说明:根据硬件系统基本结构,画出系统各模块的原理图,并说明工作原理

主电路图	
PLC 接口 电路图	
电气元器件 布置图	
电路接线图	
存在的问题 及建议	

软件设计单

项目名称	西门子 S7 – 200 系列 PLC 步进顺序控制指令及应用	任务名称	全自动洗衣机控制系统的设计实现
软件设计分工			
子任务	提交材料	承担成员	完成工作时间
单周期运行程序设计			
连续运行程序设计	程序流程图及源程序		
输出信号控制程序设计			
…			

学习过程记录					
班级		小组编号		成员	

软件设计工作过程		
开始时间		完成时间
说明:根据软件系统结构,画出系统各模块的程序图,及各模块所使用的资源		
单周期运行程序		
连续运行程序		
输出信号控制程序		
存在的问题及建议		

程序编制与调试单

项目名称	西门子 S7-200 系列 PLC 步进顺序控制指令及应用	任务名称	全自动洗衣机控制系统的设计实现

软件设计分工			
子任务	提交材料	承担成员	完成工作时间
编程软件的安装	安装方法		
编程软件的使用	使用方法		
程序编辑	编辑方法		
程序调试	调试方法		

学习过程记录					
班级		小组编号		成员	

程序编辑与调试工作过程			
开始时间		完成时间	
说明:根据程序编辑与调试要求进行填写			
编程软件的使用			
程序编辑			
程序调试			
存在的问题及建议			

评价单——基础能力评价

考核项目	考核点	权重	考核标准			得分
			A(1.0)	B(0.8)	C(0.6)	
任务分析 (15%)	资料收集	5%	能比较全面地提出需要学习和解决的问题,收集的学习资料较多	能提出需要学习和解决的问题,收集的学习资料较多	能比较笼统地提出一些需要学习和解决的问题,收集的学习资料较少	
	任务分析	10%	能根据产品用途,确定功能和技术指标。产品选型实用性强,符合企业的需要	能根据产品用途,确定功能和技术指标。产品选型实用性强	能根据产品用途,确定功能和技术指标	
方案设计 (20%)	系统结构	7%	系统结构清楚,信号表达正确,符合功能要求			
	元器件选型	8%	主要元器件的选择,能够满足功能和技术指标的要求,按钮设置合理,操作简便	主要元器件的选择,能够满足功能和技术指标的要求,按钮设置合理	主要元器件的选择,能够满足功能和技术指标的要求	
	方案汇报	5%	PPT 简洁、美观,信息丰富,汇报条理性好,语言流畅	PPT 简洁、美观,内容充实,汇报语言流畅	有 PPT,能较好地表达方案内容	
详细设计与制作 (50%)	硬件设计	10%	PLC 选型合理,电路设计正确,元器件布局合理、美观,接线图走线合理	PLC 选型合理,电路设计正确,元器件布局合理,接线图走线合理	PLC 选型合理,电路设计正确,元器件布局合理	
	硬件安装	8%	仪器、仪表及工具的使用符合操作规范,元器件安装正确规范,布线符合工艺标准,工作环境整洁	仪器、仪表及工具的使用符合操作规范,少量元器件安装有松动,布线符合工艺标准	仪器、仪表及工具的使用符合操作规范,元器件安装位置不符合要求,有 3～5 根导线不符合布线工艺标准,但接线正确	
	程序设计	22%	程序模块划分正确,流程图符合规范、标准,程序结构清晰,内容完整			
	程序调试	10%	调试步骤清楚,目标明确,有调试方法的描述。调试过程记录完整,有分析,结果正确。出现故障有独立处理能力	程序调试有步骤,有目标,有调试方法的描述。调试过程记录完整,结果正确	程序调试有步骤,有目标。调试过程有记录,结果正确	
技术文档 (5%)	设计资料	5%	设计资料完整,编排顺序符合规定,有目录			
学习汇报(10%)		10%	能反思学习过程,认真总结学习经验	能客观总结整个学习过程的得与失		
项目得分						
指导教师			日期		项目得分	
总结						

评价单——提升能力评价

考核项目	考 核 点	配分	考 核 标 准	扣分	得分
设备安装	(1) 会分配端口、画 I/O 接线图； (2) 按图完整、正确及规范接线； (3) 按照要求编号	30	(1) 不能正确分配端口，扣5分，画错 I/O 接线图，扣5分； (2) 错、漏线，每处扣2分； (3) 错、漏编号，每处扣1分		
编程操作	(1) 会采用时序波形图法设计程序； (2) 正确输入梯形图； (3) 正确保存文件； (4) 会转换梯形图； (5) 会传送程序	30	(1) 不能设计出程序或设计错误，扣10分； (2) 输入梯形图错误，每处扣2分； (3) 保存文件错误，扣4分； (4) 转换梯形图错误，扣4分； (5) 传送程序错误，扣4分		
运行操作	(1) 运行系统，分析操作结果； (2) 正确监控梯形图	30	(1) 系统通电操作错误，每处扣3分； (2) 分析操作结果错误，每处扣2分； (3) 监控梯形图错误，扣4分		
安全、文明工作	(1) 安全用电，无人为损坏仪器、元器件和设备； (2) 保持环境整洁，秩序井然，操作习惯良好； (3) 小组成员协作和谐，态度端正； (4) 不迟到、早退、旷课	10	(1) 发生安全事故，扣10分； (2) 人为损坏设备、元器件，扣10分； (3) 现场不整洁、工作不文明、团队不协作，扣5分； (4) 不遵守考勤制度，每次扣2~5分		
合计					

总结与收获

【技术支持】

1. 确定 I/O 个数，进行 I/O 地址分配

根据控制要求，首先确定 I/O 个数，然后进行 I/O 地址分配。I/O 地址分配见表 3-3。

表 3-3 I/O 地址分配表

输 入		输 出	
输入寄存器	作 用	输出寄存器	作 用
I0.0	启动按钮 SB0	Q0.0	进水电磁阀 DCF1
I0.3	高水位开关 SQ1	Q0.1	电动机正转控制 KM1

续表

输　入		输　出	
I0.4	低水位开关 SQ2	Q0.2	电动机反转控制 KM2
		Q0.3	排水电磁阀 DCF2
		Q0.4	脱水电磁离合器 KM3
		Q0.5	报警蜂鸣器 S
		Q0.6	初始状态指示灯 HL

2. 画出 PLC 外部接线图

全自动洗衣机控制系统 PLC 外部接线图如图 3 - 20 所示。

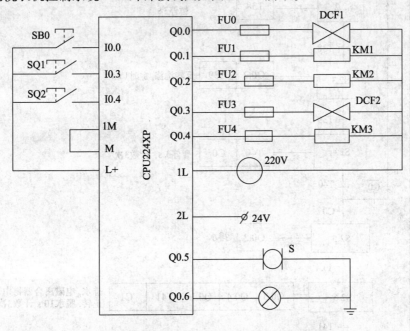

图 3 - 20　全自动洗衣机控制系统 PLC 外部接线图

3. 设计程序

（1）顺序功能图，如图 3 - 21 所示。洗衣机一个周期中的工作状态见表 3 - 4。

表 3 - 4　洗衣机一个周期中的工作状态表

状态继电器	工作状态	状态继电器	工作状态
S2.0	进水	S2.4	暂停 3 s
S2.1	正转洗涤 15 s	S2.5	排水
S2.2	暂停 3 s	S2.6	脱水
S2.3	反转洗涤 15 s	S2.7	报警

（2）梯形图，如图 3 - 22 所示。

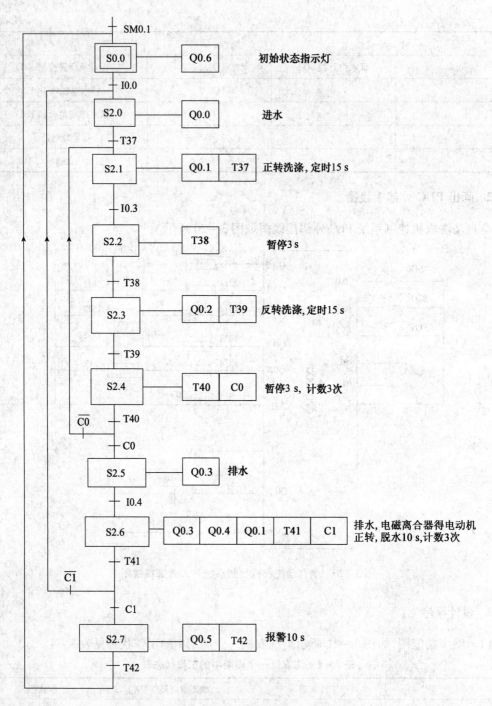

图 3 – 21　全自动洗衣机控制系统顺序功能图

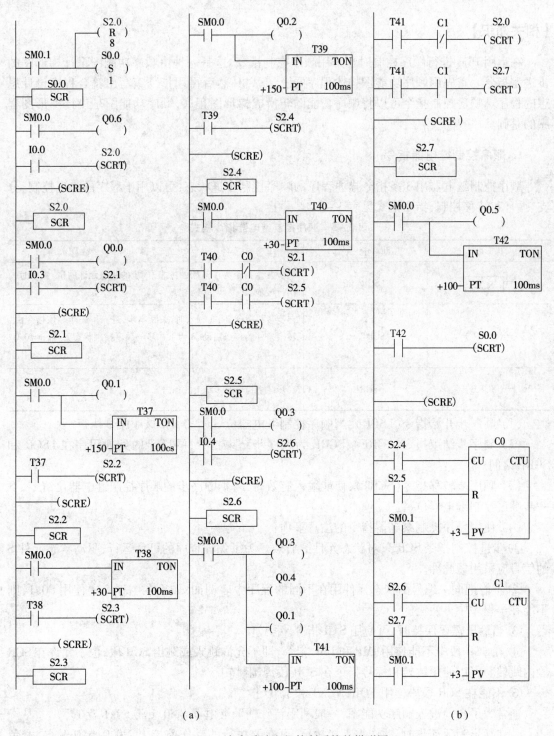

(a)   (b)

图 3 - 22 全自动洗衣机控制系统的梯形图

【相关知识】

在运用 PLC 进行顺序控制时常采用顺序控制指令,这是一种由顺序功能图设计梯形图的步进型指令。首先用顺序功能图描述程序的设计思想,然后再用指令编写出符合程序设计思想的程序。顺序控制指令可以将顺序功能图转换成梯形图程序,顺序功能图是设计梯形图程序的基础。

1. 顺序控制继电器指令

顺序控制继电器用 3 条指令描述程序的顺序控制步进状态,可以用于程序的步进控制、分支、循环和转移控制,指令格式见表 3 - 5。

表 3 - 5　顺序控制继电器指令格式

梯形图	助　记　符	功　能　说　明
┤ SCR ├	LSCR　n	步开始指令为步开始的标志,该步的状态元件的位,置 1 时,执行该步
─(SCRT)	SCRT　n	步转移指令,使能有效时,关断本步,进入下一步。该指令由转换条件的接点启动,n 为下一步的顺序控制状态元件,n = 0.0 ~31.7
├─(SCRE)	SCRE	步结束指令为步结束的标志

(1)顺序步开始指令(LSCR):当顺序控制继电器位 $S_{x,y} = 1$ 时,该顺序步执行。

(2)顺序步结束指令(SCRE):SCRE 为顺序步结束指令,顺序步的处理程序在 LSCR 和 SCRE 之间。

(3)顺序步转移指令(SCRT):使能输入有效时,将本顺序步的顺序控制继电器位清零,下一步顺序控制继电器位,置 1。

(4)使用顺序控制继电器指令的注意事项:

① 步进控制指令 SCR 只对状态元件 S 有效。为了保证程序的可靠运行,驱动状态元件 S 的信号应采用短脉冲。

② 不能把同一编号的状态元件用在不同的程序中。例如,如果在主程序中使用 S0.1,则不能在子程序中再使用。

③ 当输出需要保持时,可使用 S/R 指令。

④ 在 SCR 段中不能使用 JMP 和 LBL 指令,即不允许跳入或跳出 SCR 段,也不允许在 SCR 段内跳转。可以使用跳转和标号指令在 SCR 段周围跳转。

⑤ 不能在 SCR 段中使用 FOR、NEXT 和 END 指令。

通常为了自动进入顺序功能图,一般利用特殊辅助继电器 SM0.1 将 S0.1 置 1。

若在某步为活动步时,动作需直接执行,可在要执行的动作前接上 M0.0 常开触点,避免线圈与左母线直接连接的语法错误。

2. 使用 SCR 指令的顺序控制梯形图设计方法

S7 - 200 系列 PLC 中的顺序控制继电器 S 专门用于编制顺序控制程序。顺序控制程序被顺序控制继电器指令 SCR 划分为 LSCR 与 SCRE 指令之间的若干个 SCR 段,一个 SCR 段对应于顺序功能图中的一步。

装载顺序控制继电器(Load Sequence Control Relay)指令"LSCR n"用来表示一个 SCR 段,即顺序功能图中的步开始。指令中的操作数 n 为顺序控制继电器 S(BOOL 型)的地址,顺序控制继电器为 1 状态时,对应的 SCR 段中的程序被执行,反之则不被执行。

顺序控制继电器结束(Sequence Control Relay End)指令 SCRE 用来表示 SCR 段的结束。

顺序控制继电器转换(Sequence Control Relay Transition)指令"SCRT n"用来表示 SCR 段之间的转换,即步的活动状态的转换。当 SCRT 线圈通电时 SCRT 中指定的顺序功能图中的后续步对应的顺序控制继电器 n 变为 1 状态,同时当前活动步对应的顺序控制继电器变为 0 状态,当前步变为不活动步。

LSCR 指令中的 n 指定的顺序控制继电器被放入 SCR 堆栈和逻辑堆栈的栈顶,SCR 堆栈中 S 位的状态决定对应的 SCR 段是否执行。由于逻辑堆栈栈顶的值装入了 S 位的值,所以能将 SCR 指令和它后面的线圈直接连接到左侧母线上。

使用 SCR 段时有如下的限制:不能在不同的程序中使用相同的 S 位;不能在 SCR 段中使用 JMP 及 LBL 指令,即不允许用跳转的方法跳入或跳出 SCR 段;不能在 SCR 段中使用 FOR、NEXT 和 END 指令。

(1) 单序列顺序功能的编程方法。图 3-23 是某小车控制的顺序功能图和梯形图。设小车在初始位置在左侧,限位开关 I0.2 为 1 状态。按下启动按钮 I0.0 后,小车向右运动(简称右行),碰到限位开关 I0.1 后,停在该处,3 s 后开始左行,碰到 I0.2 后返回初始步,停止运动。根据 Q0.0 和 Q0.1 状态的变化,显然一个工作周期可以分为左行、暂停和右行 3 步,另外还应设置等待启动的初始步,并分别用 S0.0～S0.3 来代表这 4 步。启动按钮 I0.0、限位开关的常开触点和 T37 延时接通的常开触点是各步之间的转换条件。

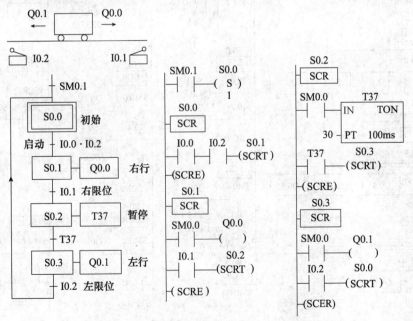

图 3-23　某小车控制的顺序功能图与梯形图

首次扫描时 SM0.1 的常开触点接通一个扫描周期,使顺序控制继电器 S0.0 置位,初始步变为活动步。按下启动按钮 I0.0,SCRT S0.1 指的线圈通电,使 S0.1 变为 1 状态,S0.0 变为 0 状态,系统从初始步转换到右行步,转为执行 S0.1 对应的 SCR 段。在该段中,因为 SM0.0 一直为 1 状态,其常开触点闭合,Q0.0 的线圈得电,小车右行。碰至右限位开关时,I0.1 的常开触点闭合,将实现右行步 S0.1 到暂停步的转换。定时器 T37 用来暂停步,持续 3 s。延时到 T37 的常开触点接通,使系统由暂停步转换到左行步 S0.3,直到返回初始步。

（2）选择序列的编程方法与并行序列的编程方法：

① 选择序列分支的编程方法:图 3-24 中,步 S0.0 之后有一个选择序列的分支,当它是活动步,并且转换条件 I0.0 得到满足,后续步 S0.1 将变为活动步,S0.0 变为不活动步。如果步 S0.0 为活动步,并且转换条件 I0.2 得到满足,后续步 S0.2 将变为活动步,S0.0 变为不活动步。当 S0.0 为 1 状态时,它对应的 SCR 段被执行,此时若转换条件 I0.0 为 1 状态,该程序段中的指令"SCRT S0.1"被执行,将转换到步 S0.1。若 I0.2 的常开触点闭合,将执行指令"SCRT S0.2",转换到步 S0.2。

② 选择序列合并的编程方法:图 3-24 中,步 S0.3 之前有一个选择序列的合并,当步 S0.1 为活动步(S0.1 为 1 状态),并且转换条件 I0.1 满足,或步 S0.2 为活动步,并且转换条件 I0.3 满足,步 S0.3 都应变为活动步。在步 S0.1 和步 S0.2 对应的 SCR 段中,分别用 I0.1 和 I0.3 的常开触点驱动"SCRT S0.3"指令,就能实现选择序列的合并。

③ 并行序列分支的编程方法:图 3-24 中,步 S0.3 之后有一个并行序列的分支,当步 S0.3 为活动步,并且转换条件 I0.4 满足,步 S0.4 与步 S0.6 应同时变为活动步,这是用 S0.3 对应的 SCR 段中 I0.4 的常开触点同时驱动指令"SCR TS0.4""SCRT S0.6"来实现的。与此同时,S0.3 被自动复位,步 S0.3 变为不活动步。

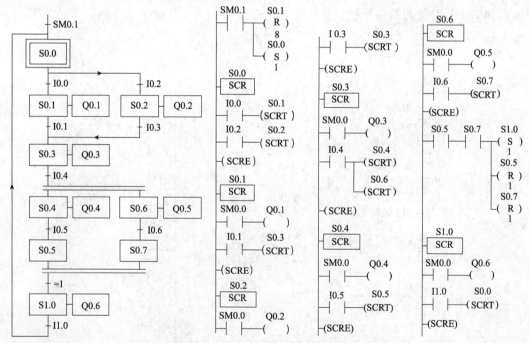

图 3-24　选择序列与并行序列的顺序功能图与梯形图

④ 并行序列合并的编程方法：图 3-24 中，步 S1.0 之前有一个并行序列的合并，因为转换条件为 1（总是满足），转换实现的条件是所有的前级步（即步 S0.5 和 S0.7）都为活动步。由此可知，应使用以转换为中心的编程方法，S0.5、S0.7 的常开触点串联，来控制 S1.0 的置位 S0.5、S0.7 的复位，从而使步 S1.0 变为活动步，步 S0.5、S0.7 变为不活动步。

【例 3-5】 某轮胎内硫化机控制系统的顺序功能图和梯形图如图 3-25 所示。一个工作周期由初始、合模、反料、硫化、放气和开模 6 步组成，它们与 S0.0~S0.5 相对应。

分析：在反料和硫化阶段，Q0.2 为 1 状态，蒸气进入模具。在放气阶段，Q0.2 为 0 状态，放出蒸气，同时 Q0.3 使"放气"指示灯亮。反料阶段允许打开模具，硫化阶段则不允许。紧急停车按钮 I0.0 可以停止开模，也可以将合模改为开模。在运行中发现"合模到位"和"开模到位"限位开关（I0.1 和 I0.2）的故障率较高，容易出现开模、合模已到位，但是相应电动机不能停机的现象，甚至可能损坏设备。为了解决这个问题，在程序中设置了诊断和报警功能，在开模或合模时，用 T40 延时，在正常情况下，开模、合模到位时，T40 的延时间还没到就被复位，所以它不起作用。限位开关出现故障时，T40 使系统进入报警步 S0.6，开模或合模电动机自动断电，同时 Q0.4 接通报警装置，操作人员按复位按钮 I0.5 后解除报警。

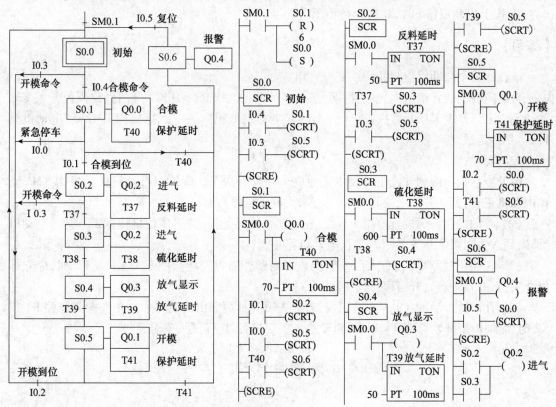

图 3-25 某轮胎内硫化机控制系统的顺序功能图和梯形图

【项目实施】

实现步骤：

（1）接线。按图 3-20 接线，检查电路的正确性，确定连接无误。

· 135 ·

（2）调试及排障：

① 在断电状态下，连接好 PC/PPI 电缆。

② 打开 PLC 的前盖，将运行模式开关拨到 STOP 位置，此时 PLC 处于停止状态，或者单击工具栏中的 STOP 按钮，可以进行程序编写。

③ 在作为编程器的 PC 上，运行 STEP 7 – Micro/WIN32 编程软件。

④ 执行"新建"命令，生成一个新项目；执行"打开"命令，打开一个已有的项目；执行"另存为"命令，可修改项目的名称。

⑤ 执行"PLC 类型"命令，设置 PLC 的型号。

⑥ 设置通信参数。

⑦ 编写控制程序。

⑧ 单击工具栏中的"编译"按钮或"全部编译"按钮来编译输入的程序。

⑨ 下载程序文件到 PLC。

⑩ 将运行模式选择开关拨到 RUN 位置，或者单击工具栏的 RUN 按钮使 PLC 进入运行方式。

⑪ 按下启动按钮 SB1，观察运行情况。

【练习】

试设计一个自动门控制系统。其硬件组成如下：

自动门控制装置由门内光电探测开关 K1、门外光电探测开关 K2、开门到位限位开关 K3、关门到位限位开关 K4、开门执行机构 KM1（使电动机正转）、关门执行机构 KM2（使电动机反转）等部件组成。

控制要求：

（1）当有人由内到外或由外到内通过光电探测开关 K1 或 K2 时，开门执行机构 KM1 动作电动机正转，到达开门限位开关 K3 位置时，电动机停止运行。

（2）自动门在开门位置停留 8 s 后，自动进入关门过程，关门执行机构 KM2 动作，电动机反转，到达关门限位开关 K4 位置时，电动机停止运行。

（3）在关门过程中，当有人由外到内或由内到外通过光电探测开关 K1 或 K2 时，应立即停止关门，并自动进入开门程序。

（4）在门打开后的 8 s 等待时间内，若有人由外到内或由内到外通过光电探测开关 K1 或 K2 时，必须重新开始等待 8 s 后，再自动进入关门过程，以保证人安全通过。

思考与练习

1. 顺序功能图由哪几部分组成？

2. 顺序功能图的基本结构有哪几种？

3. 顺序控制设计法的设计步骤是什么？

4. 在顺序功能图中转换实现的基本规则是什么？

5. 顺序控制指令格式是什么？

6. 使用顺序控制指令的注意事项是什么？

7. 将图 3 - 26 顺序功能图转换为梯形图。

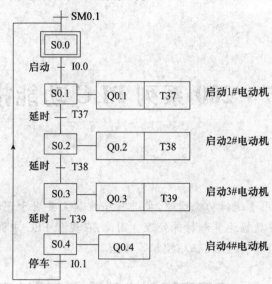

图 3 - 26　顺序功能图

8. 使用顺序控制程序结构,编写出实现红、黄、绿 3 种颜色信号灯循环显示程序,要求循环间隔时间为 1 s,并画出该程序设计的顺序功能图。

9. 装饰灯光的显示规律为:1—2—3—4—5—6—7—8—1,每隔 1.5 s 右移一次,如此循环,周而复始,利用顺序功能图设计梯形图,实现控制功能。

项目 4

西门子 S7 – 200 系列 PLC 功能指令及应用

项目描述

PLC 的基本指令主要用于逻辑功能处理,步进顺序控制主要用于逻辑系统。但在工业自动化领域中,许多场合需要数据运算和特殊处理。因此,在现代 PLC 中引入功能指令,功能指令主要用于数据的传送、运算、变换及程序控制等功能。

任务 4.1 电子密码锁控制系统的设计实现

西博士提示

针对普通锁的种种弊端,基于 PLC 控制的电子密码锁设计方案,其保密性高,使用灵活性好,安全系数高,对解决门锁易被撬问题具有重要意义。本任务是基于 PLC 设计一种简易电子密码锁,从而学习设计电子密码锁的方法,以及数据传送等功能指令的应用。

【任务】

用 PLC 实现电子密码锁控制系统的功能。

【目标】

(1)知识目标:掌握数据传送、字节交换、字节立即读写指令和比较指令的应用,了解表指令的应用;

(2)技能目标:会利用所学的功能指令实现电子密码锁、报警器等相关控制系统的设计。

【甲方要求】——【任务导入】

(1)控制系统要求:利用传送、比较指令实现电子密码锁的控制,密码锁上有四个密码键,分别对应于数字 0~3,用来输入密码。当输入的数据与电子密码锁预先设定的数值相同时,则 3 s 后电子密码锁自动开启,再经过 3 s 后重新上锁。

(2)按键要求:电子密码锁上有 4 个数字按键,按键 SB1(对应数字"0"),按键 SB2(对应数"1"),按键 SB3(对应数字"2"),按键 SB4(对应数字"3");3 个控制按键,按键 SB5(对应"取消"),按键 SB6(对应"确认"),按键 SB7(对应"开锁")。

（3）密码设定：电子密码锁的密码由程序设定，假定为320。

电子密码锁示意图如图4-1所示。

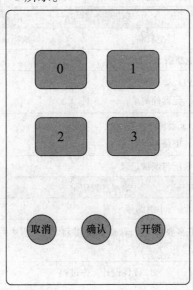

图 4 - 1　电子密码锁示意图

【乙方设计】——【五单一支持】

方案设计单

项目名称	西门子 S7 - 200 系列 PLC 功能指令及应用		任务名称	电子密码锁控制系统的设计实现
方案设计分工				
子任务	提交材料		承担成员	完成工作时间
PLC 机型选择	PLC 选型分析			
低压电器选型	低压电器选型分析			
电气安装方案	图样			
方案汇报	PPT			
学习过程记录				
班级		小组编号		成员	

说明：小组每个成员根据方案设计的任务要求，进行认真学习，并将学习过程的内容（要点）进行记录，同时也将学习中存在的问题进行记录

方案设计工作过程			
开始时间		完成时间	

说明：根据小组每个成员的学习结果，通过小组分析与讨论，最后形成设计方案

结构框图	
原理说明	
关键元器件型号	
实施计划	
存在的问题及建议	

硬件设计单

项目名称	西门子 S7 –200 系列 PLC 功能指令及应用		任务名称	电子密码锁控制系统的设计实现
硬件设计分工				
子任务	提交材料		承担成员	完成工作时间
主电路设计	主电路图、元器件清单			
PLC 接口电路设计	PLC 接口电路图 元器件清单			
硬件接线图绘制	元器件布局图 电路接线图			
硬件安装与调试	装配与调试记录			
学习过程记录				
班级		小组编号		成员

说明:小组每个成员根据硬件设计的任务要求,进行认真学习,并将学习过程的内容(要点)进行记录,同时也将学习中存在的问题进行记录

硬件设计工作过程			
开始时间		完成时间	

说明:根据硬件系统基本结构,画出系统各模块的原理图,并说明工作原理

主电路图	
PLC 接口电路图	
元器件布置图	
电路接线图	
存在的问题及建议	

软件设计单

项目名称	西门子 S7 – 200 系列 PLC 功能指令及应用	任务名称	电子密码锁控制系统的设计实现

软件设计分工			
子任务	提交材料	承担成员	完成工作时间
单周期运行程序设计	程序流程图及源程序		
连续运行程序设计			
输出信号控制程序设计			
…			

学习过程记录					
班级		小组编号		成员	

软件设计工作过程			
开始时间		完成时间	

说明:根据软件系统结构,画出系统各模块的程序图,及各模块所使用的资源

单周期运行程序	
连续运行 程序	
输出信号控制程序	
存在的问题及建议	

程序编制与调试单

项目名称	西门子 S7 – 200 功能指令及应用		任务名称	电子密码锁控制系统的设计实现
软件设计分工				
子任务	提交材料	承担成员		完成工作时间
编程软件的安装	安装方法			
编程软件的使用	使用方法			
程序编辑	编辑方法			
程序调试	调试方法			
学习过程记录				
班级		小组编号		成员	

程序编辑与调试工作过程			
开始时间		完成时间	
说明:根据程序编辑与调试要求进行填写			
编程软件的使用			
程序编辑			
程序调试			
存在的问题及建议			

评价单——基础能力评价

考核项目	考核点	权重	考核标准			得分
			A(1.0)	B(0.8)	C(0.6)	
任务分析 (15%)	资料收集	5%	能比较全面地提出需要学习和解决的问题,收集的学习资料较多	能提出需要学习和解决的问题,收集的学习资料较多	能比较笼统地提出一些需要学习和解决的问题,收集的学习资料较少	
	任务分析	10%	能根据产品用途,确定功能和技术指标。产品选型实用性强,符合企业的需要	能根据产品用途,确定功能和技术指标。产品选型实用性强	能根据产品用途,确定功能和技术指标	
方案设计 (20%)	系统结构	7%	系统结构清楚,信号表达正确,符合功能要求			
	元器件选型	8%	主要元器件的选择,能够满足功能和技术指标的要求,按钮设置合理,操作简便	主要元器件的选择,能够满足功能和技术指标的要求,按钮设置合理	主要元器件的选择,能够满足功能和技术指标的要求	
	方案汇报	5%	PPT 简洁、美观、信息丰富,汇报条理性好,语言流畅	PPT 简洁、美观、内容充实,汇报语言流畅	有 PPT,能较好地表达方案内容	
详细设计与制作(50%)	硬件设计	10%	PLC 选型合理,电路设计正确,元器件布局合理、美观,接线图走线合理	PLC 选型合理,电路设计正确,元器件布局合理,接线图走线合理	PLC 选型合理,电路设计正确,元器件布局合理	
	硬件安装	8%	仪器、仪表及工具的使用符合操作规范,元器件安装正确规范,布线符合工艺标准,工作环境整洁	仪器、仪表及工具的使用符合操作规范,少量元器件安装有松动,布线符合工艺标准	仪器、仪表及工具的使用符合操作规范,元器件安装位置不符合要求,有 3～5 根导线不符合布线工艺标准,但接线正确	
	程序设计	22%	程序模块划分正确,流程图符合规范、标准,程序结构清晰,内容完整			
	程序调试	10%	调试步骤清楚,目标明确,有调试方法的描述。调试过程记录完整,有分析,结果正确。出现故障有独立处理能力	程序调试有步骤,有目标,有调试方法的描述。调试过程记录完整,结果正确	程序调试有步骤,有目标。调试过程有记录,结果正确	
技术文档 (5%)	设计资料	5%	设计资料完整,编排顺序符合规定,有目录			
学习汇报(10%)		10%	能反思学习过程,认真总结学习经验	能客观总结整个学习过程的得与失		
项目得分						
指导教师			日期		项目得分	
总结						

评价单——提升能力评价

考核项目	考 核 点	配分	考 核 标 准	扣分	得分
设备安装	（1）会分配端口、画 I/O 接线图； （2）按图完整、正确及规范接线； （3）按照要求编号	30	（1）不能正确分配端口，扣 5 分，画错 I/O 接线图，扣 5 分； （2）错、漏线，每处扣 2 分； （3）错、漏编号，每处扣 1 分		
编程操作	（1）会采用时序波形图法设计程序； （2）正确输入梯形图； （3）正确保存文件； （4）会转换梯形图； （5）会传送程序	30	（1）不能设计出程序或设计错误，扣 10 分； （2）输入梯形图错误，每处扣 2 分； （3）保存文件错误，扣 4 分； （4）转换梯形图错误，扣 4 分； （5）传送程序错误，扣 4 分		
运行操作	（1）运行系统，分析操作结果； （2）正确监控梯形图	30	（1）系统通电操作错误，每处扣 3 分； （2）分析操作结果错误，每处扣 2 分； （3）监控梯形图错误，扣 4 分		
安全、文明工作	（1）安全用电，无人为损坏仪器、元器件和设备； （2）保持环境整洁，秩序井然，操作习惯良好； （3）小组成员协作和谐，态度端正； （4）不迟到、早退、旷课	10	（1）发生安全事故，扣 10 分； （2）人为损坏设备、元器件，扣 10 分； （3）现场不整洁、工作不文明，团队不协作，扣 5 分； （4）不遵守考勤制度，每次扣 2 ~ 5 分		
合计					

总结与收获

【技术支持】

1. 确定 I/O 个数，进行 I/O 地址分配

根据控制要求，首先确定 I/O 个数，然后进行 I/O 地址分配。I/O 地址分配见表 4 - 1。

表 4 - 1　I/O 地址分配表

输　　入		输　　出	
输入寄存器	作　　用	输出寄存器	作　　用
I0.0	按键 0	Q0.0	密码锁控制信号
I0.1	按键 1		
I0.2	按键 2		
I0.3	按键 3		
I1.3	取消键		
I1.4	确认键		
I1.5	开锁键		

2. 画出 PLC 外部接线图

电子密码锁控制系统 PLC 外部接线图, 如图 4 - 2 所示。

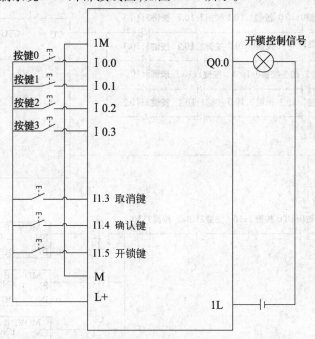

图 4 - 2　电子密码锁控制系统 PLC 外部接线图

3. 设计程序

根据控制电路的要求, 在计算机中编写程序, 程序设计如图 4 - 3 所示。先通过该程序设定密码放置在 VB100、VB101、VB102 这 3 个变量寄存器中, 然后通过响应按键将按键输入的值分别保存在 VB0、VB1、VB2 中, 最后通过确认键的响应执行比较指令, 确认按键输入密码与程序设置密码一致则开锁, 保持 3 s 复位。

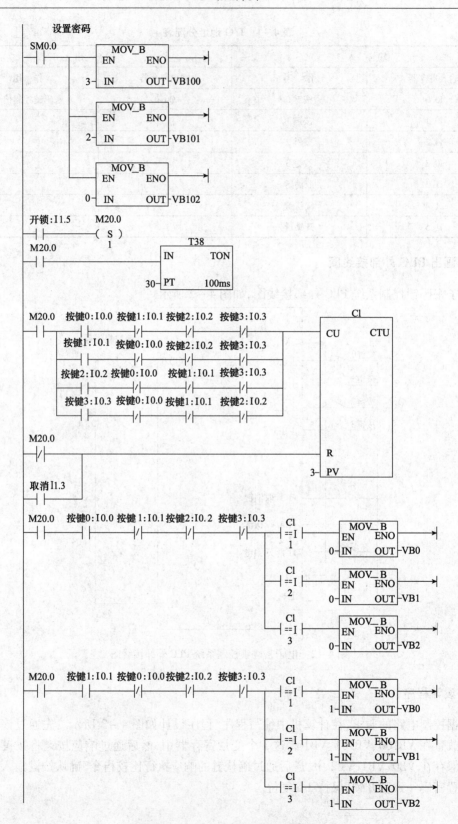

图 4-3 电子密码锁控制系统梯形图

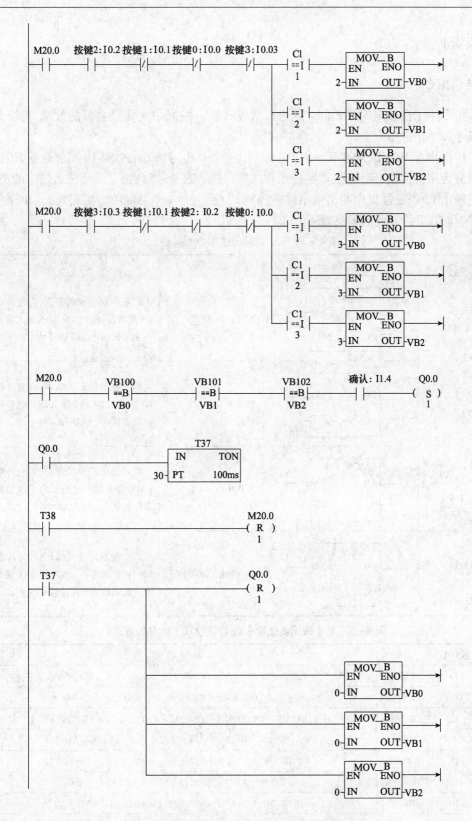

图 4 – 3　电子密码锁控制系统梯形图(续)

【相关知识】

1. 传送指令

传送指令用于在各个编程元件之间进行数据传送。根据每次传送数据的数量,可分为单个传送指令和块传送指令。

单个传送指令 MOVB,MOVW,MOVD,MOVR。单个传送指令每次传递 1 个数据,传送数据的类型分为字节传送、字传送、双字传送和实数传送。表 4 - 2 列出了单个传送指令的类别。影响使能输出 ENO 正常工作的出错条件有:SM4.3(运行时间),0006(间接寻址)。单个传送指令的 IN 和 OUT 的寻址范围见表 4 - 3。

表 4 - 2　单个数据传送指令的类别

指令名称	梯形图符号	助记符	指令功能
字节传送 MOV_B	EN ENO IN OUT	MOVB IN,OUT	以功能框的形式编程,当允许输入 EN 有效时,将 1 个输入 IN 的无符号的单字节数据传送到 OUT 中
字传送 MOV_W	EN ENO IN OUT	MOVW IN,OUT	以功能框的形式编程,当允许输入 EN 有效时,将 1 个输入 IN 的无符号的单字长数据传送到 OUT 中
双字传送 MOV_DW	EN ENO IN OUT	MOVD IN,OUT	以功能框的形式编程,当允许输入 EN 有效时,将 1 个输入 IN 的无符号的双字长数据传送到 OUT 中
实数传送 MOV_R	EN ENO IN OUT	MOVR IN,OUT	以功能框的形式编程,当允许输入 EN 有效时,将 1 个输入 IN 的无符号的双字长实数数据传送到 OUT 中

表 4 - 3　单个数据传送指令的 IN 和 OUT 的寻址范围

传送	操作数	类型	寻 址 范 围
字节	IN	BYTE	VB,IB,QB,MB,SMB,LB,SB,AC,＊AC,＊LD,＊VD 和常数
	OUT	BYTE	VB,IB,QB,MB,SMB,LB,SB,AC,＊AC,＊LD,＊VD
字	IN	WORD	VW,IW,QW,MW,SMW,LW,SW,AC,＊AC,＊LD,＊VD,T,C 和常数
	OUT	WORD	VW,IW,QW,MW,SMW,LW,SW,AC,＊AC,＊LD,＊VD,T,C
双字	IN	DWORD	VD,ID,QD,MD,SMD,LD,AC,HC,＊AC,＊LD,＊VD 和常数
	OUT	DWORD	VD,ID,QD,MD,SMD,LD,AC,＊AC,＊LD,＊VD
实数	IN	REAL	VD,ID,QD,MD,SMD,LD,AC,HC,＊AC,＊LD,＊VD 和常数
	OUT	REAL	VD,ID,QD,MD,SMD,LD,AC,＊AC,＊LD,＊VD

【例 4 -1】 将变量存储器 VW10 中内容送到 VW100 中,程序如图 4 -4 所示。

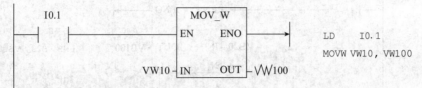

图 4 -4 字传送指令应用举例

数据块传送指令 BMB,BMW,BMD。数据块传送指令用来进行一次传送多个数据,将最多可由 255 个的数据组成 1 个数据块,数据块的类型可以是字节块、字块和双字块。表 4 -4 列出了数据块传送指令的类别。影响使能输出 ENO 正常工作的出错条件有:SM4.3(运行时间),0006(间接寻址),0091(操作数超界)。数据块传送指令的 IN,N,OUT 的寻址范围见表 4 -5。

表 4 -4 数据块传送指令的类别

指令名称	梯形图符号	助记符	指令功能
字节块传送 BLK MOV_B	BLKMOV_B EN ENO IN OUT N	BMB IN,OUT,N	当允许输入 EN 有效时,将从输入 IN 开始的 N 个字节型数据传送到从 OUT 开始的 N 个字节存储单元,以功能框形式编程
字块传送 BLK MOV_W	BLKMOV_W EN ENO IN OUT N	BMW IN,OUT,N	当允许输入 EN 有效时,将从输入 IN 开始的 N 个字型数据传送到从 OUT 开始的 N 个字存储单元,以功能框形式编程
双字块传送 BLK MOV_D	BLKMOV_D EN ENO IN OUT N	BMD IN,OUT,N	当允许输入 EN 有效时,将从输入 IN 开始的 N 个双字型数据传送到从 OUT 开始的 N 个双字存储单元,以功能框形式编程

表 4 -5 数据块传送指令的 IN,N,OUT 的寻址范围

指令	操作数	类型	寻址范围
BMB	IN,OUT	BYTE	VB,IB,QB,MB,SMB,LB,HC,AC, * AC, * LD, * VD
	N	BYTE	VB,IB,QB,MB,SMB,LB, AC, * AC, * LD, * VD
BMW	IN,OUT	WORD	VW,IW,QW,MW,SMW,LW,AIW,AC,AQW,HC,C,T, * AC, * LD, * VD
	N	BYTE	VB,IB,QB,MB,SMB,LB,AC, * AC, * LD, * VD
BMD	IN,OUT	DWORD	VD,ID,QD,MD,SMD,LD,SD,AC,HC, * AC, * LD, * VD
	N	BYTE	VB,IB,QB,MB,SMB,LB,AC, * AC, * LD, * VD 和常数

【例 4 -2】 将变量存储器 VB20 开始的 4 个字节(VB20 ~ VB23) 中的数据,移至 VB100 开始的 4 个字节中(VB100 ~ VB103),程序如图 4 -5 所示。

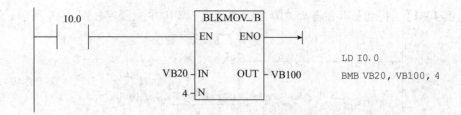

图 4 - 5　数据块传送指令应用举例

程序执行后,将 VB20 ~ VB23 中的数据 30、31、32、33 送到 VB100 ~ VB103。

程序执行结果如下:

　　　　　　　　　数组 1 数据　　　30　　　31　　　32　　　33
　　　　　　　　　数据地址　　　VB20　VB21　VB22　VB23
块移动执行后:数组 2 数据　　　30　　　　31　　　　32　　　　33
　　　　　　　　　数据地址　　　VB100　VB101　VB102　VB103

字节交换指令 SWAP:字节交换指令用来输入字 IN 的最高位字节和最低位字节。字节交换指令的功能及寻址范围见表 4 - 6。

表 4 - 6　字节交换指令的功能及寻址范围

指令名称	梯形图符号	助　记　符	指令功能及寻址范围
字节交换 SWAP	SWAP EN ENO ???? — IN	SWAP　IN	功能:使能输入 EN 有效时,将输入字 IN 的高字节与低字节交换,结果仍放在 IN 中; IN:VW, IW, QW, MW, SW, SMW, T, C, LW, AC; 数据类型:字

【例 4 - 3】　字节交换指令应用举例,如图 4 - 6 所示。

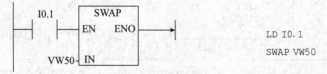

图 4 - 6　字节交换指令应用举例

程序执行结果:

程序执行之前 VW50 中的字为:16#D6C3

程序执行之后 VW50 中的字为:16#C3D6

字节立即读写指令 MOV_BIR, MOV_BIW。字节立即读指令(MOV_BIR)读取实际输入端 IN 给出的 1 个字节的数值并将结果写入 OUT 所指定的存储单元,但输入映像寄存器未更新;字节立即写指令(MOV_BIW)从输入 IN 所指定的存储单元中读取 1 个字节的数据并写入(以字节为单位)实际输出 OUT 端的物理输入点,同时刷新对应的输出映像寄存器。字节立即读写指令的功能及寻址范围见表 4 - 7。

表 4 - 7　字节立即读写指令的功能及寻址范围

指令名称	梯形图符号	助记符	指令功能及寻址范围
字节立即读指令 MOV_BIR	MOV_BIR EN　ENO ????-IN　OUT-????	BIR IN,OUT	功能:字节立即读; IN: IB; OUT: VB, IB, QB, MB, SB, SMB, LB, AC; 数据类型:字节
字节立即写指令 MOV_BIW	MOV_BIW EN　ENO ????-IN　OUT-????	BIW IN,OUT	功能:字节立即写; IN:VB, IB, QB, MB, SB, SMB, LB, AC, 常量; OUT:QB; 数据类型:字节

2. 比较指令

比较指令用于两个相同数据类型的,有符号数或无符号数 IN1 和 IN2 的比较判断操作。

比较运算符有:等于(=)、大于等于(> =)、小于等于(< =)、大于(>)、小于(<)、不等于(< >),共 6 种比较形式。

在梯形图中,比较指令是以常开触点的形式编程的,在常开触点的中间注明比较参数和比较运算法。触点中间的参数 B、I、D、R 分别表示字节、整数、双字、实数,当比较的结果满足比较关系式给出的条件时,该动合触点闭合。比较指令在梯形图中的基本格式如图 4 - 7 所示。比较指令的 IN1 和 IN2 的寻址范围见表 4 - 8。

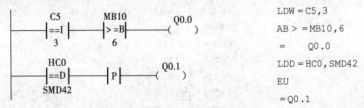

图 4 - 7　比较指令在梯形图中的基本格式

表 4 - 8　比较指令的 IN1 和 IN2 的寻址范围

操作数	类型	寻 址 范 围
IN1 IN2	字节	VB,IB,QB,MB,SB,SMB,LB,AC, * VD, * AC, * LD 和常数
	整数	VW,IW,QW,MW,SW,SMW,LW,AIW,T,C,AC, * VD, * AC, * LD 和常数
	双字	VD,ID,QD,MD,SD,SMD,LD,HC,AC, * VD, * AC, * LD 和常数
	实数	VD,ID,QD,MD,SD,SMD,LD,AC, * VD, * AC, * LD 和常数

(1) 字节比较指令:用于两个无符号的整数字节 IN1 和 IN2 的比较;

(2) 整数比较指令:用于两个有符号的一个字长的整数 IN1 和 IN2 的比较,整数范围为十六进制的 8000 到 7FFF,在 S7 - 200 系列 PLC 中,用 16#8000 ~ 16#7FFF 表示;

(3) 双字节整数比较指令:用于两个有符号的双字长整数 IN1 和 IN2 的比较。双字整数的范围为 16#80000000 ~ 16#7FFFFFFF;

（4）实数比较指令:用于两个有符号的双字长实数 IN1 和 IN2 的比较。正实数的范围为 $+1.175495E-38 \sim +3.402823E+38$;负实数的范围为: $-1.175495E-38 \sim -3.402823E+38$。

图 4-8 所示为一个比较指令使用较多的程序段,从图中可以看出:计数器 C10 中的当前值大于等于 20 时,Q0.0 为 ON;VD100 中的实数小于 36.8 且 I0.0 为 ON 时,Q0.1 为 ON;MB1中的值不等于 MB2 中的值或者高速计数器 HC1 的计数值大于等于 4000 时,Q0.2 为 ON。

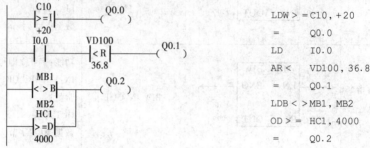

图 4-8　比较指令使用举例

3. 表功能指令

数据表是用来存放字型数据的表格,如图 4-9 所示。表格的第一个字地址即首地址,为表地址,首地址中的数值是表格的最大长度(TL),即最大填表数。表格的第二个字地址中的数值是表的实际长度(EC),指定表格中的实际填表数。每次向表格中增加新数据后,EC 加1。从第三个字地址开始,存放数据(字)。表格最多可存放 100 个数据(字),不包括指定最大填表数(TL)和实际填表数(EC)的参数。

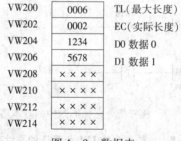

图 4-9　数据表

要建立表格,首先须确定表的最大填表数,如图 4-10 所示。

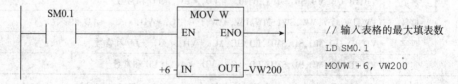

图 4-10　输入表格的最大填表数

确定表格的最大填表数后,可用表功能指令在表中存取字型数据。

表功能指令包括填表指令,表取数指令,表查找指令,字填充指令。所有的表格读取和表格写入指令必须用边沿触发指令激活。

1）填表指令

填表（ATT）指令向表格（TBL）中增加一个字（DATA）的指令，格式如图 4 - 11 所示。

说明：

（1）DATA 为数据输入端，其操作数为 VW，IW，QW，MW，SW，SMW，LW，T，C，AIW，AC，常量，* VD，* LD，* AC；数据类型为整数。

（2）TBL 为表格的首地址，其操作数为 VW，IW，QW，MW，SW，SMW，LW，T，C，* VD，* LD，* AC；数据类型为字。

（3）指令执行后，新填入的数据放在表格中最后一个数据的后面，EC 的值自动加 1。

（4）影响使能输出 ENO 正常工作的出错条件有：0006（间接寻址），0091（操作数超界），SM1.4（表溢出），SM4.3（运行时间）。

（5）填表指令影响特殊标志位：SM1.4（填入表的数据超出表的最大长度，SM1.4 = 1）。

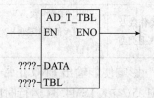

ATT DATA,TBL

图 4 - 11　填表指令的格式

【例 4 - 4】　填表指令应用举例。将 VW100 中的数据 1111，填入首地址是 VW200 的数据表中（见图 4 - 9）。程序及运行结果如图 4 - 12 所示。

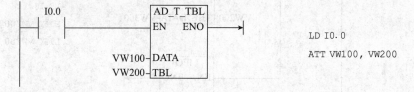

LD I0.0
ATT VW100, VW200

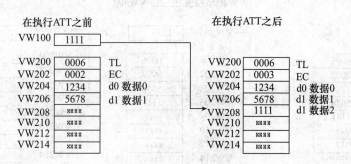

图 4 - 12　填表指令应用举例

2）表取数指令

从数据表中取数有先进先出（FIFO）和后进先出（LIFO）两种。执行表取数指令后，实际填表数 EC 值自动减 1。

先进先出指令（FIFO）：移出表格（TBL）中的第一个数（数据 0），并将该数值移至 DATA 指定存储单元，表格中的其他数据依次向上移动一个位置。

后进先出指令（LIFO）：将表格（TBL）中的最后一个数据移至输出端 DATA 指定的存储单元，表格中的其他数据位置不变。

表取数指令格式见表 4 - 9。

表 4 – 9　表取数指令格式

LAD	FIFO EN　ENO ????– TBL DATA –????	LIFO EN　ENO ????– TBL DATA –????
STL	FIFO TBL,DATA	LIFO TBL,DATA
说明	输入端 TBL 为数据表的首地址,输出端 DATA 为存放取出数值的存储单元	
操作数及 数据类型	TBL 的操作数:VW, IW, QW, MW, SW, SMW, LW, T, C, *VD, *LD, *AC。数据类型:字。 DATA 的操作数:VW, IW, QW, MW, SW, SMW, LW, AC, T, C, AQW, *VD, *LD, *AC。数据类型:整数	

影响使能输出 ENO 正常工作的出错条件有:0006(间接寻址),0091(操作数超出范围),SM1.5(空表)SM4.3(运行时间)。

对特殊标志位的影响:SM1.5(试图从空表中取数,SM1.5 = 1)。

【例 4 – 5】　表取数指令应用举例。从图 4 – 12 的数据表中,用 FIFO,LIFO 指令取数,将取出的数值分别放入 VW300,VW400 中,程序及运行结果如图 4 – 13 所示。

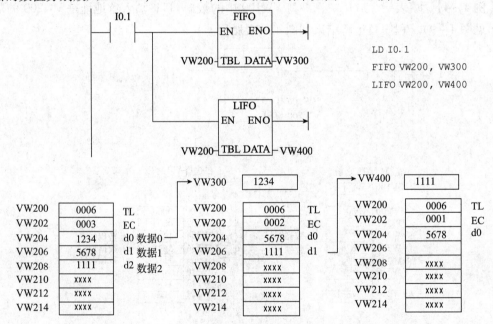

图 4 – 13　表取数指令应用举例

3) 表查找指令

表查找指令(TBL_FIND)在表格(TBL)中搜索符合条件的数据在表中的位置(用数据编号表示,编号范围为 0 ~ 99)的指令格式如图 4 – 14 所示。

梯形图中各输入端的介绍:

(1) TBL:为表格的实际填表数对应的地址(第二个字地址),即高于对应的"增加至表格"、"后入先出"或"先入先出"指令 TBL 操作数的一个字地址(两个字节)。TBL 的操作数:VW, IW, QW, MW, SW, SMW, LW, T, C, *VD, *LD, *AC。数据类型:字。

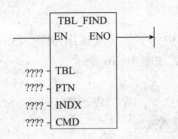

$$FND = TBL,PATRN,INDX$$
$$FND < > TBL,PATRN,INDX$$
$$FND < TBL,PATRN,INDX$$
$$FND > TBL,PATRN,INDX$$

图 4 - 14　表查找指令的格式

（2）PTN：用来描述查表条件时进行比较的数据。PTN 的操作数：VW，IW，QW，MW，SW，SMW，AIW，LW，T，C，AC，常量，* VD，* LD，* AC。数据类型：整数。

（3）INDX：搜索指针，即从 INDX 所指的数据编号开始查找，并将搜索到的符合条件的数据的编号放入 INDX 所指定的存储器。INDX 的操作数：VW，IW，QW，MW，SW，SMW，LW，T，C，AC，* VD，* LD，* AC。数据类型：字。

（4）CMD：比较运算符，其操作数为常量 1 ~ 4，分别代表 = ，< > ，< ，> 。数据类型：字节。

功能说明：

表查找指令搜索表格时，从 INDX 指定的数据编号开始，寻找与数据 PTN 的关系满足 CMD 比较条件的数据。参数如果找到符合条件的数据，则 INDX 的值为该数据的编号。要查找下一个符合条件的数据，再次使用表查找指令之前须将 INDX 加 1。如果没有找到符合条件的数据，INDX 的数值等于实际填表数 EC。一个表格最多可有 100 个数据，数据编号范围：0 ~ 99。将 INDX 的值设为 0，则从表格的顶端开始搜索。

影响使能输出 ENO 正常工作的出错条件有：SM4. 3（运行时间），0006（间接寻址），0091（操作数超界）。

【例 4 - 6】　表查找指令应用举例。从 EC 地址为 VW202 的表中查找等于 16#2222 的数。程序及数据表如图 4 - 15 所示。

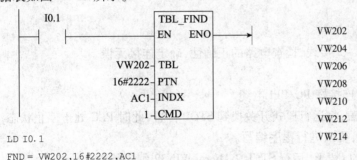

```
LD I0.1
FND = VW202,16#2222,AC1
```

图 4 - 15　查表找指令应用举例

为了从表格的顶端开始搜索，AC1 的初始值 = 0，表查找指令执行后，AC1 = 1，找到符合条件的数据 1。继续向下查找，先将 AC1 加 1，再激活表查找指令，从表中符合条件的数据 1 的下一个数据开始查找，第二次执行表查找指令后，AC1 = 4，找到符合条件的数据 4。继续向下查找，将 AC1 再加 1，再激活表查找指令，从表中符合条件的数据 4 的下一个数据开始查找，第三次执行表查找指令后，没有找到符合条件的数据，AC1 = 6（实际填表数）。

4）字填充指令

字填充指令（FILL）用输入 IN 存储器中的字值写入输出 OUT 开始 N 个连续的字存储单元中。N 的数据范围:1~255。其指令格式如图 4-16 所示。

说明:

（1）IN 为字型数据输入端，操作数为:VW, IW, QW, MW, SW, SMW, LW, T, C, AIW, AC, 常量, * VD, * LD, * AC；数据类型:整数。

N 的操作数为:VB, IB, QB, MB, SB, SMB, LB, AC, 常量, * VD, * LD, * AC；数据类型:字节。

OUT 的操作数:VW, IW, QW, MW, SW, SMW, LW, T, C, AQW, * VD, * LD, * AC。数据类型:整数。

（2）影响使能输出 ENO 正常工作的出错条件有:SM4.3（运行时间）,0006（间接寻址）,0091（操作数超出范围）。

【例 4-7】 字填充指令应用举例。将 0 填入 VW0~VW18（10 个字）。程序及运行结果如图 4-17 所示。

从图 4-17 中可以看出程序运行结果将从 VW0 开始的 10 个字（20 个字节）的存储单元清零。

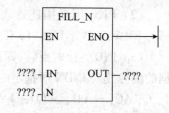

FILL IN,OUT,N

图 4-16 字填充指令格式

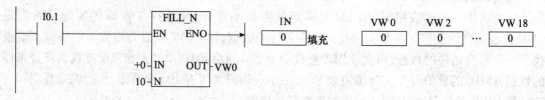

```
LD I0.1
FILL +0, VW0, 10
```

图 4-17 字填充指令应用举例

【项目实施】

实现步骤:

（1）接线。按图 4-2 接线，检查电路的正确性，确定连接无误。

（2）调试及排障:

① 在断电状态下，连接好 PC/PPI 电缆。

② 打开 PLC 的前盖，将运行模式开关拨到 STOP 位置，此时 PLC 处于停止状态，或者单击工具栏中的 STOP 按钮，可以进行程序编写。

③ 在作为编程器的 PC 上，运行 STEP 7-Micro/WIN32 编程软件。

④ 执行"新建"命令，生成一个新项目；执行"打开"命令，打开一个已有的项目；执行"另存为"命令，可修改项目的名称。

⑤ 执行"PLC 类型"命令，设置 PLC 的型号。

⑥ 设置通信参数。

⑦ 编写控制程序。

⑧ 单击工具栏中的"编译"按钮或"全部编译"按钮来编译输入的程序。

⑨ 下载程序文件到 PLC。

⑩ 将运行模式选择开关拨到 RUN 位置,或者单击工具栏的 RUN 按钮使 PLC 进入运行方式。

⑪ 输入正确密码,观察运行情况;输入错误密码,观察运行情况。

【练习】

设计密码锁控制系统,它有 5 个按键 SB1～SB5,其控制要求如下:

(1) SB1 为启动键,按下 SB1,才可进行开锁工作。

(2) SB2,SB3 为可按压键。开锁条件为:SB2 设定按压次数为 3 次,SB3 设定按压次数为 2 次。同时,SB2,SB3 是有顺序的,即先按 SB2,后按 SB3。如果按上述规定按压,密码锁自动打开。

(3) SB4 为复位键,按下 SB4 键后,可重新进行开锁作业。如果按错键,则必须进行复位操作,所有的计数器都被复位。

(4) SB5 为不可按压键,一旦按压,警报器就会发出警报。

任务 4.2　花样灯饰控制系统的设计实现

西博士提示

花样灯饰普遍应用于各种场合。除了其外观及内在质量要求越来越优秀、时尚、体现个性等,对其功能细化、科技含量、节能环保等方面的要求也越来越高。本任务是基于 PLC 设计一种花样灯饰控制系统,从而学习设计花样灯饰控制系统的方法,以及移位指令的应用。

【任务】

用 PLC 实现花样灯饰控制系统的功能。

【目标】

(1) 知识目标:掌握移位指令的应用方法;

(2) 技能目标:会利用移位寄存器实现花样灯饰控制系统的设计。

【甲方要求】——【任务导入】

(1) 控制系统要求:用 PLC 构成花样灯饰控制电路,9 个灯循环显示,启动按钮启动 9 个灯开始循环,停止按钮使所有灯熄灭。

(2) 按键要求:两个控制按键,按下启动按钮显示灯开始按照循环规则一次点亮,按下停止按钮所有灯熄灭;

(3) 控制过程:L1→L2,L3,L4,L5→L6,L7,L8,L9→L1,L2,L9→L1,L3,L6→L1,L4,L7→L1,L5,L8→L1,L5,L9→L1,L4,L8→L1,L3,L7→L1,L2,L6 返回循环显示,时间间隔为 1 s。

花样灯饰示意图如图 4-18 所示。

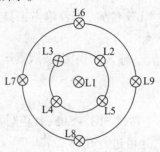

图 4-18　花样灯饰示意图

【乙方设计】——【五单一支持】

方案设计单

项目名称	西门子 S7-200 系列 PLC 功能指令及应用		任务名称	花样灯饰控制系统的设计实现
方案设计分工				
子任务	提交材料		承担成员	完成工作时间
PLC 机型选择	PLC 选型分析			
低压电器选型	低压电器选型分析			
电气安装方案	图样			
方案汇报	PPT			
学习过程记录				
班级		小组编号		成员

说明:小组每个成员根据方案设计的任务要求,进行认真学习,并将学习过程的内容(要点)进行记录,同时也将学习中存在的问题进行记录

方案设计工作过程			
开始时间		完成时间	

说明:根据小组每个成员的学习结果,通过小组分析与讨论,最后形成设计方案

结构框图	
原理说明	
关键元器件型号	
实施计划	
存在的问题及建议	

硬件设计单

项目名称	西门子 S7 - 200 系列 PLC 功能指令及应用	任务名称	花样灯饰控制系统的设计实现

硬件设计分工			
子任务	提交材料	承担成员	完成工作时间
主电路设计	主电路图、元器件清单		
PLC 接口电路设计	PLC 接口电路图 元器件清单		
硬件接线图绘制	元器件布局图 电路接线图		
硬件安装与调试	装配与调试记录		

学习过程记录			
班级		小组编号		成员	

说明:小组每个成员根据硬件设计的任务要求,进行认真学习,并将学习过程的内容(要点)进行记录,同时也将学习中存在的问题进行记录

硬件设计工作过程			
开始时间		完成时间	

说明:根据硬件系统基本结构,画出系统各模块的原理图,并说明工作原理

主电路图	
PLC 接口电路图	
元器件布置图	
电路接线图	
存在的问题及建议	

软件设计单

项目名称	西门子 S7 – 200 系列 PLC 功能指令及应用	任务名称	花样灯饰控制系统的设计实现

软件设计分工			
子任务	提交材料	承担成员	完成工作时间
单周期运行程序设计			
连续运行程序设计	程序流程图及源程序		
输出信号控制程序设计			
…			

学习过程记录					
班级		小组编号		成员	

软件设计工作过程			
开始时间		完成时间	

说明:根据软件系统结构,画出系统各模块的程序图,及各模块所使用的资源

单周期运行程序	
连续运行程序	
输出信号控制程序	
存在的问题及建议	

程序编制与调试单

项目名称	西门子 S7 - 200 系列 PLC 功能指令及应用	任务名称	花样灯饰控制系统的设计实现
软件设计分工			
子任务	提交材料	承担成员	完成工作时间
编程软件的安装	安装方法		
编程软件的使用	使用方法		
程序编辑	编辑方法		
程序调试	调试方法		
学习过程记录			
班级		小组编号	成员

程序编辑与调试工作过程			
开始时间		完成时间	
说明:根据程序编辑与调试要求进行填写			
编程软件的使用			
程序编辑			
程序调试			
存在的问题及建议			

评价单——基础能力评价

考核项目	考核点	权重	考核标准			得分
			A(1.0)	B(0.8)	C(0.6)	
任务分析 (15%)	资料收集	5%	能比较全面地提出需要学习和解决的问题,收集的学习资料较多	能提出需要学习和解决的问题,收集的学习资料较多	能比较笼统地提出一些需要学习和解决的问题,收集的学习资料较少	
	任务分析	10%	能根据产品用途,确定功能和技术指标。产品选型实用性强,符合企业的需要	能根据产品用途,确定功能和技术指标。产品选型实用性强	能根据产品用途,确定功能和技术指标	
方案设计 (20%)	系统结构	7%	系统结构清楚,信号表达正确,符合功能要求			
	元器件选型	8%	主要元器件的选择,能够满足功能和技术指标的要求,按钮设置合理,操作简便	主要元器件的选择,能够满足功能和技术指标的要求,按钮设置合理	主要元器件的选择,能够满足功能和技术指标的要求	
	方案汇报	5%	PPT 简洁、美观、信息丰富,汇报条理性好,语言流畅	PPT 简洁、美观、内容充实,汇报语言流畅	有 PPT,能较好地表达方案内容	
详细设计与制作(50%)	硬件设计	10%	PLC 选型合理,电路设计正确,元器件布局合理、美观,接线图走线合理	PLC 选型合理,电路设计正确,元器件布局合理,接线图走线合理	PLC 选型合理,电路设计正确,元器件布局合理	
	硬件安装	8%	仪器、仪表及工具的使用符合操作规范,元器件安装正确规范,布线符合工艺标准,工作环境整洁	仪器、仪表及工具的使用符合操作规范,少量元器件安装有松动,布线符合工艺标准	仪器、仪表及工具的使用符合操作规范,安装位置不符合要求,有 3～5 根导线不符合布线工艺标准,但接线正确	
	程序设计	22%	程序模块划分正确,流程图符合规范、标准,程序结构清晰,内容完整			
	程序调试	10%	调试步骤清楚,目标明确,有调试方法的描述。调试过程记录完整,有分析,结果正确。出现故障有独立处理能力	程序调试有步骤,有目标,有调试方法的描述。调试过程记录完整,结果正确	程序调试有步骤,有目标。调试过程有记录,结果正确	
技术文档 (5%)	设计资料	5%	设计资料完整,编排顺序符合规定,有目录			
学习汇报(10%)		10%	能反思学习过程,认真总结学习经验	能客观总结整个学习过程的得与失		
项目得分						
指导教师			日期		项目得分	

总结

评价单——提升能力评价

考核项目	考 核 点	配分	考 核 标 准	扣分	得分
设备安装	（1）会分配端口、画 I/O 接线图； （2）按图完整、正确及规范接线； （3）按照要求编号	30	（1）不能正确分配端口，扣 5 分，画错 I/O 接线图，扣 5 分； （2）错、漏线，每处扣 2 分； （3）错、漏编号，每处扣 1 分		
编程操作	（1）会采用时序波形图法设计程序； （2）正确输入梯形图； （3）正确保存文件； （4）会转换梯形图； （5）会传送程序	30	（1）不能设计出程序或设计错误，扣 10 分； （2）输入梯形图错误，每处扣 2 分； （3）保存文件错误，扣 4 分； （4）转换梯形图错误，扣 4 分； （5）传送程序错误，扣 4 分		
运行操作	（1）运行系统，分析操作结果； （2）正确监控梯形图	30	（1）系统通电操作错误，每处扣 3 分； （2）分析操作结果错误，每处扣 2 分； （3）监控梯形图错误，扣 4 分		
安全、文明工作	（1）安全用电，无人为损坏仪器、元器件和设备； （2）保持环境整洁，秩序井然，操作习惯良好； （3）小组成员协作和谐，态度端正； （4）不迟到、早退、旷课	10	（1）发生安全事故，扣 10 分； （2）人为损坏设备、元器件，扣 10 分； （3）现场不整洁、工作不文明、团队不协作，扣 5 分； （4）不遵守考勤制度，每次扣 2 ~ 5 分		
合计					

总结与收获

【技术支持】

1. 确定 I/O 个数，进行 I/O 地址分配

根据控制要求，首先确定 I/O 个数，进行 I/O 地址分配。地址分配见表 4 - 10。

表 4 - 10　I/O 地址分配见表

输　入		输　出	
输入寄存器	作用	输出寄存器	作用
I0.0	启动按钮	Q0.0	L1
I0.1	停止按钮	Q0.1	L2
		Q0.2	L3
		Q0.3	L4

续表

输 入		输 出	
输入寄存器	作用	输出寄存器	作用
		Q0.4	L5
		Q0.5	L6
		Q0.6	L7
		Q0.7	L8
		Q1.0	L9

2. 画出 PLC 外部接线图

花样灯饰控制系统 PLC 外部接线图,如图 4-19 所示。

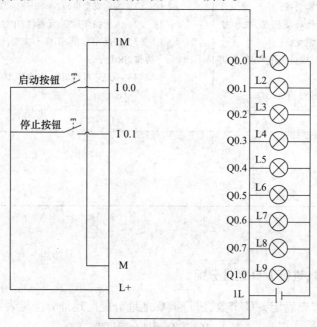

图 4-19　花样灯饰控制系统 PLC 外部接线图

3. 设计程序

根据控制电路的要求,在计算机中编写程序,程序设计如图 4-20 所示。本任务可用循环移位指令实现。

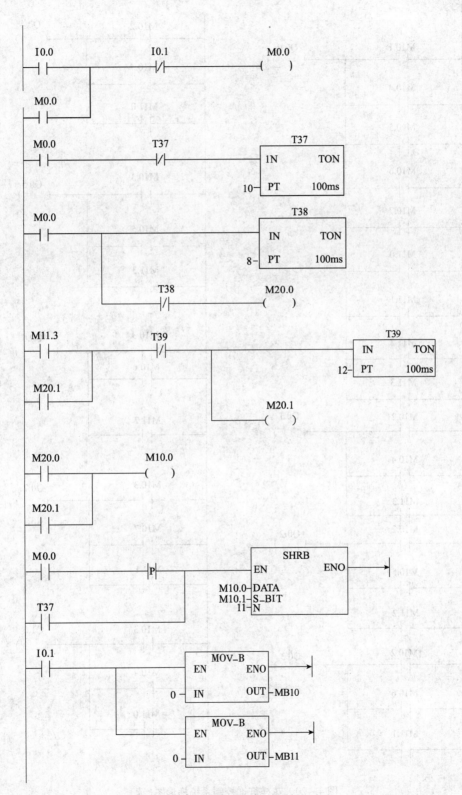

图 4 - 20 　花样灯饰控制系统梯形图

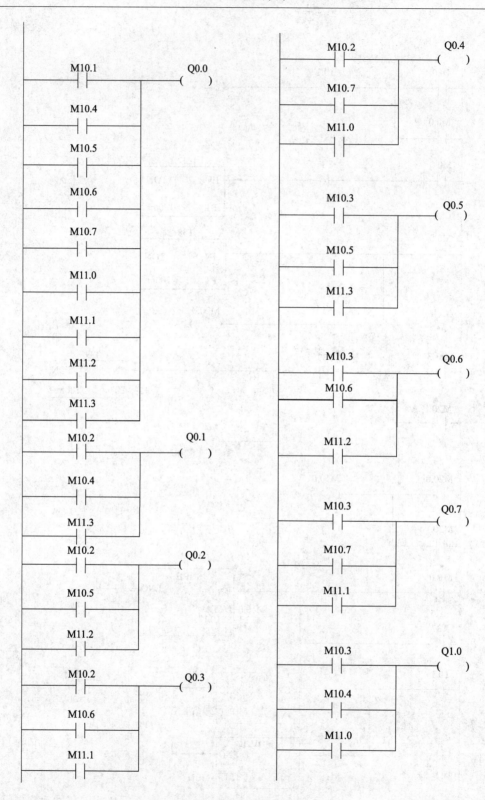

图 4 - 20 花样灯饰控制系统梯形图(续)

【相关知识】

移位指令分为左、右移位指令,循环左、右移位指令及移位寄存器指令 3 类。

1. 左、右移位指令

移位指令在 PLC 控制中是比较常用的,根据移位的数据长度可分为字节型移位、字型移位和双字型移位;根据移位的方向可分为左移和右移。移位指令有左移位指令、右移位指令、循环左移位指令、循环右移位指令。移位指令的类别见表 4 – 11。

表 4 – 11　移位指令的类别

指令名称	梯形图符号	助记符	指令功能
字节左移 SHL_B	SHL_B EN　ENO IN　OUT N	SLB OUT,N	以功能框的形式编程,当允许输入 EN 有效时,将字节型输入数据 IN 左移 N 位(N≤8)后,送到 OUT 指定的字节存储单元
字节右移 SHR_B	SHR_B EN　ENO IN　OUT N	SRB OUT,N	以功能框的形式编程,当允许输入 EN 有效时,将字节型输入数据 IN 右移 N 位(N≤8)后,送到 OUT 指定的字节存储单元
字左移 SHL_W	SHL_W EN　ENO IN　OUT N	SLW OUT,N	以功能框的形式编程,当允许输入 EN 有效时,将字型输入数据 IN 左移 N 位(N≤16)后,送到 OUT 指定的字存储单元
字右移 SHR_W	SHR_W EN　ENO IN　OUT N	SRW OUT,N	以功能框的形式编程,当允许输入 EN 有效时,将字型输入数据 IN 右移 N 位(N≤16)后,送到 OUT 指定的字存储单元
双字左移 SHL_DW	SHL_DW EN　ENO IN　OUT N	SLD OUT,N	以功能框的形式编程,当允许输入 EN 有效时,将双字型输入数据 IN 左移 N 位(N≤32)后,送到 OUT 指定的双字存储单元
双字右移 SHR_DW	SHR_DW EN　ENO IN　OUT N	SRD OUT,N	以功能框的形式编程,当允许输入 EN 有效时,将双字型输入数据 IN 右移 N 位(N≤32)后,送到 OUT 指定的双字存储单元

左移位指令(SHL):使能输入有效时,将输入 IN 的无符号数字节、字或双字中的各位向左移 N 位后(右端补 0),将结果输出到 OUT 所指定的存储单元中。如果移位次数大于 0,最后一次移出位保存在溢出标志位 SM1.1 中,如果移位结果为 0,零标志位 SM1.0 置 1。

右移位指令(SHR):使能输入有效时,将输入 IN 的无符号数字节、字或双字中的各位向右移 N 位后,将结果输出到 OUT 所指定的存储单元中,移出位补 0,最后一次移出位保存在 SM1.1。如果移位结果为 0,零标志位 SM1.0 置 1。

西博士提示

在 STL 指令中,若 IN 和 OUT 指定的存储器不同,则须首先使用数据传送指令 MOV 将 IN 中的数据送入 OUT 所指定的存储单元。

如:MOVB IN,OUT
　　SLB OUT,N

左、右移位指令的特点如下：

（1）被移位的数据是无符号的。

（2）在移位时，存放被移位数据的编程元件的移出端与溢出标志位 SM1.1 连接，移出位进入 SM1.1（溢出），另一端自动补 0。

（3）移位次数 N 与移位数据的长度有关。如 N 小于实际的数据长度，则执行 N 次移位；如 N 大于数据长度，则执行移位的次数等于实际数据长度的位数；

（4）移位次数 N 为字节型数据。

影响使能输出 ENO 正常工作的出错条件有：SM4.3（运行时间），0006（间接寻址）。

2. 循环左、右移位指令

循环移位将移位数据存储单元的首尾相连，同时又与溢出标志位 SM1.1 连接，SM1.1 用来存放被移出的位。循环移位指令的类别见表 4 − 12。

表 4 − 12　循环移位指令的类别

指令名称	梯形图符号	助记符	指令功能
字节循环左移 ROL_B	ROL_B EN　ENO IN　OUT N	RLB OUT,N	以功能框的形式编程，当允许输入 EN 有效时，将字节型输入数据 IN 循环左移 N 位后，送到 OUT 指定的字节存储单元
字节循环右移 ROR_B	ROR_B EN　ENO IN　OUT N	RRB OUT,N	以功能框的形式编程，当允许输入 EN 有效时，将字节型输入数据 IN 循环右移 N 位后，送到 OUT 指定的字节存储单元
字循环左移 ROL_W	ROL_W EN　ENO IN　OUT N	RLW OUT,N	以功能框的形式编程，当允许输入 EN 有效时，将字型输入数据 IN 循环左移 N 位后，送到 OUT 指定的字存储单元
字循环右移 ROR_W	ROR_W EN　ENO IN　OUT N	RRW OUT,N	以功能框的形式编程，当允许输入 EN 有效时，将字型输入数据 IN 循环右移 N 位后，送到 OUT 指定的字存储单元
双字循环左移 ROL_DW	ROL_DW EN　ENO IN　OUT N	RLD OUT,N	以功能框的形式编程，当允许输入 EN 有效时，将双字型输入数据 IN 循环左移 N 位后，送到 OUT 指定的双字存储单元
双字循环右移 ROR_DW	ROR_DW EN　ENO IN　OUT N	RRD OUT,N	以功能框的形式编程，当允许输入 EN 有效时，将双字型输入数据 IN 循环右移 N 位后，送到 OUT 指定的双字存储单元

循环左移位指令（ROL）：使能输入有效时，将 IN 输入无符号数（字节、字或双字）循环左移 N 位后，将结果输出到 OUT 所指定的存储单元中，移出的最后一位的数值送溢出标志位 SM1.1。当需要移位的数值是零时，零标志位 SM1.0 置 1。

循环右移位指令(ROR):使能输入有效时,将 IN 输入无符号数(字节、字或双字)循环右移 N 位后,将结果输出到 OUT 所指定的存储单元中,移出的最后一位的数值送溢出标志位 SM1.1。当需要移位的数值是零时,零标志位 SM1.0 置 1。

移位次数 N≥数据类型(B、W、D)时的移位位数的处理:如果操作数是字节,当移位位数 N≥8 时,则在执行循环移位前,先对 N 进行模 8 操作(N 除以 8 后取余数),其结果 0 ~ 7 为实际移动位数;如果操作数是字,当移位位数 N≥16 时,则在执行循环移位前,先对 N 进行模 16 操作(N 除以 16 后取余数),其结果 0 ~ 15 为实际移动位数;如果操作数是双字,当移位位数 N≥32 时,则在执行循环移位前,先对 N 进行模 32 操作(N 除以 32 后取余数),其结果 0 ~ 31 为实际移动位数。

循环左、右移位的特点如下:

(1) 被移位的数据是无符号的。

(2) 在移位时,存放被移位数据的编程元件的移出端既与另一端连接,又与溢出标志位 SM1.1 连接,移出位在被移到另一端的同时,也进入 SM1.1(溢出)。

(3) 移位次数 N 与移位数据的长度有关。如 N 小于实际的数据长度,则执行 N 次移位;如 N 大于数据长度,则执行移位的次数为 N 除以实际数据长度的余数。

(4) 移位次数 N 为字节型数据如果执行循环移位操作,移出的最后一位的数值存放在溢出标志位 SM1.1 中。

如果实际移位次数为 0,零标志位 SM1.0 置 1。字节操作是无符号的,如果对有符号的字或双字操作,符号位也一起移动。

影响使能输出 ENO 正常工作的出错条件有:SM4.3(运行时间),0006(间接寻址)。

【例 4 - 8】　程序应用举例,如图 4 - 21 所示,将 AC0 中的字循环右移 2 位,将 VW200 中的字左移 3 位。

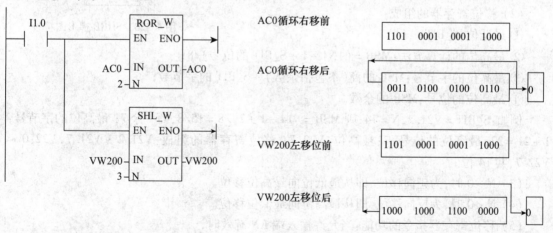

图 4 - 21　程序应用举例 1

【例 4 - 9】　程序应用举例,如图 4 - 22 所示,用 I0.0 控制接在 Q0.0 ~ Q0.7 上的 8 个彩灯循环移位,从左到右以 0.5 s 的速度依次点亮,保持任意时刻只有一个彩灯亮,到达最右端后,再从左到右依次点亮。

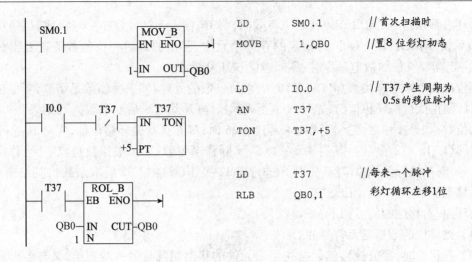

图 4-22　程序应用举例 2

3. 移位寄存器指令

在梯形图中,移位寄存器以功能框的形式编程,指令名称为:SHRB。它有 3 个数据输入端:DATA 为移位寄存器的数据输入端;S_BIT 为组成移位寄存器的最低位;N 为移位寄存器的长度。SHRB 梯形图符号如图 4-23 所示。

移位寄存器的特点如下:

（1）移位寄存器的数据类型有字节型、字型、双字型之分,移位寄存器的长度（N≤64）由程序指定。

（2）移位寄存器的组成:

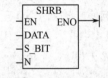

图 4-23　SHRB 梯形图符号

① 最低位:S_BIT;

② 最高位的计算方法:MSB = （|N| - 1 + S_BIT 的位号）/8;

③ 最高位的字节号:MSB 的商（不包括余数） + S_BIT 的字节号;

④ 最高位的位号:MSB 的余数。

例如:S_BIT = V21.2,N = 14,则 MSB = （14 - 1 + 2）/8 = 15/8,商 1 余 7;最高位的字节号:1 + 21 = 22;最高位的位号:7;最高位:V22.7;移位寄存器的组成:V21.2 ~ V21.7,V22.0 ~ V22.7,共 14 位。

（3）N > 0 时,为正向移位,即从最低位向最高位移位。

（4）N < 0 时,为反向移位,即从最高位向最低位移位。

（5）移位寄存器指令的功能:当允许输入端 EN 有效时,

如果 N > 0,则在每个 EN 的上升沿,将数据输入 DATA 的状态移入移位寄存器的最低位 S_BIT;

如果 N < 0,则在每个 EN 的上升沿,将数据输入 DATA 的状态移入移位寄存器的最高位,移位寄存器的其他位按照 N 指定的方向（正向或反向）,依次串行移位。

（6）移位寄存器的移出端与 SM1.1（溢出）连接。

移位寄存器指令影响的特殊继电器:SM1.0（零）,当移位操作结果为 0 时,SM1.0 自动置位;SM1.1(溢出)的状态由每次移出位的状态决定。

影响使能输出 ENO 正常工作的出错条件有:SM4.3(运行时间),0006(间接寻址),0091(操作数超界),0092(计数区错误)。

在指令表中,移位寄存器的指令格式为 SHRB DATA,S_BIT,N

【例4-10】 移位寄存器应用举例如图4-24所示。

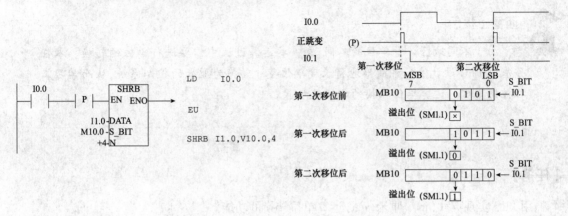

图4-24 移位寄存器应用举例

【项目实施】

实现步骤:

(1)接线。按图4-19接线,检查电路的正确性,确定连接无误。

(2)调试及排障:

① 在断电状态下,连接好 PC/PPI 电缆。

② 打开 PLC 的前盖,将运行模式开关拨到 STOP 位置,此时 PLC 处于停止状态,或者单击工具栏中的 STOP 按钮,可以进行程序编写。

③ 在作为编程器的 PC 上,运行 STEP 7-Micro/WIN32 编程软件。

④ 执行"新建"命令,生成一个新项目;执行"打开"命令,打开一个已有的项目;用执行"另存为"命令,可修改项目的名称。

⑤ 执行"PLC 类型"命令,设置 PLC 的型号。

⑥ 设置通信参数。

⑦ 编写控制程序。

⑧ 单击工具栏中的"编译"按钮或"全部编译"按钮来编译输入的程序。

⑨ 下载程序文件到 PLC。

⑩ 将运行模式选择开关拨到 RUN 位置,或者单击工具栏的 RUN 按钮使 PLC 进入运行方式。

⑪ 按下启动按钮,观察运行情况。

【练习】

设计一个霓虹灯显示装置,它有1个启动按钮,1个停止按钮。两组彩灯,每组8个。当按下启动按钮后,第1组8个彩灯周期性闪烁,亮1 s,灭1 s,15 s后这组彩灯就全灭了;第2组彩灯开始循环右移,假设这组彩灯的初始值为00000101,循环周期为1 s。

任务4.3 英寸/厘米运算单位转换功能的设计实现

西博士提示

由于不同地区计量单位的不同,在一些运算过程中需要进行单位的转换。本任务基于PLC设计了一种简单地将长度单位英寸转换为厘米的控制系统,从而学习工程控制中进行运算单位转换的方法及步骤。

【任务】

用PLC实现英寸(in)/厘米(cm)运算单位转换的功能。

【目标】

(1)知识目标:掌握算术运算指令和数据转换指令的应用;

(2)技能目标:掌握建立状态标记通过强制进行调试程序的方法;掌握在工程控制中进行运算单位转换的方法及步骤。

【甲方要求】——【任务导入】

控制系统要求:将英寸转换成厘米(已知C10的当前只为英寸的计数值,1in=2.54 cm)。

【乙方设计】——【五单一支持】

方案设计单

项目名称	西门子S7-200系列PLC功能指令及应用		任务名称	英寸/厘米运算单位转换功能的设计实现
方案设计分工				
子任务	提交材料		承担成员	完成工作时间
PLC机型选择	PLC选型分析			
低压电器选型	低压电器选型分析			
电气安装方案	图样			
方案汇报	PPT			
学习过程记录				
班级		小组编号		成员
说明:小组每个成员根据方案设计的任务要求,进行认真学习,并将学习过程的内容(要点)进行记录,同时也将学习中存在的问题进行记录				

方案设计工作过程			
开始时间		完成时间	

说明:根据小组每个成员的学习结果,通过小组分析与讨论,最后形成设计方案

结构框图	
原理说明	
关键元器件型号	
实施计划	
存在的问题及建议	

硬件设计单

项目名称	西门子 S7 – 200 系列 PLC 功能指令及应用	任务名称	英寸/厘米运算单位转换功能的设计实现

硬件设计分工			
子任务	提交材料	承担成员	完成工作时间
主电路设计	主电路图、元器件清单		
PLC 接口电路设计	PLC 接口电路图 元器件清单		
硬件接线图绘制	元器件布局图 电路接线图		
硬件安装与调试	装配与调试记录		

学习过程记录					
班级		小组编号		成员	

说明:小组每个成员根据硬件设计的任务要求,进行认真学习,并将学习过程的内容(要点)进行记录,同时也将学习中存在的问题进行记录

硬件设计工作过程			
开始时间		完成时间	

说明:根据硬件系统基本结构,画出系统各模块的原理图,并说明工作原理

主电路图	
PLC 接口电路图	
元器件布置图	
电路接线图	
存在的问题及建议	

软件设计单

项目名称	西门子 S7 – 200 系列 PLC 功能指令及应用		任务名称	英寸/厘米运算单位转换功能的设计实现

软件设计分工			
子任务	提交材料	承担成员	完成工作时间
单周期运行程序设计			
连续运行程序设计	程序流程图及源程序		
输出信号控制程序设计			
…			

学习过程记录					
班级		小组编号		成员	

软件设计工作过程			
开始时间		完成时间	

说明:根据软件系统结构,画出系统各模块的程序图,及各模块所使用的资源

单周期运行程序	
连续运行程序	
输出信号控制程序	
存在的问题及建议	

程序编制与调试单

项目名称	西门子 S7 – 200 系列 PLC 功能指令及应用	任务名称	英寸/厘米运算单位转换功能的设计实现

软件设计分工			
子任务	提交材料	承担成员	完成工作时间
编程软件的安装	安装方法		
编程软件的使用	使用方法		
程序编辑	编辑方法		
程序调试	调试方法		

学习过程记录					
班级		小组编号		成员	

程序编辑与调试工作过程			
开始时间		完成时间	

说明:根据程序编辑与调试要求进行填写

编程软件的使用	
程序编辑	
程序调试	
存在的问题及建议	

【评价单】

评价单——基础能力评价

考核项目	考核点	权重	考核标准			得分
			A(1.0)	B(0.8)	C(0.6)	
任务分析 (15%)	资料收集	5%	能比较全面地提出需要学习和解决的问题,收集的学习资料较多	能提出需要学习和解决的问题,收集的学习资料较多	能比较笼统地提出一些需要学习和解决的问题,收集的学习资料较少	
	任务分析	10%	能根据产品用途,确定功能和技术指标。产品选型实用性强,符合企业的需要	能根据产品用途,确定功能和技术指标。产品选型实用性强	能根据产品用途,确定功能和技术指标	
方案设计 (20%)	系统结构	7%	系统结构清楚,信号表达正确,符合功能要求			
	元器件选型	8%	主要元器件的选择,能够满足功能和技术指标的要求,按钮设置合理,操作简便	主要元器件的选择,能够满足功能和技术指标的要求,按钮设置合理	主要元器件的选择,能够满足功能和技术指标的要求	
	方案汇报	5%	PPT 简洁、美观、信息丰富,汇报条理性好,语言流畅	PPT 简洁、美观、内容充实,汇报语言流畅	有 PPT,能较好地表达方案内容	
详细设计与 制作(50%)	硬件设计	10%	PLC 选型合理,电路设计正确,元器件布局合理、美观,接线图走线合理	PLC 选型合理,电路设计正确,元器件布局合理,接线图走线合理	PLC 选型合理,电路设计正确,元器件布局合理	
	硬件安装	8%	仪器、仪表及工具的使用符合操作规范,元器件安装正确规范,布线符合工艺标准,工作环境整洁	仪器、仪表及工具的使用符合操作规范,少量元件安装有松动,布线符合工艺标准	仪器、仪表及工具的使用符合操作规范,元器件安装位置不符合要求,有 3~5 根导线不符合布线工艺标准,但接线正确	
	程序设计	22%	程序模块划分正确,流程图符合规范、标准,程序结构清晰,内容完整			
	程序调试	10%	调试步骤清楚,目标明确,有调试方法的描述。调试过程记录完整,有分析,结果正确。出现故障有独立处理能力	程序调试有步骤,有目标,有调试方法的描述。调试过程记录完整,结果正确	程序调试有步骤,有目标。调试过程有记录,结果正确	
技术文档 (5%)	设计资料	5%	设计资料完整,编排顺序符合规定,有目录			
学习汇报(10%)		10%	能反思学习过程,认真总结学习经验	能客观总结整个学习过程的得与失		
项目得分						
指导教师		日期			项目得分	
总结						

评价单——提升能力评价

考核项目	考 核 点	配分	考 核 标 准	扣分	得分
设备安装	（1）会分配端口、画 I/O 接线图； （2）按图完整、正确及规范接线； （3）按照要求编号	30	（1）不能正确分配端口，扣5分,画错 I/O 接线图，扣5分； （2）错、漏线，每处扣2分； （3）错、漏编号，每处扣1分		
编程操作	（1）会采用时序波形图法设计程序； （2）正确输入梯形图； （3）正确保存文件； （4）会转换梯形图； （5）会传送程序	30	（1）不能设计出程序或设计错误扣10分； （2）输入梯形图错误每处扣2分； （3）保存文件错误扣4分； （4）转换梯形图错误扣4分； （5）传送程序错误扣4分		
运行操作	（1）运行系统，分析操作结果； （2）正确监控梯形图	30	（1）系统通电操作错误，每处扣3分； （2）分析操作结果错误，每处扣2分； （3）监控梯形图错误，扣4分		
安全、文明工作	（1）安全用电,无人为损坏仪器、元器件和设备； （2）保持环境整洁,秩序井然,操作习惯良好； （3）小组成员协作和谐,态度端正； （4）不迟到、早退、旷课	10	（1）发生安全事故，扣10分； （2）人为损坏设备、元器件，扣10分； （3）现场不整洁、工作不文明,团队不协作，扣5分； （4）不遵守考勤制度，每次扣2~5分		
合计					
总结与收获					

【技术支持】

1. 确定 I/O 个数，进行 I/O 地址分配

根据控制要求,首先确定 I/O 个数,然后进行 I/O 地址分配。I/O 地址分配见表4－13。

表4－13　I/O 地址分配表

输　　入		输　　出	
输入寄存器	作用	输出寄存器	作用
I0.0	按键0		

2. 设计程序

将英寸转换为厘米的步骤如下：

将 C10 中的整数值(英寸)→双整数(英寸)→实数(英寸)→实数(厘米)→整数(厘米),梯形图如图 4 – 25 所示。

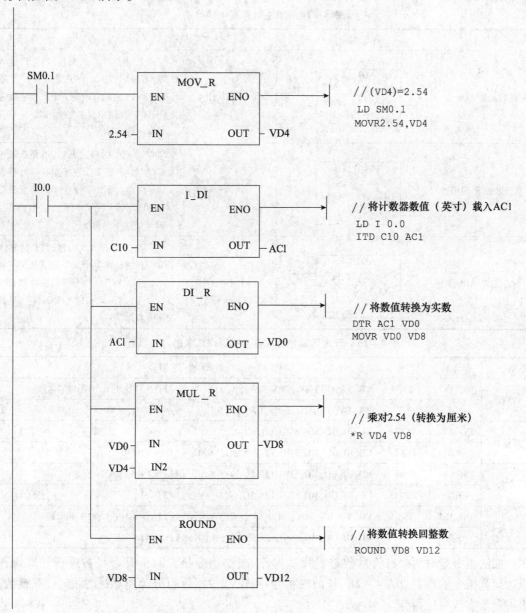

图 4 – 25　将英寸转换为厘米的梯形图

注意:在程序中 VD0、VD4、VD8、VD12,都是以双字(4 个字节)编址的。

【相关知识】

1. 算术运算指令

在算术运算中,数据类型为整数 INT、双整数 DINT 和实数 REAL,对应的运算结果分别为整数、双整数和实数,除法不保留余数。运算结果如超出允许范围,溢出位被置 1。加法运算指令的类别见表 4 – 14,算术运算指令 IN1,IN2 和 OUT 的寻址范围见表 4 – 15。

表 4 – 14　加法运算指令的类别

指令名称	梯形图符号	助记符	指令功能
整数加法 ADD_I	ADD_I EN　　ENO INI　　OUT IN2	+ I IN1,OUT	以功能框的形式编程,当允许输入 EN 有效时,将 2 个字型有符号整数 IN1 和 IN2 相加,产生 1 个字型整数和 OUT(字存储单元),这里 IN2 与 OUT 是同一存储单元
双整数加法 ADD_1	ADD_DI EN　　ENO IN1　　OUT IN2	+ D IN1,OUT	以功能框的形式编程,当允许输入 EN 有效时,将 2 个双字型有符号整数 IN1 和 IN2 相加,产生 1 个双字型整数和 OUT(双字存储单元),这里 IN2 与 OUT 是同一存储单元
实数加法 ADD_R	ADD_R EN　　ENO IN1　　OUT IN2	+ R IN1,OUT	以功能框的形式编程,当允许输入 EN 有效时,将 2 个双字长实数 IN1 和 IN2 相加,产生 1 个双字长实数和 OUT(双字存储单元),这里 IN2 与 OUT 是同一存储单元

表 4 – 15　算术运算指令 IN1,IN2 和 OUT 的寻址范围

指令	操作数	类型	寻址范围
整数	IN1,IN2	INT	VW,IW,QW,MW,SMW,LW,SW,AC,∗AC,∗LD,∗VD,T,C,AIW 和常数
	OUT	INT	VW,IW,QW,MW,SMW,LW,SW,T,C,AC,∗AC,∗LD,∗VD
双整数	IN1,IN2	DINT	VD,ID,QD,MD,SMD,LD,SD,AC,∗AC,∗LD,∗VD,HC 和常数
	OUT	DINT	VD,ID,QD,MD,SMD,LD,SD,AC,∗AC,∗LD,∗VD
实数	IN1,IN2	REAL	VD,ID,QD,MD,SMD,LD,AC,SD,∗AC,∗LD,∗VD 和常数
	OUT	REAL	VD,ID,QD,MD,SMD,LD,AC,∗AC,∗LD,∗VD,SD
完全整数	IN1,IN2	INT	VW,IW,QW,MW,SMW,LW,SW,AC,∗AC,∗LD,∗VD,T,C,AIW 和常数
	OUT	DINT	VD,ID,QD,MD,SMD,LD,SD,AC,∗AC,∗LD,∗VD

　　加法指令是对两个有符号数进行相加操作,减法指令是对两个有符号数进行相减操作。减法运算指令的类别见表 4 – 16,与加法指令一样,减法指令也分为整数减法指令、双整数减法指令及实数减法指令。

表 4 – 16　减法运算指令的类别

指令名称	梯形图符号	助记符	指令功能
整数减法 SUB_I	SUB _I EN　　ENO IN1　　OUT IN2	– I IN2,OUT	以功能框的形式编程,当允许输入 EN 有效时,将 2 个字型有符号整数 IN1 和 IN2 相减,产生 1 个字型整数和 OUT(字存储单元),这里 IN1 与 OUT 是同一存储单元

指令名称	梯形图符号	助记符	指 令 功 能
双整数减法 SUB_D1	SUB_DI EN ENO IN1 OUT IN2	−D IN2,OUT	以功能框的形式编程,当允许输入 EN 有效时,将 2 个双字型有符号整数 IN1 和 IN2 相减,产生 1 个双字型整数和 OUT(双字存储单元),这里 IN1 与 OUT 是同一存储单元
实数减法 SUB_R	SUB_R EN ENO IN1 OUT 1N2	−R IN2,OUT	以功能框的形式编程,当允许输入 EN 有效时,将 2 个双字长实数 IN1 和 IN2 相减,产生 1 个双字长实数和 OUT(双字存储单元),这里 IN1 与 OUT 是同一存储单元

整数与双整数加减法指令影响算术标志位 SM1.0(零标志位)、SM1.1(溢出标志位)和 SM1.2(负数标志位)。

【例 4-11】 加法运算指令应用举例求 5000 加 400 的和,5000 在数据存储器 VW200 中,结果放入 AC0,程序如图 4-26 所示。

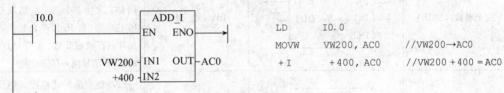

```
            I0.0                ADD_I
            ─┤ ├─              EN   ENO
                                          LD    I0.0
                          VW200 ─ IN1 OUT ─ AC0   MOVW  VW200, AC0    //VW200→AC0
                           +400 ─ IN2            +I    +400, AC0     //VW200 +400 = AC0
```

图 4-26 加法运算指令应用举例

乘法、除法运算指令的类别见表 4-17。乘(除)法运算指令是对两个有符号数进行相乘(除)运算。可分为整数乘(除)指令、双整数乘(除)指令、完全整数乘(除)指令及实数整数乘(除)指令。乘法指令中 IN2 与 OUT 为同一个存储单元,而除法指令中 IN1 与 OUT 为同一个存储单元。

表 4-17 乘法、除法运算指令的类别

指令名称	梯形图符号	助记符	指令功能
整数乘法 MUL_I	MUL_I EN ENO IN1 OUT IN2	×I IN1,OUT	以功能框的形式编程,当允许输入 EN 有效时,将 2 个字型有符号整数 IN1 和 IN2 相乘,产生 1 个字型整数积 OUT(字存储单元),这里 IN2 与 OUT 是同一存储单元
完全整数乘法 MUL	MUL EN ENO IN1 OUT IN2	MUL IN1,OUT	以功能框的形式编程,当允许输入 EN 有效时,将 2 个字型有符号整数 IN1 和 IN2 相乘,产生 1 个双字型整数积 OUT(双字存储单元),这里 IN2 与 OUT 的低 16 位是同一存储单元

指令名称	梯形图符号	助记符	指令功能
双整数乘法 MUL_DI	MUL_DI EN　ENO IN1　OUT IN2	×D IN1,OUT	以功能框的形式编程,当允许输入 EN 有效时,将 2 个双字长有符号整数 IN1 和 IN2 相乘,产生 1 个双字型整数积 OUT(双字存储单元),这里 IN2 与 OUT 是同一存储单元
实数乘法 MUL_R	MUL—R EN　ENO IN1　OUT IN2	×R IN1,OUT	以功能框的形式编程,当允许输入 EN 有效时,将 2 个双字长实数 IN1 和 IN2 相乘,产生 1 个实数积 OUT(双字存储单元),这里 IN2 与 OUT 是同一存储单元
整数除法 DIV_I	DIV_I EN　ENO IN1　OUT IN2	/I IN2,OUT	以功能框的形式编程,当允许输入 EN 有效时,用字型有符号整数 IN1 除以 IN2,产生 1 个字型整数商 OUT(字存储单元,不保留余数),这里 IN1 与 OUT 是同一存储单元
完全整数除法 DIV	DIV EN　ENO IN1　OUT IN2	DIV IN2,OUT	以功能框的形式编程,当允许输入 EN 有效时,用字型有符号整数 IN1 除以 IN2,产生 1 个双字型结果 OUT,低 16 位存商,高 16 位存余数。低 16 位运算前存放被除数,这里 IN1 与 OUT 的低 16 位是同一存储单元
双整数除法 DIV_DI	DIV_DI EN　ENO IN1　OUT IN2	/D IN2,OUT	以功能框的形式编程,当允许输入 EN 有效时,将双字长有符号整数 IN1 除以 IN2,产生 1 个整数商 OUT(双字存储单元,不保留余数),这里 IN1 与 OUT 是同一存储单元
实数除法 DIV_R	DIV_R EN　ENO IN1　OUT IN2	/R IN2,OUT	以功能框的形式编程,当允许输入 EN 有效时,双字长实数 IN1 除以 IN2,产生 1 个实数商 OUT(双字存储单元),这里 IN1 与 OUT 是同一存储单元

【例 4 -12】乘除法指令应用举例,程序如图 4 -27 所示。

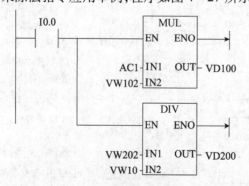

```
LD I0.0
MUL AC1 VD100
DIV VW10 VD200
```

图 4 -27　乘除法指令应用举例

![西博士提示] **西博士提示**

因为VD100包含:VW100和VW102两个字;VD200包含:VW200和VW202两个字,所以在指令表指令中不需要使用数据传送指令。

【例4-13】 实数运算指令应用举例,程序如图4-28所示。

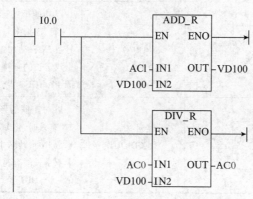

```
LD I0.0
+R AC1,VD100
/R VD100,AC0
```

图4-28 实数运算指令应用举例

2. 增减指令

增减指令又称自动加1或自动减1指令。数据长度可以是字节、字、双字,表4-18列出了几种不同数据长度的增减指令。增减指令中IN和OUT的寻址范围见表4-19。

表4-18 几种不同数据长度的增减指令表

指令名称	梯形图符号	助记符	指令功能
字节加1 INC_B	INC_B EN ENO IN OUT	INCB OUT	以功能框的形式编程,当允许输入EN有效时,将1字节长的无符号数IN自动加1,输出结果OUT为1个字节长的无符号数,指令执行结果:IN+1=OUT
字节减1 DEC_B	DEC_B EN ENO IN OUT	DECB OUT	以功能框的形式编程,当允许输入EN有效时,将1字节长的无符号数IN自动减1,输出结果OUT为1个字节长的无符号数,指令执行结果:IN-1=OUT
字加1 INC_W	INC_W EN ENO IN OUT	INCW OUT	以功能框的形式编程,当允许输入EN有效时,将1字长的有符号数IN自动加1,输出结果OUT为1字长的有符号数,指令执行结果:IN+1=OUT

指令名称	梯形图符号	助记符	指令功能
字减 1 DEC_W	DEC_W EN ENO IN OUT	DECW OUT	以功能框的形式编程,当允许输入 EN 有效时,将 1 字长的有符号数 IN 自动减 1,输出结果 OUT 为 1 字长的有符号数,指令执行结果:IN−1=OUT
双字加 1 INC_D	INC_D EN ENO IN OUT	INCD OUT	以功能框的形式编程,当允许输入 EN 有效时,将 1 双字长(32 位)的有符号数 IN 自动加 1,输出结果 OUT 为 1 个双字长的有符号数,指令执行结果:IN+1=OUT
双字减 1 DEC_D	DEC_D EN ENO IN OUT	DECD OUT	以功能框的形式编程,当允许输入 EN 有效时,将 1 双字长(32 位)的有符号数 IN 自动减 1,输出结果 OUT 为 1 个双字长的有符号数,指令执行结果:IN−1=OUT

表 4−19　增减指令中 IN 和 OUT 的寻址范围

指令	操作数	类型	寻 址 范 围
字节增减	IN	BYTE	VB,IB,MB,QB, LB,SB,SMB,AC, ∗AC, ∗LD, ∗VD,常数
	OUT	BYTE	VB,IB,MB,QB,SMB,LB,SB, AC, ∗AC, ∗LD, ∗VD
字增减	IN	WORD	VW,IW,QW,MW,SMW,LW,SW,AC, ∗AC, ∗LD, ∗VD,常数
	OUT	WORD	VW,IW,QW,MW,SMW,LW,SW, AC, ∗AC, ∗LD, ∗VD
双字增减	IN	DWORD	VD,ID,QD,MD,SMD,LD,SD,AC, ∗AC, ∗LD, ∗VD,常数
	OUT	DWORD	VD,ID,QD,MD,SMD,LD,SD,AC, ∗AC, ∗LD, ∗VD

说明:(1)影响使能输出 ENO 正常工作的出错条件有:SM4.3(运行时间),0006(间接寻址),SM1.1(溢出)。

(2)影响标志位:SM1.0(零),SM1.1(溢出),SM1.2(负数)。

(3)在梯形图指令中,IN 和 OUT 可以指定为同一存储单元,这样可以节省内存,在指令表指令中不需使用数据传送指令。

3. 数学函数变换指令

数学函数变换指令包括平方根、自然对数、指数、三角函数等。

平方根(SQRT)指令:对 32 位实数(IN)取平方根,并产生一个 32 位实数结果,从 OUT 指定的存储单元输出。

自然对数(LN)指令:对 IN 中的数值进行自然对数计算,并将结果置于 OUT 指定的存储单元中。求以 10 为底数的对数时,用自然对数除以 2.302585(约等于 10 的自然对数)。

自然指数(EXP)指令:将 IN 取以 e 为底的指数,并将结果置于 OUT 指定的存储单元中。

将"自然指数"指令与"自然对数"指令相结合,可以实现以任意数为底,任意数为指数的计算。如求 y^x,可输入:EXP$(x * LN(y))$;求 2^3,可输入:EXP$(3 * LN(2))$;求 $27^{1/3}$,可输入:EXP$(1/3 * LN(27))$。

三角函数指令:将一个实数的弧度值 IN 分别求 SIN、COS、TAN,得到实数运算结果,从 OUT 指定的存储单元输出。

数学函数变换指令的类别见表 4 - 20,数学函数变换指令中 IN 和 OUT 的寻址范围见表 4 - 21。

表 4 - 20　数学函数变换指令的类别

指令名称	梯形图符号	助记符	指令功能
平方根指令 SQRT	SQRT - EN　ENO - - IN　OUT -	SQRT IN,OUT	以功能框的形式编程,当允许输入 EN 有效时,对双字长实数 IN 取平方根,产生 1 个实数送到 OUT 指定的存储单元(双字存储单元)
自然对数指令 LN	LN - EN　ENO - - IN　OUT -	LN IN,OUT	以功能框的形式编程,当允许输入 EN 有效时,对 IN 中的数值进行自然对数计算,并将结果置于 OUT 指定的存储单元中
自然指数指令 EXP	EXP - EN　ENO - - IN　OUT -	EXP IN,OUT	以功能框的形式编程,当允许输入 EN 有效时,将 IN 取以 e 为底的指数,并将结果置于 OUT 指定的存储单元中
正弦指令 SIN	SIN - EN　ENO - - IN　OUT -	SIN IN,OUT	以功能框的形式编程,当允许输入 EN 有效时,将一个实数的弧度值 IN 取正弦值,得到实数运算结果,从 OUT 指定的存储单元输出
余弦指令 COS	COS - EN　ENO - - IN　OUT -	COS IN,OUT	以功能框的形式编程,当允许输入 EN 有效时,将一个实数的弧度值 IN 取余弦值,得到实数运算结果,从 OUT 指定的存储单元输出
正切指令 TAN	TAN - EN　ENO - - IN　OUT -	TAN IN,OUT	以功能框的形式编程,当允许输入 EN 有效时,将一个实数的弧度值 IN 取正切值,得到实数运算结果,从 OUT 指定的存储单元输出

表 4 - 21　数学函数变换指令中 IN 和 OUT 的寻址范围

指令	操作数	类型	寻址范围
数学函数变换指令	IN1,IN2	REAL	VD, ID, QD, MD, SMD, SD, LD, AC, 常数, *VD, *LD, *AC
	OUT	REAL	VD, ID, QD, MD, SMD, SD, LD, AC, *VD, *LD, *AC

说明:(1) 影响使能输出 ENO 正常工作的出错条件有 0006(间接寻址),SM1.1(溢出),SM4.3(运行时间)。

（2）对标志位的影响：SM1.0（零），SM1.1（溢出），SM1.2（负数）。

【例4-14】 数学函数变换指令应用举例。求45°正弦值，程序如图4-29所示。

先将45°转换为弧度：(3.14159/180)×45，再求正弦值。

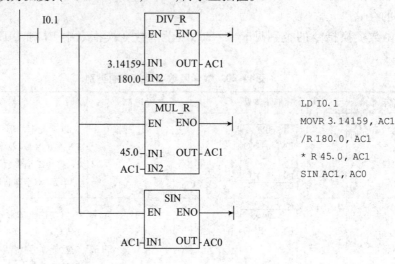

```
LD I0.1
MOVR 3.14159, AC1
/R 180.0, AC1
* R 45.0, AC1
SIN AC1, AC0
```

图4-29 数学函数变换指令应用举例

4. 逻辑运算指令

逻辑运算指令是对逻辑数（无符号数）进行处理，包括逻辑与、逻辑或、逻辑异或，取反等逻辑操作，数据长度为字节、字、双字。逻辑运算指令的类别见表4-22，逻辑运算指令中 IN，IN1，IN2 和 OUT 的寻址范围见表4-23。

表4-22 逻辑运算指令的类别

指令名称	梯形图符号	助记符	指令功能
字节与 WAND_B	WAND_B EN　ENO IN1　OUT IN2	ANDB IN1,OUT	以功能框的形式编程，当允许输入 EN 有效时，将2个1字节长的逻辑数 IN1 和 IN2 按位相与，产生1字节的运算结果送入 OUT，这里 IN2 与 OUT 是同一存储单元
字节或 WOR_B	WOR_B EN　ENO IN1　OUT IN2	ORB IN1,OUT	以功能框的形式编程，当允许输入 EN 有效时，将2个1字节长的逻辑数 IN1 和 IN2 按位相或，产生1字节的运算结果送入 OUT，这里 IN2 与 OUT 是同一存储单元
字节异或 WXOR_B	WXOR_B EN　ENO IN1　OUT IN2	XORB IN1,OUT	以功能框的形式编程，当允许输入 EN 有效时，将2个1字节长的逻辑数 IN1 和 IN2 按位异或，产生1字节的运算结果送入 OUT，这里 IN2 与 OUT 是同一存储单元

续表

指令名称	梯形图符号	助记符	指令功能
字节取反 INV_B	INV_B EN ENO IN1 OUT IN2	INVB OUT	以功能框的形式编程,当允许输入 EN 有效时,将1字节长的逻辑数 IN 按位取反,产生 1 字节的运算结果送入 OUT,这里 IN 与 OUT 是同一存储单元
字与 WAND_W	WAND_W EN ENO IN1 OUT IN2	ANDW IN1,OUT	以功能框的形式编程,当允许输入 EN 有效时,将 2 个 1 字长的逻辑数 IN1 和 IN2 按位相与,产生 1 字长的运算结果送入 OUT,这里 IN2 与 OUT 是同一存储单元
字或 WOR_W	WOR_W EN ENO IN1 OUT IN2	ORW IN1,OUT	以功能框的形式编程,当允许输入 EN 有效时,将 2 个 1 字长的逻辑数 IN1 和 IN2 按位相或,产生 1 字的运算结果送入 OUT,这里 IN2 与 OUT 是同一存储单元
字异或 WXOR_W	WXOR_W EN ENO IN1 OUT IN2	XORW IN1,OUT	以功能框的形式编程,当允许输入 EN 有效时,将 2 个 1 字长的逻辑数 IN1 和 IN2 按位相异或,产生 1 字的运算结果送入 OUT,这里 IN2 与 OUT 是同一存储单元
字取反 INV_W	INV_W EN ENO IN1 OUT	INVW OUT	以功能框的形式编程,当允许输入 EN 有效时,将1 字长的逻辑数 IN 按位取反,产生 1 字长的运算结果送入 OUT,这里 IN 与 OUT 是同一存储单元
双字与 WAND_D	WAND_D EN ENO IN1 OUT IN2	ANDD IN1,OUT	以功能框的形式编程,当允许输入 EN 有效时,将 2 个双字长的逻辑数 IN1 和 IN2 按位相与,产生 1 个双字长的运算结果送入 OUT,这里 IN2 与 OUT 是同一存储单元
双字或 WOR_D	WOR_D EN ENO 1N1 OUT 1N2	ORD IN1,OUT	以功能框的形式编程,当允许输入 EN 有效时,将 2 个双字长的逻辑数 IN1 和 IN2 按位相或,产生 1 个双字长的运算结果送入 OUT,这里 IN2 与 OUT 是同一存储单元
双字异或 WXOR_D	WXOR_D EN ENO IN1 OUT	XORD IN1,OUT	以功能框的形式编程,当允许输入 EN 有效时,将 2 个双字长的逻辑数 IN1 和 IN2 按位相异或,产生 1 个双字长的运算结果送入 OUT,这里 IN2 与 OUT 是同一存储单元

续表

指令名称	梯形图符号	助记符	指令功能
双字取反 INV_D	INV_D EN ENO IN1 OUT	INVD OUT	以功能框的形式编程,当允许输入 EN 有效时,将 1 双字长的逻辑数 IN 按位取反,产生 1 个双字长的运算结果送入 OUT,这里 IN 与 OUT 是同一存储单元

表 4 – 23　逻辑运算指令中 IN,IN1,IN2 和 OUT 的寻址范围

指令	操作数	类型	寻址范围
字节逻辑	IN1,IN2,IN	BYTE	VB,IB,MB,QB,LB,SB,SMB,AC,＊AC,＊LD,＊VD,常数
	OUT	BYTE	VB,IB,MB,QB,SMB,LB,SB,AC,＊AC,＊LD,＊VD
字逻辑	IN1,IN2,IN	WORD	VW,IW,QW,MW,SMW,LW,SW,AC,＊AC,＊LD,＊VD,T,C,常数
	OUT	WORD	VW,IW,QW,MW,SMW,LW,SW,AC,＊AC,＊LD,＊VD,T,C
双字逻辑	IN1,IN2,IN	DWORD	VD,ID,QD,MD,SMD,LD,AC,HC,＊AC,＊LD,＊VD,常数
	OUT	DWORD	VD,ID,QD,MD,SMD,LD,AC,＊AC,＊LD,＊VD

【例 4 – 15】　逻辑运算指令应用举例,程序如图 4 – 30 所示。

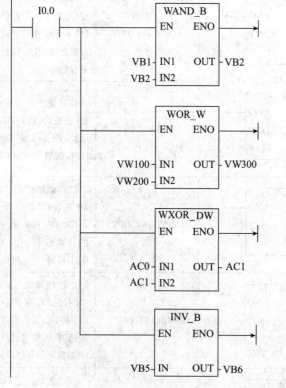

图 4 – 30　逻辑运算指令应用举例

运算过程如下:

VB1	VB2	VB2
0001 1100	WAND　1100 1101	→　0000 1100

VW100		VW200		VW300
0001 1101 1111 1010	WOR	1110 0000 1101 1100→		1111 1101 1111 1110
VB5		VB6		
0000 1111	INV	1111 0000		

5. 转换指令

转换指令是对操作数的类型进行转换,并输出到指定目标地址中去的指令。转换指令包括数据类型转换指令、数据的编码和译码指令以及字符串类型转换指令。

不同功能的指令对操作数要求不同。不同类型转换指令可将固定的一个数据用到不同类型要求的指令中,包括字节与字整数之间的转换、整数与双整数的转换、双字整数与实数之间的转换、BCD 码与整数之间的转换等。转换指令的类别见表 4 - 24 转换指令中 IN 和 OUT 的寻址范围见表 4 - 25。

表 4 - 24　转换指令的类别

指令名称	梯形图符号	助记符	指令功能
字节型转换为字整数 BTI	B_I EN　ENO ???? - IN　OUT - ????	BTI IN,OUT	以功能框的形式编程,当允许输入 EN 有效时,将字节数值(IN)转换成整数值,并将结果送入 OUT 指定的存储单元。因为字节不带符号,所以无符号扩展。 影响使能输出 ENO 正常工作的出错条件: 0006(间接寻址); SM4. 3(运行时间)
字整数转换为字节型 IBT	I_B EN　ENO ???? - IN　OUT - ????	ITB IN,OUT	以功能框的形式编程,当允许输入 EN 有效时,将字整数(IN)转换成字节,并将结果送入 OUT 指定的存储单元。输入的字整数 0 ~ 255 被转换。超出部分导致溢出,SM1.1 = 1。输出不受影响。 影响使能输出 ENO 正常工作的出错条件: 0006(间接寻址); SM1. 1(溢出或非法数值); SM4. 3(运行时间)
字整数转换为双字整数 ITD	I_DI EN　ENO ???? - IN　OUT - ????	ITD IN,OUT	以功能框的形式编程,当允许输入 EN 有效时,将整数值(IN)转换成双整数值,并将结果送入 OUT 指定的存储单元。符号被扩展。 影响使能输出 ENO 正常工作的出错条件:(0006 间接寻址); SM4. 3(运行时间)
双字整数转字整数 DTI	DI_I EN　ENO ???? - IN　OUT - ????	DTI IN,OUT	以功能框的形式编程,当允许输入 EN 有效时,将双整数值(IN)转换成整数值,并将结果送入 OUT 指定的存储单元。如果转换的数值过大,则无法在输出中表示,超出部分导致溢出,SM1.1 = 1,输出不受影响。 影响使能输出 ENO 正常工作的出错条件:0006(间接寻址); SM1. 1(溢出或非法数值); SM4. 3(运行时间)

指令名称	梯形图符号	助记符	指令功能
双字整数转换为实数 DTR	DI_R EN　ENO ???? - IN　OUT - ????	DTR IN,OUT	以功能框的形式编程,当允许输入 EN 有效时,将 32 位带符号整数 IN 转换成 32 位实数,并将结果送入 OUT 指定的存储单元。 影响使能输出 ENO 正常工作的出错条件:(0006 间接寻址); SM4.3（运行时间）
实数转换为双字整数（四舍五入）ROUND	ROUND EN　ENO ???? - IN　OUT - ????	ROUND IN,OUT	以功能框的形式编程,当允许输入 EN 有效时,按小数部分四舍五入的原则,将实数(IN)转换成双整数值,并将结果送入 OUT 指定的存储单元。 影响使能输出 ENO 正常工作的出错条件:0006（间接寻址）; SM1.1（溢出或非法数值）; SM4.3（运行时间）
实数转换为双字整数（截位取整）TRUNC	TRUNC EN　ENO ???? - IN　OUT - ????	TRUNC IN,OUT	以功能框的形式编程,当允许输入 EN 有效时,将小数部分直接舍去的原则,将 32 位实数(IN)转换成 32 位双整数,并将结果送入 OUT 指定的存储单元。 影响使能输出 ENO 正常工作的出错条件:0006（间接寻址）; SM1.1（溢出或非法数值）; SM4.3（运行时间）
BCD 码转换为整数 BCDI	BCD_I EN　ENO ???? - IN　OUT - ????	BCDI OUT	以功能框的形式编程,当允许输入 EN 有效时,将二进制编码的十进制数 IN 转换成整数,并将结果送入 OUT 指定的存储单元。IN 的有效范围是 BCD 码 0 ~ 9999 影响使能输出 ENO 正常工作的出错条件:0006（间接寻址）; SM1.6（无效 BCD 数值）; SM4.3（运行时间）
整数转换为 BCD 码 IBCD	I_BCD EN　ENO ???? - IN　OUT - ????	IBCD OUT	以功能框的形式编程,当允许输入 EN 有效时,将输入整数 IN 转换成二进制编码的十进制数,并将结果送入 OUT 指定的存储单元。IN 的有效范围是 0 ~ 9999。 影响使能输出 ENO 正常工作的出错条件:0006（间接寻址）; SM1.6（无效 BCD 数值）; SM4.3（运行时间）

指令名称	梯形图符号	助记符	指令功能
ASCII 码转换为十六进制数 ATH	**ATH** EN　ENO ???? - IN　OUT - ???? LEN	ATH IN,OUT,LEN	以功能框的形式编程,当允许输入 EN 有效时,将从 IN 开始的长度为 LEN 的 ASCII 字符转换成十六进制数,并将结果送入从 OUT 开始的存储单元。 影响使能输出 ENO 正常工作的出错条件: 0006 (间接寻址); SM4.3 (运行时间); 0091 (操作数范围超界); SM1.7 (非法 ASCII 数值) (仅限 ATH)
十六进制数转换为 ASCII 码 HTA	**HTA** EN　ENO ???? - IN　OUT - ???? LEN	HTA IN,OUT,LEN	以功能框的形式编程,当允许输入 EN 有效时,将从 IN 开始的长度为 LEN 的 ASCII 字符转换成十六进制数,并将结果送入从 OUT 开始的存储单元。 影响使能输出 ENO 正常工作的出错条件: 0006 (间接寻址); SM4.3 (运行时间); 0091 (操作数范围超界); SM1.7 (非法 ASCII 数值) (仅限 ATH)

表 4 – 25　转换指令中 IN 和 OUT 的寻址范围

指令	操作数	类型	寻址范围
字节转换	IN	BYTE	VB, IB, QB, MB, SB, SMB, LB, AC, 常数
	OUT	BYTE	VB, IB, QB, MB, SB, SMB, LB, AC
整数转换	IN	INT	VW, IW, QW, MW, SW, SMW, LW, T, C, AIW, AC, 常数
	OUT	INT	VW, IW, QW, MW, SW, SMW, LW, T, C, AC
双整数转换	IN	DINT	VD, ID, QD, MD, SD, SMD, LD, HC, AC, 常数
	OUT	DINT	VD, ID, QD, MD, SD, SMD, LD, AC
实数转换	IN	REAL	VD, ID, QD, MD, SD, SMD, LD, AC, 常数
	OUT	REAL	VD, ID, QD, MD, SD, SMD, LD, AC
BCD 码与字的转换	IN	WORD	VW, IW, QW, MW, SW, SMW, LW, T, C, AIW, AC, 常数
	OUT	WORD	VW, IW, QW, MW, SW, SMW, LW, T, C, AC
ASCII 码与十六进制数的转换	IN,OUT	BYTE	VB, IB, QB, MB, SB, SMB, LB
	LEN	BYTE	VB, IB, QB, MB, SB, SMB, LB, AC, 常数

![西博士提示]

西博士提示

不论是四舍五入取整,还是截位取整,如果转换的实数数值过大,无法在输出中表示,则超出部分导致溢出,即影响溢出标志位,使 SM1.1 = 1,输出不受影响。

数据长度为字的 BCD 格式的有效范围为:0~9999(十进制),0000~9999(十六进制),

0000 0000 0000 0000~1001 1001 1001 1001(BCD 码)。

指令影响特殊标志位 SM1.6(无效 BCD)。

在表 4-24 的 LAD 和 STL 指令中,IN 和 OUT 的操作数地址相同。若 IN 和 OUT 操作数地址不是同一个存储器,对应的语句表指令为: MOV IN OUT

BCDI OUT

合法的 ASCII 码对应的十六进制数包括 30H~39H,41H~46H。如果在 ATH 指令的输入中包含非法的 ASCII 码,则终止转换操作,特殊内部标志位 SM1.7 置位为 1。

【例 4-16】 将 VB10~VB12 中存放的 3 个 ASCII 码 33、45、41,将其转换成十六进制数。梯形图和指令表程序如图 4-31 所示。

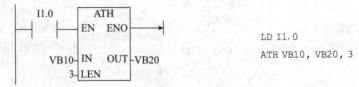

```
LD I1.0
ATH VB10, VB20, 3
```

图 4-31 例 4-16 梯形图和指令表

程序运行结果如下:

　　　　'3'　　'E'　　'A'

| 33 | 45 | 41 | ATH | 3E | Ax |

　VB10　VB11　VB12　　　　VB20　VB21

可见将 VB10~VB12 中存放的 3 个 ASCII 码 33、45、41,转换成十六进制数 3E 和 Ax,放在 VB20 和 VB21 中,"x"表示 VB21 的"半字节",即低四位的值未改变。

【项目实施】

实现步骤:

(1)接线。操作顺序:拟定接线图→断开电源断开→完成设备连线。

(2)编程。拟定程序的"梯形图"→录入到计算机→转为"指令表"→写到 PLC。

(3)调试及排障。按下启动按钮,采用状态监控的方式观察 PLC 内部的变量寄存器 VD12 的变化。采用状态表方式进行监控,建立状态标,通过强制,调试运行程序,观察输出的变化。

创建状态表:右击目录树中的状态表图标或单击已经打开的状态表,将弹出一个窗口,在窗口中选择"插入状态表"选项,可创建状态表。在状态表的地址列输入地址 I0.0、C10、AC1、VD0、VD4、VD8、VD12。

启动状态表:与可编程控制器的通信连接成功后,执行"调试"→"状态表"命令或单击工具条上的"状态"按钮 ,可启动状态表,再操作一次关闭状态表。状态表被启动后,编程软件从 PLC 读取状态信息。

用状态表强制改变数值:通过强制 C10,模拟逻辑条件,方法是在显示状态表后,在状态表的地址列中选中"C10"操作数,在"新数值"列写入模拟数值,然后单击工具条上的"强制"按钮 ,被强制的数值旁边将显示锁定图标 。

在完成对"C10"的"新数值"列的改动后,可以使用"全部写入",将所有需要的改动发送至 PLC。

运行程序并通过状态表监视操作数的当前值,记录状态表的数据。

【练习】

编写一段梯形图程序,控制要求:

(1) 有 20 个字型数据存储在从 VB100 开始的存储区,求这 20 个字型数据的平均值;

(2) 如果平均值小于 1 000,则将这 20 个数据移到 VB200 开始的存储区,这 20 个数据的相对位置在移动前后不变;

(3) 若平均值大于等于 1 000,则绿灯亮。

任务4.4   数码显示控制系统的设计实现

西博士提示

在日常生活中,常见到广告牌、路标标识以及生产线上的显示系统,可以显示数字或字母,本任务就是利用 PLC 的指令系统来实现对一组显示灯的控制,从而形成所需要的图形,并按一定的顺序循环显示,从而学习七段显示译码指令的应用,以及运用编程软件进行联机调试。

【任务】

用 PLC 实现数码显示控制系统的功能。

【目标】

(1) 知识目标:掌握七段显示译码指令的应用;了解数据的编码指令和译码指令。

(2) 技能目标:会运用"七段显示译码指令 SEG"来设计数码显示控制系统梯形图程序,能够熟练运用编程软件进行联机调试。

【甲方要求】——【任务导入】

(1) 控制系统要求:利用七段显示译码指令 SEG 设计由 8 组 LED 发光二极管模拟的八段数码管显示控制系统。

（2）按键要求：按下启动按钮 SB0 后，显示数码管开始显示数字及字符。

（3）工作过程：数字 0、1、2、3、4、5、6、7、8、9 及字符 A、B、C、D、E、F，显示的时间间隔是 0.5 s，再返回初始显示，并循环不止。

数码显示控制系统示意图如图 4-32 所示。

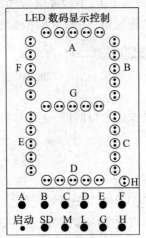

图 4-32　数码显示控制系统示意图

【乙方设计】-【五单一支持】

方案设计单

项目名称	西门子 S7-200 系列 PLC 功能指令及应用		任务名称	数码显示控制系统的设计实现
方案设计分工				
子任务	提交材料		承担成员	完成工作时间
PLC 机型选择	PLC 选型分析			
低压电器选型	低压电器选型分析			
电气安装方案	图样			
方案汇报	PPT			
学习过程记录				
班级		小组编号		成员
说明：小组每个成员根据方案设计的任务要求，进行认真学习，并将学习过程的内容（要点）进行记录，同时也将学习中存在的问题进行记录				
方案设计工作过程				
开始时间		完成时间		
说明：根据小组每个成员的学习结果，通过小组分析与讨论，最后形成设计方案				
结构框图				

方案设计工作过程	
原理说明	
关键元器件型号	
实施计划	
存在的问题及建议	

硬件设计单

项目名称	西门子 S7 – 200 系列 PLC 功能指令及应用	任务名称	数码显示控制系统的设计实现

硬件设计分工			
子任务	提交材料	承担成员	完成工作时间
主电路设计	主电路图、元器件清单		
PLC 接口电路设计	PLC 接口电路图 元器件清单		
硬件接线图绘制	元器件布局图 电路接线图		
硬件安装与调试	装配与调试记录		

学习过程记录					
班级		小组编号		成员	

说明:小组每个成员根据硬件设计的任务要求,进行认真学习,并将学习过程的内容(要点)进行记录,同时也将学习中存在的问题进行记录

硬件设计工作过程			
开始时间		完成时间	

说明:根据硬件系统基本结构,画出系统各模块的原理图,并说明工作原理

主电路图	
PLC 接口电路图	
元器件布置图	
电路接线图	
存在的问题及建议	

软件设计单

项目名称	西门子 S7‑200 系列 PLC 功能指令及应用	任务名称	数码显示控制系统的设计实现

软件设计分工			
子任务	提交材料	承担成员	完成工作时间
单周期运行程序设计			
连续运行程序设计	程序流程图及源程序		
输出信号控制程序设计			
…			

学习过程记录					
班级		小组编号		成员	

软件设计工作过程			
开始时间		完成时间	
说明:根据软件系统结构,画出系统各模块的程序图,及各模块所使用的资源			
单周期运行程序			
连续运行程序			
输出信号控制程序			
存在的问题及建议			

程序编制与调试单

项目名称	西门子 S7 - 200 系列 PLC 功能指令及应用		任务名称	数码显示控制系统的设计实现
软件设计分工				
子任务	提交材料		承担成员	完成工作时间
编程软件的安装	安装方法			
编程软件的使用	使用方法			
程序编辑	编辑方法			
程序调试	调试方法			
学习过程记录				
班级		小组编号		成员

程序编辑与调试工作过程			
开始时间		完成时间	
说明:根据程序编辑与调试要求进行填写			
编程软件的使用			
程序编辑			
程序调试			
存在的问题及建议			

评价单——基础能力评价

考核项目	考核点	权重	考核标准			得分
			A(1.0)	B(0.8)	C(0.6)	
任务分析 (15%)	资料收集	5%	能比较全面地提出需要学习和解决的问题,收集的学习资料较多	能提出需要学习和解决的问题,收集的学习资料较多	能比较笼统地提出一些需要学习和解决的问题,收集的学习资料较少	
	任务分析	10%	能根据产品用途,确定功能和技术指标。产品选型实用性强,符合企业的需要	能根据产品用途,确定功能和技术指标。产品选型实用性强	能根据产品用途,确定功能和技术指标	
方案设计 (20%)	系统结构	7%	系统结构清楚,信号表达正确,符合功能要求			
	元器件选型	8%	主要元器件的选择,能够满足功能和技术指标的要求,按钮设置合理,操作简便	主要元器件的选择,能够满足功能和技术指标的要求,按钮设置合理	主要元器件的选择,能够满足功能和技术指标的要求	
	方案汇报	5%	PPT 简洁、美观、信息量丰富,汇报条理性好,语言流畅	PPT 简洁、美观、内容充实,汇报语言流畅	有 PPT,能较好地表达方案内容	
详细设计与 制作(50%)	硬件设计	10%	PLC 选型合理,电路设计正确,元器件布局合理、美观,接线图走线合理	PLC 选型合理,电路设计正确,元器件布局合理,接线图走线合理	PLC 选型合理,电路设计正确,元器件布局合理	
	硬件安装	8%	仪器、仪表及工具的使用符合操作规范,元器件安装正确规范,布线符合工艺标准,工作环境整洁	仪器、仪表及工具的使用符合操作规范,少量元器件安装有松动,布线符合工艺标准	仪器、仪表及工具的使用符合操作规范,元器件安装位置不符合要求,有 3~5 根导线不符合布线工艺标准,但接线正确	
	程序设计	22%	程序模块划分正确,流程图符合规范、标准,程序结构清晰,内容完整			
	程序调试	10%	调试步骤清楚,目标明确,有调试方法的描述。调试过程记录完整,有分析,结果正确。出现故障有独立处理能力	程序调试有步骤,有目标,有调试方法的描述。调试过程记录完整,结果正确	程序调试有步骤,有目标。调试过程有记录,结果正确	
技术文档 (5%)	设计资料	5%	设计资料完整,编排顺序符合规定,有目录			
学习汇报(10%)		10%	能反思学习过程,认真总结学习经验	能客观总结整个学习过程的得与失		
项目得分						
指导教师		日期			项目得分	

总结

评价单——提升能力评价

考核项目	考核点	配分	扣分标准	扣分	得分
设备安装	（1）会分配端口、画 I/O 接线图； （2）按图完整、正确及规范接线； （3）按照要求编号	30	（1）不能正确分配端口，扣 5 分，画错 I/O 接线图，扣 5 分； （2）错、漏线，每处扣 2 分； （3）错、漏编号，每处扣 1 分		
编程操作	（1）会采用时序波形图法设计程序； （2）正确输入梯形图； （3）正确保存文件； （4）会转换梯形图； （5）会传送程序	30	（1）不能设计出程序或设计错误，扣 10 分； （2）输入梯形图错误，每处扣 2 分； （3）保存文件错误，扣 4 分； （4）转换梯形图错误，扣 4 分； （5）传送程序错误，扣 4 分		
运行操作	（1）运行系统，分析操作结果； （2）正确监控梯形图	30	（1）系统通电操作错误，每处扣 3 分； （2）分析操作结果错误，每处扣 2 分； （3）监控梯形图错误，扣 4 分		
安全、文明工作	（1）安全用电，无人为损坏仪器、元器件和设备； （2）保持环境整洁，秩序井然，操作习惯良好； （3）小组成员协作和谐，态度端正； （4）不迟到、早退、旷课	10	（1）发生安全事故，扣 10 分； （2）人为损坏设备、元器件，扣 10 分； （3）现场不整洁、工作不文明，团队不协作，扣 5 分； （4）不遵守考勤制度，每次扣 2～5 分		
合计					

总结与收获

【技术支持】

1. 确定 I/O 个数,进行 I/O 地址分配

根据控制要求,首先确定 I/O 个数,然后进行 I/O 地址分配。I/O 地址分配见表 4 - 26。

表 4 - 26　输入/输出地址分配见表。

输入		输出	
输入寄存器	作用	输出寄存器	作用
I0.0	启动按钮 SB0	Q0.0	发光二极管 LED0
		Q0.1	发光二极管 LED1
		Q0.2	发光二极管 LED2
		Q0.3	发光二极管 LED3
		Q0.4	发光二极管 LED4
		Q0.5	发光二极管 LED5
		Q0.6	发光二极管 LED6

2. 画出 PLC 外部接线图

数码显示控制系统 PLC 外部接线图,如图 4 - 33 所示。

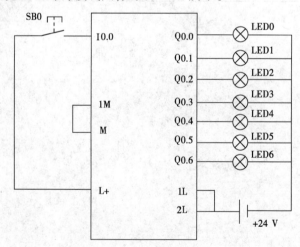

图 4 - 33　数码显示控制系统 PLC 外部接线图

3. 设计程序

根据控制电路的要求,在计算机中编写程序,数码显示控制系统的梯形图程序如图 4 - 34 所示。

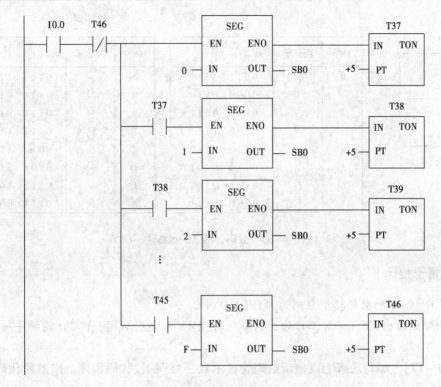

图 4 - 34　数码显示控制系统的梯形图程序

【相关知识】

1. 七段显示译码指令

在 S7 - 200 系列 PLC 系列中,有一条可直接驱动七段显示数码管的指令 SEG,见表 4 - 27。如果在 PLC 的输出端用 1 个字的前 7 个端口与数码管的 7 个段(a、b、c、d、e、f、g)对应接好,数码管的 7 个段标注如图 4 - 33 所示。当 SEG 指令的允许输入 EN 有效时,将字节型输入数据 IN 的低 4 位对应的数据(0 ~ F),输出到 OUT 指定的字节单元(只用前 7 个位),这时 IN 处的数据即可直接通过数码管显示出来。在梯形图中,七段显示数码指令以功能框的形式编程,在语句表中指令格式为 SEG IN,OUT。

表 4 - 27　SEG 指令表

梯形图符号	助记符	功能及操作数
SEG EN ENO ???? - IN OUT - ????	SEG IN,OUT	功能:将输入字节 IN 的低 4 位确定的十六进制数(0 ~ F),产生相应的七段显示码,送入输出字节 OUT; IN:VB、IB、QB、MB、SB、SMB、LB、AC、常量; OUT:VB、IB、QB、MB、SMB、LB、AC; IN/OUT 的数据类型:字节

七段显示数码管 g、f、e、d、c、b、a 的位置关系和数字 0 ~ 9、字母 A ~ F 与七段显示码的对应关系如图 4 - 35 所示。每段置 1 时亮,置 0 时暗。与其对应的 7 位编码(最高位补 0)称为七段显示码。例如:要显示数据"0"时,七段显示数码管明暗规则依次为 011 1111(g 管灭,其余各管亮),将高位补 0 后为 0011 1111,即"0"译码为"3F"。

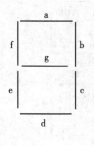

IN	段显示	(OUT) – gfe dcba	IN	段显示	(OUT) – gfe dcba
0		0011 1111	8		0111 1111
1		0000 0110	9		0110 0111
2		0100 0011	A		0111 0111
3		0100 1111	B		0111 1100
4		0110 0110	C		0011 1001
5		0110 0101	D		0101 1110
6		0111 0101	E		0111 1001
7		0000 0111	F		0111 0001

图 4 – 35　数码管的 7 个段标注

西博士提示

　　IN、OUT 的数据类型分别为 WORD,BYTE。

　　影响使能输出 ENO 正常工作的出错条件有:SM4.3(运行时间),0006(间接寻址)。

【例 4 – 17】　编写求解七段显示数码管显示数字"5"的段代码程序。求解段代码程序如图 4 – 36 所示。

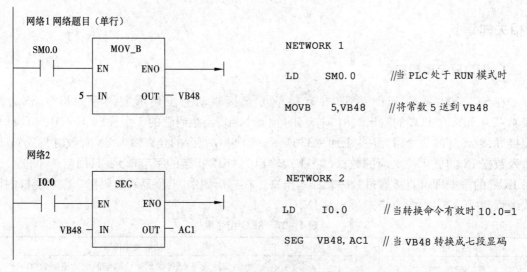

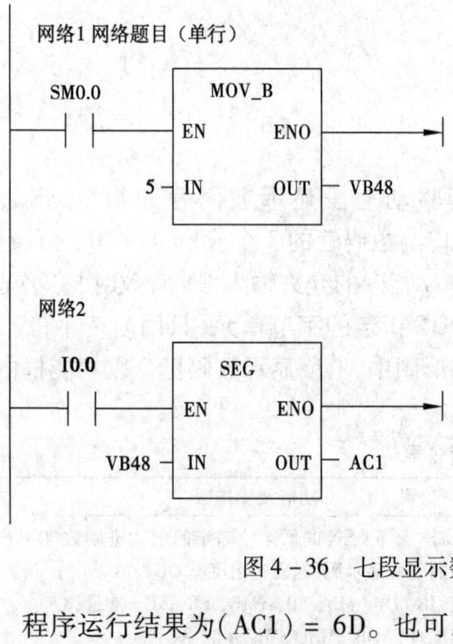

网络1网络题目（单行）

```
NETWORK 1

LD    SM0.0    //当 PLC 处于 RUN 模式时

MOVB    5,VB48    //将常数 5 送到 VB48
```

网络2

```
NETWORK 2

LD    I0.0    //当转换命令有效时 10.0=1

SEG    VB48,AC1    //当 VB48 转换成七段显码
```

图 4 – 36　七段显示数码管显示数字"5"的段代码程序

程序运行结果为(AC1) = 6D。也可以直接将常数 5 送到 SEG 译码指令的 IN 端。

2. 编码和译码指令

在可编程序控制器中,字型数据可以是 16 位二进制数,也可用 4 位十六进制数来表示,编码过程就是把字型数据中最低有效位的位号进行编码,而译码过程是将执行数据所表示的位号对所指定单元的字型数据的对应位,置 1。编码和译码指令的指令格式见表 4 – 28。

表 4 - 28　编码和译码指令的指令格式

梯形图符号	助记符	指令功能
ENCO 〔EN　ENO, IN　OUT〕????　????	ENCO IN,OUT	使能输入有效时,将字型输入数据 IN 的最低有效位(值为 1 的位)的位号输入到 OUT 所指定的字节单元的低 4 位。
DECO 〔EN　ENO, IN　OUT〕????　????	DECO IN,OUT	使能输入有效时,将字节型输入数据 IN 的低 4 位所表示的位号对 OUT 所指定的字单元的对应位,置 1,其他位置 0。

西博士提示

　　编码器的 IN、OUT 的数据类型分别为 WORD,BYTE。译码器的 IN、OUT 的数据类型分别为 BYTE ,WORD。

　　影响使能输出 ENO 正常工作的出错条件有:SM4.3(运行时间),0006(间接寻址)。

【例 4 - 18】　编码和译码指令应用举例。如图 4 - 37 所示。

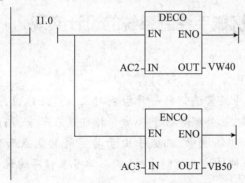

```
LD I1.0
DECO AC2, VW40 //译码
ENCO AC3, VB50 //编码
```

图 4 - 37　编码和译码指令应用举例

　　若(AC2) = 2,执行译码指令,则将输出字 VW40 的第 2 位置 1,VW40 中的二进制数为 0000 0000 0000 0100;若(AC3) = 0000 0000 0000 0100,执行编码指令,则输出字节 VB50 中的码为 2。

【项目实施】

实现步骤:

(1)接线。按图 4 - 33 接线,检查电路的正确性,确定连接无误。

(2)调试及排障:

① 在断电状态下,连接好 PC/PPI 电缆。

② 打开 PLC 的前盖,将运行模式开关拨到 STOP 位置,此时 PLC 处于停止状态,或者单击工具栏中的 STOP 按钮,可以进行程序编写。

③ 在作为编程器的 PC 上,运行 STEP 7-Micro/WIN32 编程软件。

④ 执行"新建"命令,生成一个新项目;执行"打开"命令,打开一个已有的项目;执行"另存为"命令,可修改项目的名称。

⑤ 执行"PLC 类型"命令,设置 PLC 的型号。

⑥ 设置通信参数。

⑦ 编写控制程序。

⑧ 单击工具栏中的"编译"按钮或"全部编译"按钮来编译输入的程序。

⑨ 下载程序文件到 PLC。

⑩ 将运行模式选择开关拨到 RUN 位置,或者单击工具栏的 RUN 按钮使 PLC 进入运行方式。

⑪ 按下启动按钮 SB0,观察运行情况。

【练习】

利用七段显示译码指令 SEG,设计数码显示控制系统,控制要求如下:

按下启动按钮后,由 8 组发光二极管模拟的八段数码管开始显示:先是一段段显示,显示次序是:A、B、C、D、E、F、G、H。随后显示数字及字符,显示次序是:0、1、2、3、4、5、6、7、8、9、A、B、C、D、E、F,显示的时间间隔是 0.5 s,再返回初始显示,并循环不止。

任务4.5 机械手控制系统的设计实现

西博士提示

机械手是工业自动化领域中经常遇到的一种控制对象。广泛地应用于锻压、冲压、锻造、焊接、装配、机加、喷漆、热处理等各个领域。特别是在笨重、高温、有毒、危险、放射性、多粉尘等恶劣的劳动环境中,机械手由于其显著的优点而受到特别重视。本任务是基于 PLC 设计一种机械手控制系统,从而学习子程序的调用以及梯形图指令的应用。

【任务】

用 PLC 实现机械手控制系统的功能。

【技能目标】

(1)知识目标:了解子程序的应用。

(2)技能目标:进一步熟练掌握梯形图指令的应用,掌握子程序调用指令的应用。

【甲方要求】——【任务导入】

(1)控制系统要求:利用子程序调用指令设计机械手控制系统,该机械手的任务是将工件从工作台 A 搬往工作台 B。

（2）按键要求：一个启动键 SB1，一个停止键 SB2；加载选择开关（SB3 ~ SB9）用来控制机械手的工作状态，工作方式选择开关 SA 用来选择工作方式。

（3）工作方式：工作方式分为手动工作方式和自动工作方式。自动工作方式又分为单步、单周期和连续的工作方式；

机械手工作示意图如图 4 - 38 所示。

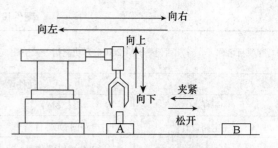

图 4 - 38 机械手工作示意图

【乙方设计】——【五单一支持】

方案设计单

项目名称	西门子 S7 - 200 系列 PLC 功能指令及应用		任务名称	机械手控制系统的设计实现
方案设计分工				
子任务	提交材料		承担成员	完成工作时间
PLC 机型选择	PLC 选型分析			
低压电器选型	低压电器选型分析			
电气安装方案	图样			
方案汇报	PPT			
学习过程记录				
班级		小组编号		成员
说明：小组每个成员根据方案设计的任务要求，进行认真学习，并将学习过程的内容（要点）进行记录，同时也将学习中存在的问题进行记录				
方案设计工作过程				
开始时间		完成时间		
说明：根据小组每个成员的学习结果，通过小组分析与讨论，最后形成设计方案				
结构框图				
原理说明				
关键元器件型号				
实施计划				
存在的问题及建议				

硬件设计单

项目名称	西门子 S7 – 200 系列功能指令及应用		任务名称	机械手控制系统的设计实现	
硬件设计分工					
子任务	提交材料		承担成员	完成工作时间	
主电路设计	主电路图、元器件清单				
PLC 接口电路设计	PLC 接口电路图 元器件清单				
硬件接线图绘制	元器件布局图 电路接线图				
硬件安装与调试	装配与调试记录				
学习过程记录					
班级		小组编号		成员	

说明:小组每个成员根据硬件设计的任务要求,进行认真学习,并将学习过程的内容(要点)进行记录,同时也将学习中存在的问题进行记录

硬件设计工作过程			
开始时间		完成时间	

说明:根据硬件系统基本结构,画出系统各模块的原理图,并说明工作原理

主电路图	
PLC 接口电路图	
元器件布置图	
电路接线图	
存在的问题及建议	

软件设计单

项目名称	西门子 S7 – 200 系列 PLC 功能指令及应用	任务名称	机械手控制系统的设计实现

软件设计分工			
子任务	提交材料	承担成员	完成工作时间
单周期运行程序设计	程序流程图及源程序		
连续运行程序设计			
输出信号控制程序设计			
…			

学习过程记录					
班级		小组编号		成员	

软件设计工作过程			
开始时间		完成时间	

说明:根据软件系统结构,画出系统各模块的程序图,及各模块所使用的资源

单周期运行程序	
连续运行程序	
输出信号控制程序	
存在的问题及建议	

程序编制与调试单

项目名称	西门子 S7 – 200 系列 PLC 功能指令及应用	任务名称	机械手控制系统的设计实验

软件设计分工			
子任务	提交材料	承担成员	完成工作时间
编程软件的安装	安装方法		
编程软件的使用	使用方法		
程序编辑	编辑方法		
程序调试	调试方法		

学习过程记录					
班级		小组编号		成员	

程序编辑与调试工作过程			
开始时间		完成时间	

说明:根据程序编辑与调试要求进行填写

编程软件的使用	
程序编辑	
程序调试	
存在的问题及建议	

评价单——基础能力评价

考核项目	考核点	权重	考核标准			得分
			A(1.0)	B(0.8)	C(0.6)	
任务分析 （15%）	资料收集	5%	能比较全面地提出需要学习和解决的问题,收集的学习资料较多	能提出需要学习和解决的问题,收集的学习资料较多	能比较笼统地提出一些需要学习和解决的问题,收集的学习资料较少	
	任务分析	10%	能根据产品用途,确定功能和技术指标。产品选型实用性强,符合企业的需要	能根据产品用途,确定功能和技术指标。产品选型实用性强	能根据产品用途,确定功能和技术指标	
方案设计 （20%）	系统结构	7%	系统结构清楚,信号表达正确,符合功能要求			
	元器件选型	8%	主要元器件的选择,能够满足功能和技术指标的要求,按钮设置合理,操作简便	主要元器件的选择,能够满足功能和技术指标的要求,按钮设置合理	主要元器件的选择,能够满足功能和技术指标的要求	
	方案汇报	5%	PPT 简洁、美观、信息丰富,汇报条理好,语言流畅	PPT 简洁、美观、内容充实,汇报语言流畅	有 PPT,能较好地表达方案内容	
详细设计与 制作（50%）	硬件设计	10%	PLC 选型合理,电路设计正确,元器件布局合理、美观,接线图走线合理	PLC 选型合理,电路设计正确,元器件布局合理,接线图走线合理	PLC 选型合理,电路设计正确,元器件布局合理	
	硬件安装	8%	仪器、仪表及工具的使用符合操作规范,元器件安装正确规范,布线符合工艺标准,工作环境整洁	仪器、仪表及工具的使用符合操作规范,少量元器件安装有松动,布线符合工艺标准	仪器、仪表及工具的使用符合操作规范,元器件安装位置不符合要求,有 3～5 根导线不符合布线工艺标准,但接线正确	
	程序设计	22%	程序模块划分正确,流程图符合规范、标准,程序结构清晰,内容完整			
	程序调试	10%	调试步骤清楚,目标明确,有调试方法的描述。调试过程记录完整,有分析,结果正确。出现故障有独立处理能力	程序调试有步骤,有目标,有调试方法的描述。调试过程记录完整,结果正确	程序调试有步骤,有目标。调试过程有记录,结果正确	
技术文档 （5%）	设计资料	5%	设计资料完整,编排顺序符合规定,有目录			
学习汇报（10%）		10%	能反思学习过程,认真总结学习经验	能客观总结整个学习过程的得与失		
项目得分						
指导教师			日期		项目得分	
总结						

评价单——提升能力评价

考核项目	考核点	配分	考核标准	扣分	得分
设备安装	（1）会分配端口、画 I/O 接线图； （2）按图完整、正确及规范接线； （3）按照要求编号	30	（1）不能正确分配端口，扣 5 分，画错 I/O 接线图，扣 5 分； （2）错、漏线，每处扣 2 分； （3）错、漏编号，每处扣 1 分		
编程操作	（1）会采用时序波形图法设计程序； （2）正确输入梯形图； （3）正确保存文件； （4）会转换梯形图； （5）会传送程序	30	（1）不能设计出程序或设计错误，扣 10 分； （2）输入梯形图错误，每处扣 2 分； （3）保存文件错误，扣 4 分； （4）转换梯形图错误，扣 4 分； （5）传送程序错误，扣 4 分		
运行操作	（1）运行系统，分析操作结果； （2）正确监控梯形图	30	（1）系统通电操作错误，每处扣 3 分； （2）分析操作结果错误，每处扣 2 分； （3）监控梯形图错误，扣 4 分		
安全、文明工作	（1）安全用电，无人为损坏仪器、元器件和设备； （2）保持环境整洁，秩序井然，操作习惯良好； （3）小组成员协作和谐，态度端正； （4）不迟到、早退、旷课	10	（1）发生安全事故，扣 10 分； （2）人为损坏设备、元器件，扣 10 分； （3）现场不整洁、工作不文明，团队不协作，扣 5 分； （4）不遵守考勤制度，每次扣 2~5 分		
合计					

总结与收获

【技术支持】

1. 机械结构

在图 4-38 中，机械手的所有动作均采用电液控制、液压驱动。它的上升/下降和左移/右移均采用双线圈三位电磁阀推动液压缸完成。当某个电磁阀线圈通电，就一直保持当前的机械动作，直到相反动作的线圈通电为止。例如，当下降电磁阀线圈通电后，机械手下降，即使线圈断电，仍保持当前的下降动作状态，直到上升电磁阀线圈通电为止。机械手的夹紧/放松采用单线圈二位电磁阀推动液压缸完成,线圈通电时执行夹紧工作,线圈断电时执行放松动作。

为了使动作准确,机械手上安装了限位开关 SQ1、SQ2、SQ3、SQ4,分别对机械手进行下降、上升、右行、左行等动作的限位,并给出了动作到位的信号。另外,还安装了光电开关 SP,负责监测工作台 B 上的工件是否已移走,从而产生无工件信号,为下一个工件的下放做好准备。

2. 工艺过程

机械手的动作顺序、检测元件和执行元件的布置如图 4 - 39 所示。机械手的初始位置在原位,按下启动按钮后,机械手将依次完成:下降、夹紧、上升、右移、下降、放松、上升、左移,实现机械手一个周期的动作。机械手的下降、上升、左移、右移的动作转换靠限位开关来控制,而夹紧、放松动作的转换由时间继电器来控制。

为了保证安全,机械手右移到位后,必须在工作台 B 上无工件时才能下降。若上一次搬到工作台 B 上的工件尚未移走,机械手应自动暂停等待。为此设置了一只光电开关,以检测"无工件"信号。

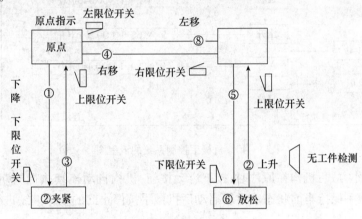

图 4 - 39 机械手系统结构示意图

3. 控制要求

工作台 A、B 上工件的传送采用 PLC 控制,机械手要求按一定的顺序动作,其流程图如图 4 - 40所示。

启动时,机械手从原点开始按顺序动作;停止时,机械手停止在现行工步上;重新启动时,机械手按停止前的动作继续进行。

为满足生产要求,机械手设置手动工作方式和自动工作方式,而自动工作方式又分为单步、单周期和连续工作方式。

(1) 手动工作方式:利用按钮对机械手的每一步动作单独进行控制。例如,按上升按钮,机械手上升;按下降按钮,机械手下降。此种工作方式可使机械手置原位。

(2) 单步工作方式:从原点开始,按自动工作循环的工序,每按一下启动按钮,机械手完成一步的动作后自动停止。

(3) 单周期工作方式:按下启动按钮,从原点开始,机械手按工序自动完成一个周期的动作后,停在原位。

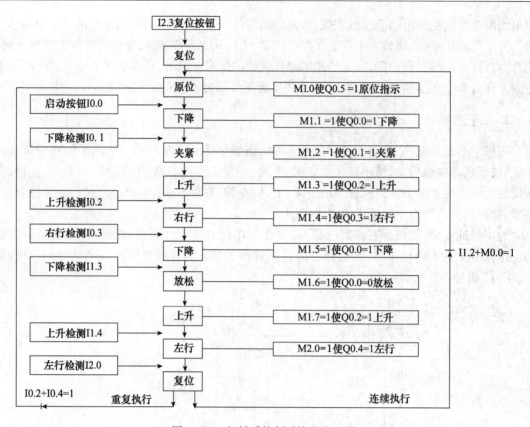

图 4 –40　机械手控制系统的流程图

（4）连续工作方式：机构在原位时，按下启动按钮，机构自动连续执行周期动作。当按下停止按钮时，机械手保持当前状态。重新启动后机械手按停止前的动作继续进行。

4. 确定 I/O 个数，进行 I/O 地址分配

根据控制要求，首先确定 I/O 个数，然后进行 I/O 地址分配。I/O 地址分配见表 4 –29。

表 4 – 29　I/O 地址分配表

输入		输出	
输入寄存器	作　用	输出寄存器	作　用
I0. 0	启动按钮 SB1	Q0. 0	下降 KA1
I0. 1	下限开关 SQ1	Q0. 1	夹紧 KA2
I0. 2	上限开关 SQ2	Q0. 2	上升 KA3
I0. 3	右限开关 SQ3	Q0. 3	右移 KA4
I0. 4	左限开关 SQ4	Q0. 4	左移 KA5
I0. 5	无工件检测开关 SP	Q0. 5	原位显示 HL
I0. 6	停止按钮 SB2		
I0. 7	手动开关 SA		
I1. 0	单步开关 SA		
I1. 1	单周开关 SA		

输入		输出	
输入寄存器	作　用	输出寄存器	作　用
I1.2	连续开关 SA		
I1.3	下降按钮 SB3		
I1.4	上升按钮 SB4		
I1.5	左移按钮 SB5		
I2.0	右移按钮 SB6		
I2.1	夹紧按钮 SB7		
I2.2	放松按钮 SB8		

5. 画出 PLC 外部接线图

机械手控制系统 PLC 外部接线图,如图 4 – 41 所示。

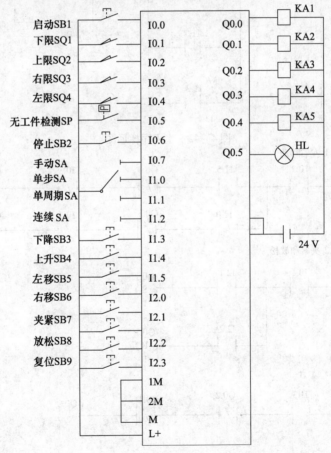

图 4 – 41　机械手控制系统 PLC 外部接线图

6. 设计程序

根据控制要求,在计算机中编写梯形图程序,主程序梯形图如图 4 – 42 所示,手动程序梯形图(子程序 0)如图 4 - 43 所示,自动操作程序(子程序 1)如图 4 - 44 所示。

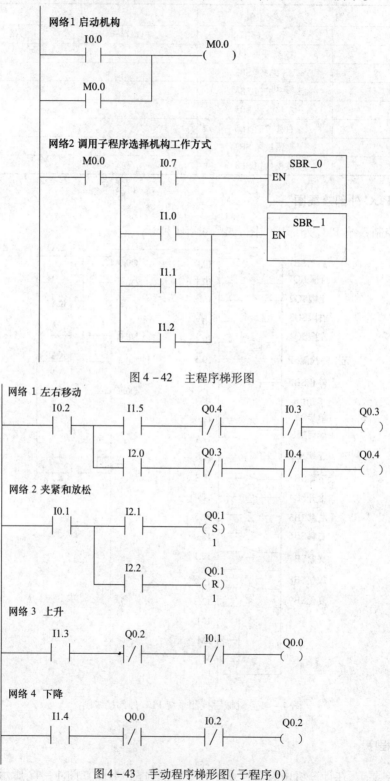

图 4 - 42　主程序梯形图

图 4 - 43　手动程序梯形图(子程序 0)

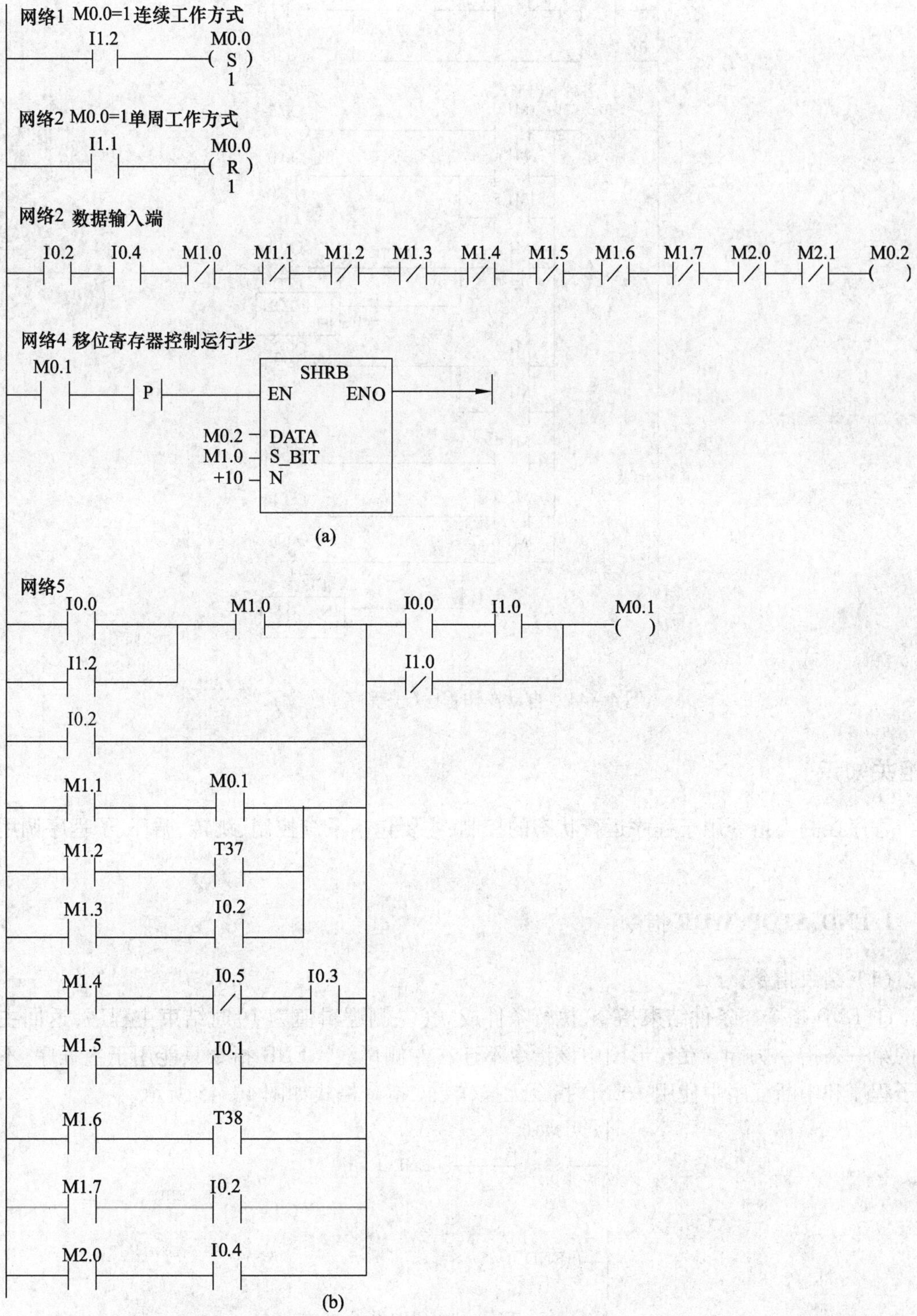

网络1 M0.0=1连续工作方式

```
   I1.2         M0.0
 ──┤ ├──       ─( S )
                  1
```

网络2 M0.0=1单周工作方式

```
   I1.1         M0.0
 ──┤ ├──       ─( R )
                  1
```

网络2 数据输入端

```
  I0.2  I0.4  M1.0  M1.1  M1.2  M1.3  M1.4  M1.5  M1.6  M1.7  M2.0  M2.1  M0.2
 ──┤├───┤├───┤/├───┤/├───┤├───┤/├───┤/├───┤├───┤├───┤/├───┤├───┤/├──( )
```

网络4 移位寄存器控制运行步

```
   M0.1              ┌──────────────┐
 ──┤ ├────┤ P ├──────┤EN    SHRB  ENO├──────►
                     │              │
           M0.2 ─────┤DATA          │
           M1.0 ─────┤S_BIT         │
           +10 ──────┤N             │
                     └──────────────┘
```

(a)

网络5

```
   I0.0              M1.0          I0.0    I1.0        M0.1
 ──┤├───────────────┤├──────────┬──┤├─────┤├─────────( )
   I1.2              │          │  I1.0
 ──┤├────────────────┤          ├──┤/├
   I0.2              │
 ──┤├────────────────┤
   M1.1       M0.1   │
 ──┤├────────┤├──────┤
   M1.2       T37    │
 ──┤├────────┤├──────┤
   M1.3       I0.2   │
 ──┤├────────┤├──────┤
   M1.4       I0.5    I0.3
 ──┤├────────┤/├─────┤├───┤
   M1.5       I0.1
 ──┤├────────┤├──────┤
   M1.6       T38
 ──┤├────────┤├──────┤
   M1.7       I0.2
 ──┤├────────┤├──────┤
   M2.0       I0.4
 ──┤├────────┤├──────┘
```

(b)

图 4 - 44 自动操作程序(子程序1)

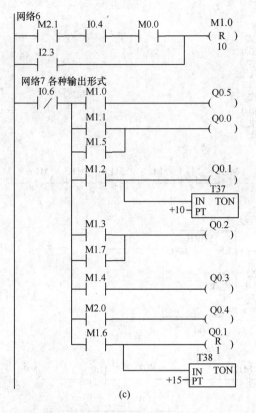

图 4 - 44　自动操作程序(子程序 1)(续)

【相关知识】

程序控制类指令用于程序运行状态的控制,主要包括系统控制、跳转、循环、子程序调用等指令。

1. END、STOP、WDR 指令

(1) 结束指令:

① END 指令。条件结束指令,执行条件成立(左侧逻辑值为 1)时结束主程序,返回主程序的第一条指令执行。在梯形图中该指令不连在左侧母线。END 指令只能用于主程序,不能在子程序和中断程序中使用。END 指令无操作数。指令格式如图 4 - 45 所示。

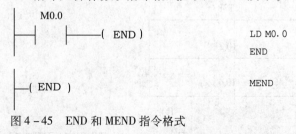

图 4 - 45　END 和 MEND 指令格式

② MEND 指令。无条件结束指令,结束主程序,返回主程序的第一条指令执行。在梯形图中无条件结束指令直连接左侧母线。用户必须以无条件结束指令,结束主程序(在西门子

编程软件中程序会自动添加,用户无需插入)。

③ 条件结束指令,用在无条件结束指令前结束主程序。在编程结束时,一定要写上该指令,否则出错;在调试程序时,在程序的适当位置插入 MEND 指令可以实现程序的分段调试。指令格式如图 4-45 所示。

西博士提示

> 必须指出 STEP 7-Micro/Win32 编程软件,在主程序的结尾自动生成无条件结束指令(MEND)用户不得输入,否则编译出错。

(2) 停止指令(STOP 指令)。执行条件成立,停止执行用户程序,将 CPU 工作方式由 RUN 切换到 STOP。在中断程序中执行 STOP 指令,该中断立即终止,并且忽略所有挂起的中断,继续扫描程序的剩余部分,在本次扫描的最后,将 CPU 工作方式由 RUN 切换到 STOP。指令格式如图 4-46 所示。

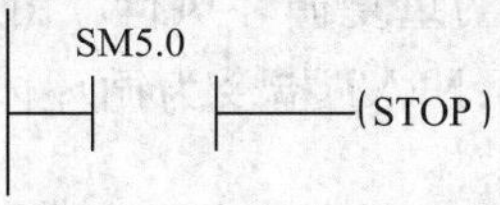

```
     SM5.0                    LD SM5.0   //SM5.0 为检测到 I/O 错误时置 1
    ──┤ ├──────(STOP)         STOP       //强制转换至 STOP(停止)模式
```

图 4-46 STOP 指令格式

注意:END 和 STOP 指令的区别,如图 4-47 所示。当 I0.0 接通时,Q0.0 有输出,若 I0.1 接通,执行 END 指令,终止用户程序,并返回主程序的起点,这样,Q0.0 仍保持接通,但下面的程序不会执行;若 I0.1 断开,接通 I0.2,则 Q0.1 有输出,若将 I0.3 接通,则执行 STOP 指令,立即终止程序执行,Q0.0 与 Q0.1 均复位,CPU 转为 STOP 方式。

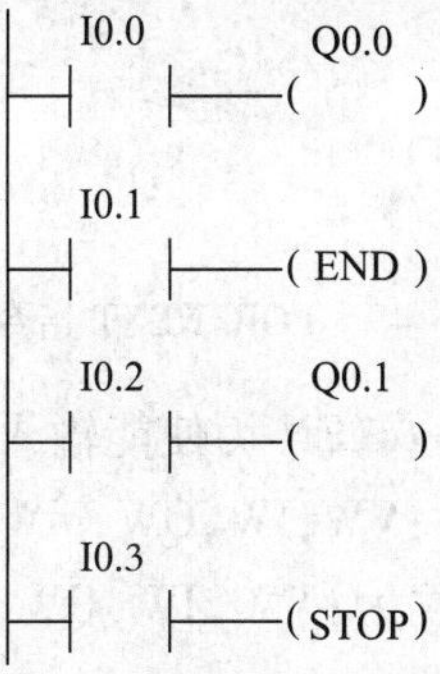

```
   I0.0        Q0.0
  ──┤ ├───────( )

   I0.1
  ──┤ ├───────( END )

   I0.2        Q0.1
  ──┤ ├───────( )

   I0.3
  ──┤ ├───────( STOP )
```

图 4-47 END/STOP 指令的区别

(3) 警戒时钟刷新指令。WDR 指令又称把关定时器(俗称看门狗定时器)复位指令。警戒时钟的定时时间为 300 ms,每次扫描它都被自动复位一次,正常工作时,如果程序扫描的周期小于 300 ms,警戒时钟不起作用。如果强烈的外部干扰使可编程序控制器偏离正常的程序执行路线,警戒时钟不再被周期性地复位,定时时间到,可编程序控制器将停止运行。若程序扫描的时间超过 300 ms,为了防止在正常的情况下警戒时钟动作,可将警戒时钟刷新指令(WDR)插入到程序中适当的位置,使警戒时钟复位。这样,可以增加一次扫描时间,指令格式如图 4-48 所示。

工作原理:当使能输入有效时,警戒时钟复位。可以增加一次扫描时间。若使能输入无效,警戒时钟定时时间到,程序将终止当前指令的执行,重新启动,返回到第一条指令重新执行。

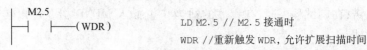

图 4-48　WDR 指令格式

注意:如果使用循环指令阻止扫描完成或严重延迟扫描完成,下列程序只有在扫描循环完成后才能执行:通信(自由口方式除外),I/O 更新(立即 I/O 除外),强制更新,SM 更新,运行时间诊断,中断程序中的 STOP 指令。10 ms 和 100 ms 定时器对于超过 25 s 的扫描不能正确地累计时间。如果预计扫描时间将超过 500 ms,或者预计会发生大量中断活动,可能阻止返回主程序扫描超过 500 ms,应使用 WDR 指令,重新触发看门狗定时器。

2. 循环、跳转指令

(1)循环指令。程序循环结构用于描述一段程序的重复循环执行。由 FOR 和 NEXT 指令构成程序的循环体。FOR 指令为循环体的开始指令,NEXT 指令为循环体的结束指令。其指令格式如图 4-49 所示。

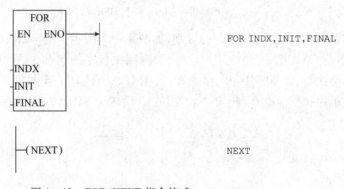

图 4-49　FOR/NEXT 指令格式

在 LAD 中,FOR 指令为指令盒格式,EN 为使能输入端。

INDX 为当前值计数器,操作数为:VW,IW,QW,MW,SW,SMW,LW,T,C,AC。

INIT 为循环次数初始值,操作数为:VW,IW,QW,MW,SW,SMW,LW,T,C,AC,AIW,常数。

FINAL 为循环计数终止值。操作数为:VW,IW,QW,MW,SW,SMW,LW,T,C,AC,AIW,常数。

工作原理:使能输入 EN 有效,循环体开始执行,执行到 NEXT 指令时返回,每执行一次循环体,当前值计数器 INDX 加 1,达到终止值 FINAL 时,循环结束。

使能输入无效时,循环体程序不执行。每次使能输入有效,指令自动将各参数复位。

FOR/NEXT 指令必须成对使用,循环可以嵌套,最多为 8 层。

【例 4-19】　如图 4-50 所示,当 I0.0 为 ON 时,图中 1 所示的外循环执行 3 次,由 VW200 累计循环次数。当 I0.1 为 ON 时,外循环每执行一次,图中 2 所示的内循环执行 3 次,且由 VW210 累计循环次数。

（2）跳转指令及标号指令：

① JMP 指令。跳转指令,使能输入有效时,把程序的执行跳转到同一程序指定的标号(n)处执行。

② LBL 指令。指定跳转的目标标号。操作数 n:0 ~ 255。指令格式如图 4 – 51 所示。

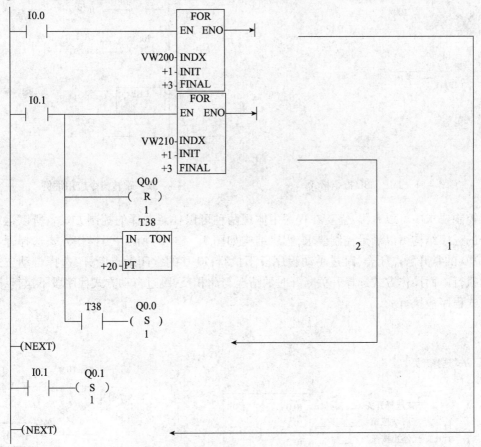

图 4 – 50　循环指令示例

必须强调的是:跳转指令及标号指令必须同在主程序内或在同一子程序内,同一中断服务程序内,不可由主程序跳转到中断服务程序或子程序,也不可由中断服务程序或子程序跳转到主程序。

【例 4 – 20】　跳转指令应用举例,如图 4 – 52 所示。图中当 JMP 条件满足(即 I0.0 为 ON 时)程序跳转执行 LBL 标号以后的指令,而在 JMP 和 LBL 之间的指令一概不执行,在这个过程中,即使 I0.1 接通也不会有 Q0.1 输出。当 JMP 条件不满足时,则当 I0.1 接通时 Q0.1 有输出。

【例 4 – 21】　JMP/LBL 指令在工业现场控制中,常用于工作方式的选择。如有 3 台电动机 M1 ~ M3,具有两种启停工作方式:

（1）手动操作方式:分别用每个电动机各自的启停按钮控制 M1 ~ M3 的启停状态。

（2）自动操作方式:按下启动按钮,M1 ~ M3 每隔 5 s 依次启动;按下停止按钮,M1 ~ M3 同时停止。

PLC 控制的外部接线图、程序结构图、梯形图分别如图 4 – 53（a）、图 4 – 53（b）、图 4 – 53（c）所示。

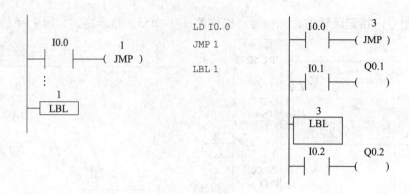

图 4 - 51　JMP/LBL 指令格式　　　　　图 4 - 52　跳转指令应用举例

　　从控制要求中可以看出:需要在程序中体现两种可以任意选择的控制方式。所以运用跳转指令的程序结构可以满足控制要求,程序结构如图 4 - 53(b)所示,当操作方式选择开关闭合时,I0.0 的常开触点闭合,跳过手动程序段不执行;I0.0 的常闭触点断开,选择自动方式的程序段执行。而操作方式选择开关断开时的情况与此相反,跳过自动方式程序段不执行,选择手动方式程序段执行。

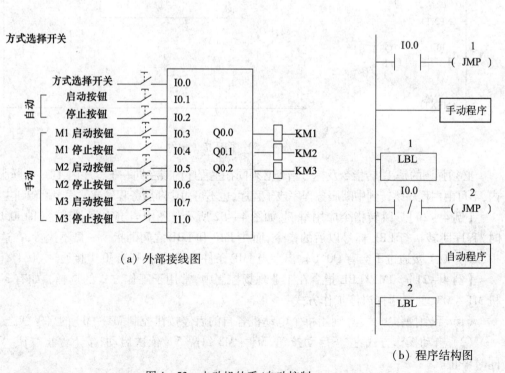

（a）外部接线图

（b）程序结构图

图 4 - 53　电动机的手/自动控制

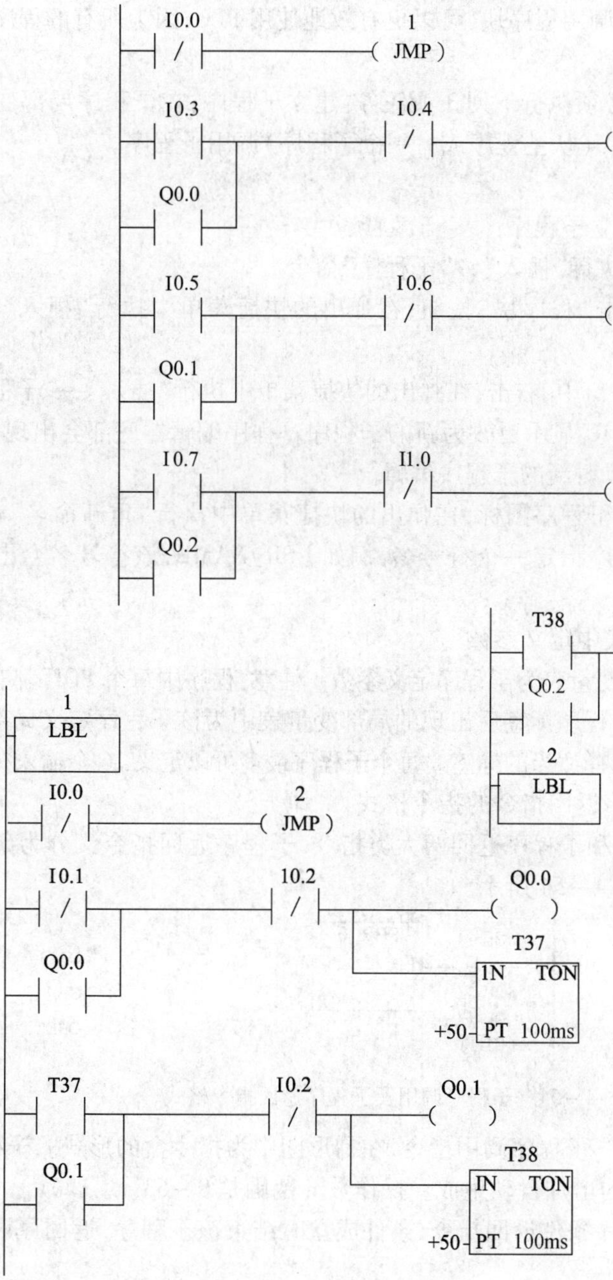

（c）梯形图

图 4 – 53 电动机的手/自动控制（续）

3. 子程序调用及子程序返回指令

通常将具有特定功能并且多次使用的程序段作为子程序。主程序中用指令决定具体子程序的执行状况。当主程序调用子程序并执行时，子程序执行全部指令直至结束。然后，系统将返回至调用子程序的主程序。子程序用于为程序分段和分块，使其成为较小的、更易于管理的块。在程序中调试和维护时，通过使用较小的程序块，对这些区域和整个程序简单地进行调试和排除故障。只在需要时才调用程序块,可以更有效地使用 PLC,因为所有的程序块可能无须执行每次扫描。

在程序中使用子程序,必须执行下列 3 项任务:建立子程序;在子程序局部变量表中定义参数(如果有);从适当的 POU(从主程序或另一个子程序)调用子程序。

1)建立子程序

可采用下列一种方法建立子程序:

(1)单击"编辑"菜单,执行"插入"→"子程序"命令。

(2)从"指令树"中,右击"程序块"按钮,在弹出的快捷菜单中执行"插入"→"子程序"命令。

(3)从"程序编辑器"窗口中,右击,在弹出的快捷菜单中执行"插入"→"子程序"命令。

程序编辑器从先前的 POU 显示更改为新的子程序。程序编辑器底部会出现一个新标签,代表新的子程序。此时,可以对新的子程序编辑。

用右键双击指令树中的子程序图标,在弹出的快捷菜单中执行"重新命名"命令,可修改子程序的名称。如果为子程序指定一个符号名,例如 USR_NAME,该符号名会出现在指令树的"子例行程序"文件夹中。

2)在子程序局部变量表中定义参数

可以使用子程序的局部变量表为子程序定义参数。注意:程序中每个 POU 都有一个独立的局部变量表,必须在选择该子程序标签后出现的局部变量表中为该子程序定义局部变量。编辑局部变量表时,必须确保已选择适当的标签。每个子程序最多可以定义 16 个输入/输出参数。

3)子程序调用及子程序返回指令的指令格式

子程序分为子程序调用和子程序返回两大类指令,子程序返回指令又分为条件返回和无条件返回。其指令格式如图 4 - 54 所示。

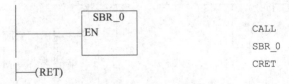

图 4 - 54 子程序调用及子程序返回指令格式

(1)CALL SBR_n 指令。子程序调用指令,在梯形图中为指令盒的形式。子程序的编号 n 从 0 开始,随着子程序个数的增加自动生成。操作数 n 范围是 0~63。

(2)CRET 指令。子程序条件返回指令,条件成立时结束该子程序,返回原调用处的指令 CALL 的下一条指令。

(3)RET 指令。子程序无条件返回指令,子程序必须以本指令作结束。由编程软件自动生成。

西博士提示

　　子程序可以多次被调用,也可以嵌套(最多 8 层)还可以自己调自己。子程序调用指令用在主程序和其他调用子程序的程序中,子程序的无条件返指令在子程序的最后网络段,梯形图指令系统能够自动生成子程序的无条件返回指令,用户无须输入。

4. 带参数的子程序调用指令

1) 带参数的子程序的概念及用途

子程序可能有要传递的参数(变量和数据),这时可以在子程序调用指令中包含相应参数,它可以在子程序与调用程序之间传送。如果子程序仅用要传递的参数和局部变量,则为带参数的子程序(可移动子程序)。为了移动子程序,应避免使用任何全局变量和符号(I、Q、M、SM、AI、AQ、V、T、C、S、AC 内存中的绝对地址),这样可以导出子程序并将其导入另一个项目。子程序中的参数必须有一个符号名(最多为 23 个字符)、一个变量类型和一个数据类型。子程序最多可传递 16 个参数。传递的参数在子程序局部变量表中定义,见表 4 - 30。

表 4 - 30　子程序局部变量表

	Name	Var Type	Data Type	Comment
	EN	IN	BOOL	
L0. 0	IN1	IN	BOOL	
LB1	IN2	IN	BYTE	
L2. 0	IN3	IN	BOOL	
LD3	IN4	IN	DWORD	
		IN		
LD7	INOUT	IN_OUT	REAL	
		IN_OUT		
LD11	OUT	OUT	REAL	
		OUT		

2) 变量的类型

局部变量表中的变量有 IN、OUT、IN_OUT 和 TEMP 等 4 种类型。

(1) IN(输入)型:将指定位置的参数传入子程序。如果参数是直接寻址(例如 VB10),在指定位置的数值被传入子程序;如果参数是间接寻址(例如 * AC1),地址指针指定地址的数值被传入子程序;如果参数是数据常量(16#1234)或地址(&VB100),常量或地址数值被传入子程序。

(2) OUT(输出)型:将子程序的结果数值返回至指定的参数位置。常量(例如 16#1234)和地址(例如 &VB100)不允许用作输出参数。

(3) IN_OUT(输入/输出)型:将指定参数位置的数值传入子程序,并将子程序的执行结果的数值返回至相同的位置。输入/输出型的参数不允许使用常量(例如 16#1234)和地址(例如 &VB100)。

在子程序中可以使用 IN,OUT,IN_OUT 类型的变量和调用子程序 POU 之间传递参数。

(4) TEMP 型:是局部存储变量,只能用于子程序内部暂时存储中间运算结果,不能用来传递参数。

3) 数据类型

局部变量表中的数据类型包括:能流、布尔、字节、字、双字、整数、双整数和实数型。

(1) 能流:能流仅用于位(布尔)输入。能流输入必须用在局部变量表中其他类型输入之前。只有输入参数允许使用。在梯形图中表达形式为用触点(位输入)将左侧母线和子程序的指令盒连接起来。图 4 - 55 中的使能输入 EN 和输入 IN1 使用布尔逻辑。

(2) 布尔:该数据类型用于位输入和输出。如图 4 - 55 中的 IN3 是布尔输入。

(3) 字节、字、双字:这些数据类型分别用于 1、2 或 4 字节不带符号的输入或输出参数。

(4) 整数、双整数:这些数据类型分别用于 2 或 4 字节带符号的输入或输出参数。

(5) 实数:该数据类型用于单精度(4 字节)IEEE 浮点数值。

4)建立带参数了程序的局部变量表

局部变量表隐藏在程序显示区,将梯形图显示区向下拖动,可以看到局部变量表,在局部变量表输入变量名称、变量类型、数据类型等参数以后,双击指令树中子程序(或按快捷键【F9】,在弹出的菜单中选择"子程序"命令,在梯形图显示区显示出带参数的子程序调用指令盒。

局部变量表变量类型的修改方法:首先选中变量类型区,再右击,在弹出的快捷菜单中选择"选中的类型"命令选中的类型,在变量类型区光标所在处可以得到选中的类型。

子程序传递的参数放在子程序的局部存储器中,局部变量表最左侧是系统指定的每个被传递参数的局部存储器地址。

5) 带参数子程序调用指令格式

对于梯形图程序,在子程序局部变量表中为该子程序定义参数后(见表 4 - 30),将生成客户化的调用指令块(见图 4 - 55),指令块中自动包含子程序的输入参数和输出参数。

在 LAD 程序的 POU 中插入调用指令的步骤:

第一步,打开程序编辑器窗口中所需的 POU,光标移动至调用子程序的网络处。

第二步,在指令树中,打开 "子程序" 文件夹然后双击。

第三步,为调用指令参数指定有效的操作数。有效操作数为:存储器的地址、常量、全局变量以及调用指令所在的 POU 中的局部变量(并非被调用子程序中的局部变量)。

注意:

① 如果在使用子程序调用指令后,然后修改该子程序的局部变量表,则调用指令无效。必须删除无效调用,并用反映正确参数的最新调用指令代替该调用。

② 子程序和调用程序共用累加器。不会因使用子程序对累加器执行保存或恢复操作。

带参数子程序调用的 LAD 指令格式如图 4 - 55 所示。图 4 - 55 中的 STL 主程序是由编程软件 STEP 7-Micro/WIN32 从 LAD 程序建立的 STL 代码。注意:系统保留局部变量存储器内存的 4 字节(LB60 ~ LB63),用于调用参数。图 4 - 55 中,局部变量存储器内存(如 L60,L63.7)被用于保存布尔输入参数,此类参数在 LAD 中被显示为能流输入。STL 代码,可在 STL 视图中显示。

若用 STL 编辑器输入与图 4 - 55 相同的子程序,语句表编程的调用程序如下:

```
LD I0.0
CALL SBR_0 I0.1, VB10, I1.0 ,&VB100, *AC1 ,VD200
```

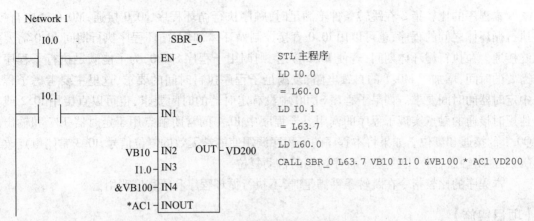

图 4 - 55 带参数子程序调用

需要说明的是:该程序只能在 STL 编辑器中显示,因为用作能流输入的布尔参数,未在局部变量存储器内存中保存。

子程序调用时,输入参数被复制到局部存储器。子程序调用完成时,从局部存储器复制输出参数到指令的输出参数地址。

在带参数的调用子程序指令中,参数必须与子程序局部变量表中定义的变量完全匹配。参数顺序必须以输入参数开始,其次是输入/输出参数,然后是输出参数。位于指令树中的子程序名称的工具将显示每个参数的名称。

调用带参数子程序使 ENO = 0 的出误条件有:0008(子程序嵌套超界),SM4.3(运行时间)。

【例 4 – 22】 循环、跳转及子程序指令应用举例,程序如图 4 – 56 所示。

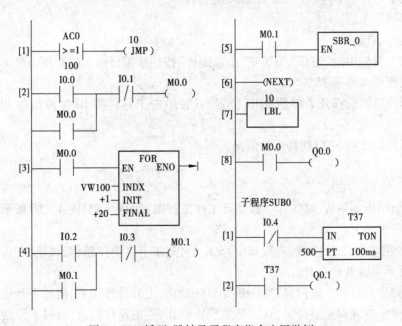

图 4 - 56 循环、跳转及子程序指令应用举例

循环和子程序指令执行期间,使能端要保持有效,使能端无效的复位信号可以由内部和外部信号控制,也可以取自循环体和调用程序的结束标志。

本程序的比较指令在跳转条件不满足时,顺序执行循环程序,I0.0 接通,M0.0 通电自锁,执行循环体之间的程序,也可以用 I0.0 直接控制循环体,但在循环程序执行期间 I0.0 需要始终接通。在执行循环体期间,若使 I0.2 接通,则调用子程序 SUB0,为了能满足执行子程序所需要的时间,增加了 M0.1 的自锁电路,以满足子程序执行时间的要求,这里主要考虑子程序中定时器的时间要求。如果子程序 SUB0 中没有定时器的时间要求,也可以直接用 I0.2 或其他短时接通的触点实现子程序的调用。子程序中 I0.4 的常闭触点用于定时器 T37 和输出点 Q0.1 的接通和复位。如果将本程序的子程序调用使能端无效的复位信号,I0.3 常闭触点改为 Q0.1 常闭触点,则可以实现子程序调用的自动复位。

本程序的比较指令在跳转条件满足时,不执行循环程序和子程序调用指令。

【项目实施】

实现步骤:

(1) 接线。按图 4-41 接线,检查电路的正确性,确定连接无误。

(2) 调试及排障:

① 在断电状态下,连接好 PC/PPI 电缆。

② 打开 PLC 的前盖,将运行模式开关拨到 STOP 位置,此时 PLC 处于停止状态,或者单击工具栏中的 STOP 按钮,可以进行程序编写。

③ 在作为编程器的 PC 上,运行 STEP 7-Micro/WIN32 编程软件。

④ 执行"新建"命令,生成一个新项目;执行"打开"命令,打开一个已有的项目;执行"另存为"命令,可修改项目的名称。

⑤ 用菜单命令"PLC 类型",设置 PLC 的型号。

⑥ 设置通信参数。

⑦ 编写控制程序。

⑧ 单击工具栏中的"编译"按钮或"全部编译"按钮来编译输入的程序。

⑨ 下载程序文件到 PLC。

⑩ 将运行模式选择开关拨到 RUN 位置,或者单击工具栏的 RUN 按钮使 PLC 进入运行方式。

⑪ 按下启动按钮 SB1,观察运行情况。

【练习】

设计机械手控制系统,其工作示意图及工作流程图如图 4-57、图 4-58 所示。

其控制要求如下:

(1) 机械手在原始位置时(右旋到位)SQ1 动作,按下启动按钮,机械手松开,传送带 B 开始运动,机械手手臂开始上升。

(2) 机械手上升到上限位置,到位开关 SQ3 动作,上升动作结束,机械手开始左旋。

(3) 机械手左旋到左限位置,到位开关 SQ2 动作,左旋动作结束,机械手开始下降。

(4) 机械手下降到下限位置,到位开关 SQ4 动作,下降动作结束,传送带 A 启动。

(5) 传送带 A 向机械手方向前进一个物品的距离后停止,机械手开始抓物。

(6) 机械手抓物,延时 1 s,机械手开始上升。

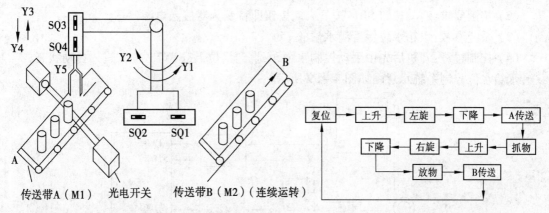

图 4-57　气动机械手搬运物体工作示意图　　　图 4-58　气动机械手工作流程图

（7）机械手上升到上限位置,到位开关 SQ3 动作,上升动作结束,机械手开始右旋。

（8）机械手右旋到右限位置,到位开关 SQ1 动作,右旋动作结束,机械手开始下降。

（9）机械手下降到下限位置,到位开关 SQ4 动作,机械手松开,放下物品。

（10）机械手放下物品经过适当延时,一个工作循环过程完毕。

（11）机械手的工作方式为单步循环。

任务 4.6　水箱水位控制系统的设计实现

西博士提示·

　　某水箱水位控制系统,因为水箱出水速度时高时低,从而采用变速水泵向水箱供水,以实现对水位的恒定控制。本任务利用 PLC 对模拟量模块、中断指令、中断程序以及 PID 指令实现水箱水位控制系统的设计,培养学生对简单模拟量程序设计和调试的能力。

【任务】

　　用 PLC 实现水箱水位控制系统的功能。

【目标】

　　（1）知识目标:掌握模拟量模块的应用;掌握中断指令与中断程序的应用;掌握 PID 指令的应用。

　　（2）技能目标:掌握 PLC 在模拟量控制中的应用;能够进行简单的模拟量程序设计及调试操作。

【甲方要求】——【任务导入】

　　（1）控制系统要求:利用模拟量模块、中断指令、中断程序以及 PID 指令来实现对水箱水位控制系统的自动控制。

（2）按键要求:启动按钮 SB1,按下启动按钮即将变频器接入电源

（3）系统参数:水箱水位保持满水位的 75%;

（4）控制过程:开机后先由手动控制水泵,一直到水位上升为 75% 时,进入自动状态;

水箱水位控制系统示意图如图 4-59 所示。

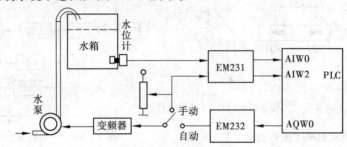

图 4-59　水箱水位控制系统示意图

【乙方设计】——【五单一支持】

方案设计单

项目名称	西门子 S7-200 系列 PLC 功能指令及应用		任务名称	水箱水位控制系统的设计实现
方案设计分工				
子任务	提交材料		承担成员	完成工作时间
PLC 机型选择	PLC 选型分析			
低压电器选型	低压电器选型分析			
电气安装方案	图样			
方案汇报	PPT			
学习过程记录				
班级		小组编号		成员

说明:小组每个成员根据方案设计的任务要求,进行认真学习,并将学习过程的内容(要点)进行记录,同时也将学习中存在的问题进行记录

方案设计工作过程			
开始时间		完成时间	

说明:根据小组每个成员的学习结果,通过小组分析与讨论,最后形成设计方案

方案设计工作过程
结构框图	
原理说明	
关键元器件型号	
实施计划	
存在的问题及建议	

硬件设计单

项目名称	西门子 S7 – 200 系列 PLC 功能指令及应用	任务名称	水箱水位控制系统的设计实现

硬件设计分工			
子任务	提交材料	承担成员	完成工作时间
主电路设计	主电路图、元器件清单		
PLC 接口电路设计	PLC 接口电路图 元器件清单		
硬件接线图绘制	元器件布局图 电路接线图		
硬件安装与调试	装配与调试记录		

学习过程记录					
班级		小组编号		成员	

说明:小组每个成员根据硬件设计的任务要求,进行认真学习,并将学习过程的内容(要点)进行记录,同时也将学习中存在的问题进行记录

硬件设计工作过程			
开始时间		完成时间	

说明:根据硬件系统基本结构,画出系统各模块的原理图,并说明工作原理

主电路图	
PLC 接口电路图	
元器件布置图	
电路接线图	
存在的问题及建议	

软件设计单

项目名称	西门子 S7 -200 系列 PLC 功能指令及应用	任务名称	水箱水位控制系统的设计实现

软件设计分工			
子任务	提交材料	承担成员	完成工作时间
单周期运行程序设计	程序流程图及源程序		
连续运行程序设计			
输出信号控制程序设计			
…			

学习过程记录					
班级		小组编号		成员	

软件设计工作过程		
开始时间		完成时间	

说明:根据软件系统结构,画出系统各模块的程序图,及各模块所使用的资源

单周期运行程序	
连续运行 程序	
输出信号控制程序	
存在的问题及建议	

程序编制与调试单

项目名称	西门子 S7 - 200 系列 PLC 功能指令及应用		任务名称	水箱水位控制系统的设计实现

软件设计分工			
子任务	提交材料	承担成员	完成工作时间
编程软件的安装	安装方法		
编程软件的使用	使用方法		
程序编辑	编辑方法		
程序调试	调试方法		

学习过程记录				
班级		小组编号	成员	

程序编辑与调试工作过程		
开始时间		完成时间

说明:根据程序编辑与调试要求进行填写

编程软件的使用	
程序编辑	
程序调试	
存在的问题及建议	

评价单——基础能力评价

考核项目	考核点	权重	考核标准			得分
			A(1.0)	B(0.8)	C(0.6)	
任务分析（15%）	资料收集	5%	能比较全面地提出需要学习和解决的问题，收集的学习资料较多	能提出需要学习和解决的问题，收集的学习资料较多	能比较笼统地提出一些需要学习和解决的问题，收集的学习资料较少	
	任务分析	10%	能根据产品用途，确定功能和技术指标。产品选型实用性强，符合企业的需要	能根据产品用途，确定功能和技术指标。产品选型实用性强	能根据产品用途，确定功能和技术指标	
方案设计（20%）	系统结构	7%	系统结构清楚，信号表达正确，符合功能要求			
	元器件选型	8%	主要元器件的选择，能够满足功能和技术指标的要求，按钮设置合理，操作简便	主要元器件的选择，能够满足功能和技术指标的要求，按钮设置合理	主要元器件的选择，能够满足功能和技术指标的要求	
	方案汇报	5%	PPT简洁、美观、信息丰富，汇报条理性好，语言流畅	PPT简洁、美观、内容充实，汇报语言流畅	有PPT，能较好地表达方案内容	
详细设计与制作（50%）	硬件设计	10%	PLC选型合理，电路设计正确，元器件布局合理、美观，接线图走线合理	PLC选型合理，电路设计正确，元器件布局合理，接线图走线合理	PLC选型合理，电路设计正确，元器件布局合理	
	硬件安装	8%	仪器、仪表及工具的使用符合操作规范，元器件安装正确规范，布线符合工艺标准，工作环境整洁	仪器、仪表及工具的使用符合操作规范，少量元器件安装有松动，布线符合工艺标准	仪器、仪表及工具的使用符合操作规范，元器件安装位置不符合要求，有3~5根导线不符合布线工艺标准，但接线正确	
	程序设计	22%	程序模块划分正确，流程图符合规范、标准，程序结构清晰，内容完整			
	程序调试	10%	调试步骤清楚，目标明确，有调试方法的描述。调试过程记录完整，有分析，结果正确。出现故障有独立处理能力	程序调试有步骤，有目标，有调试方法的描述。调试过程记录完整，结果正确	程序调试有步骤，有目标。调试过程有记录，结果正确	
技术文档（5%）	设计资料	5%	设计资料完整，编排顺序符合规定，有目录			
学习汇报（10%）		10%	能反思学习过程，认真总结学习经验	能客观总结整个学习过程的得与失		
项目得分						
指导教师			日期		项目得分	
总结						

评价单——提升能力评价

考核项目	考核点	配分	考核标准	扣分	得分
设备安装	(1)会分配端口、画 I/O 接线图； (2)按图完整、正确及规范接线； (3)按照要求编号	30	(1)不能正确分配端口，扣5分，画错 I/O 接线图，扣5分； (2)错、漏线，每处扣2分； (3)错、漏编号，每处扣1分		
编程操作	(1)会采用时序波形图法设计程序； (2)正确输入梯形图； (3)正确保存文件； (4)会转换梯形图； (5)会传送程序	30	(1)不能设计出程序或设计错误，扣10分； (2)输入梯形图错误，每处扣2分； (3)保存文件错误，扣4分； (4)转换梯形图错误，扣4分； (5)传送程序错误，扣4分		
运行操作	(1)运行系统，分析操作结果； (2)正确监控梯形图	30	(1)系统通电操作错误，每处扣3分； (2)分析操作结果错误，每处扣2分； (3)监控梯形图错误，扣4分		
安全、文明工作	(1)安全用电，无人为损坏仪器、元器件和设备； (2)保持环境整洁，秩序井然，操作习惯良好； (3)小组成员协作和谐，态度端正； (4)不迟到、早退、旷课	10	(1)发生安全事故，扣10分； (2)人为损坏设备、元器件，扣10分； (3)现场不整洁、工作不文明，团队不协作，扣5分； (4)不遵守考勤制度，每次扣2~5分		
合计					

总结与收获

【技术支持】

给定量为满水位的 75%，被控量水位值(为单极性信号)由液位计检测后经 A/D 转换送入 PLC，用于控制电动机转速的控制量信号由 PLC 执行 PID 指令后以单极性信号经 D/A 转换后送出。拟采用 PI 控制，其增益、采样周期和积分时间分别为 $K_c = 0.25$，$T = 0.1$ s，$T_1 = 30$ min。开机后先由手动控制水泵，一直到水位上升为 75% 时，通过输入点 I0.0 的置位切入自动状态。

1. 设计思路

通过首次扫描调用子程序的方式，初始化 PID 参数表并为 PID 运算设置时间间隔(定时中断)。PID 参数表的首址为 VD100,定时中断事件号为 10,子程序编号为 0。

2. 设计程序

根据控制电路的要求,在计算机中编写程序,程序设计如图 4 - 60 ~ 图 4 - 62 所示。通过首次扫描调用子程序的方式,初始化 PID 参数表并为 PID 运算设置时间间隔(定时中断)。PID 参数表的首址为 VD100,定时中断事件号为 10,子程序编号为 0.

通过定时中断每隔 100 ms 调用一次中断程序。在中断程序中,采样被控量的水位值并进行标准化处理后送入 PID 参数表,若系统处于手动工作状态,则做好切换到自动工作方式时的准备(将手动时水泵转速的给定值经标准化后送入

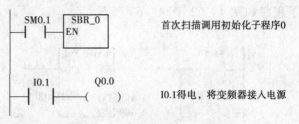

图 4 - 60 水箱水位控制主程序

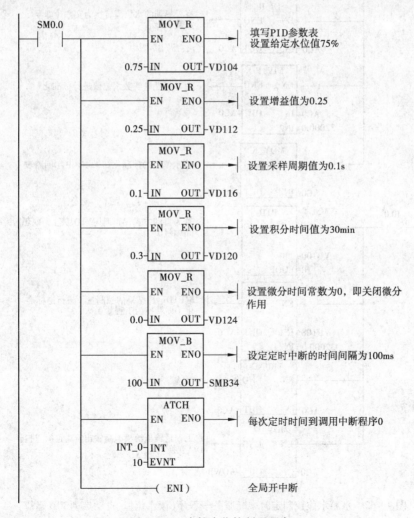

图 4 - 61 水箱水位控制子程序

PID 参数表作为输出值和积分和,将手动时水位值标准化后送入 PID 参数表作为反馈量前值);若系统为自动工作状态,则执行 PID 运算,并将运算结果转换成工程量后送模拟量输出寄存器,通过 D/A 转换以控制水泵的转速,实现水位恒定控制要求。水箱水位 PLC 控制系统的梯形图主程序如图 4 - 60 所示,子程序如图 4 - 61 所示,定时中断服务子程序如图 4 - 62、图 4 - 63 所示。

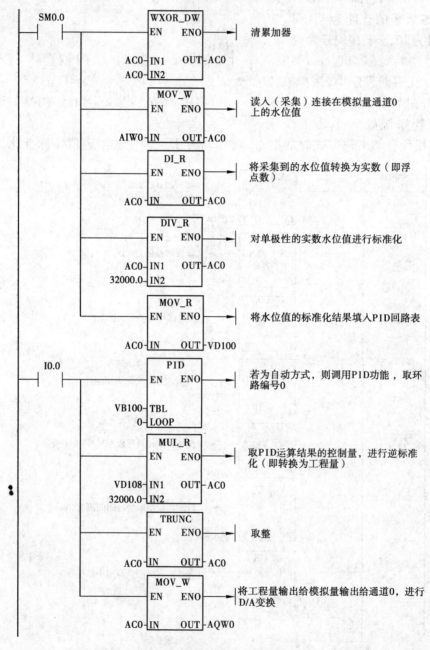

图 4 - 62　水箱水位控制定时中断服务子程序(读水位值、自动启动 PID 运算)

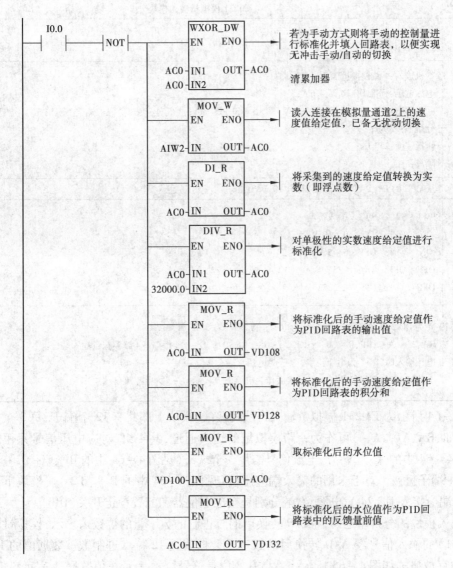

图 4 - 63　水箱水位控制定时中断服务子程序(手动控制结果存入 PID 参数表)

【相关知识】

1. S7 - 200 系列 PLC 模拟量 I/O 模块

S7 - 200 系列 PLC 模拟量 I/O 模块具有较大的适应性,可以直接与传感器相连,并具有很大的灵活性,且安装方便。

(1) 模拟量输入模块。模拟量输入模块(EM231)具有 4 路模拟量输入,输入信号可以是电压,也可以是电流,其输入与 PLC 具有隔离,输入信号的范围可以由 SW1、SW2 和 SW3 设定。EM231 的技术性能见表 4 - 31。

表 4 – 31 EM231 的技术性能

型号	EM231 模拟量输入模块
总体特性	外形尺寸:71. 2 mm × 80 mm × 62 mm; 功耗:3 W
输入特性	本机输入:4 路模拟量输入; 电源电压:标准 DC 24 V/4 mA; 输入类型:0 ~ 10 V,0 ~ 5 V,±5 V,±2. 5 V,0 ~ 20 mA; 分辨率:12 bit; 转换速度:250 μs; 隔离:有
耗电	从 CPU 的 DC 5 V(I/O 总线)耗电 10 mA
开关设置	SW1 SW2 SW3 输入类型 ON OFF ON 0 ~ 10 V ON ON OFF 0 ~ 5 V 或 0 ~ 20 mA OFF OFF ON ±5V OFF ON OFF ±2. 5V
接线端子	M 为 DC 24V 电源负极端,L + 为电源正极端; RA、A + 、A – ;RB、B + 、B – ;RC、C + 、C – ;RD、D + 、D – 分别为 1 ~ 4 路模拟量输入端; 电压输入时,“ + ”为电压正端,“ – ”为电压负端; 电流流入时,需将“R”与“ + ”短接后作为电流的流入端,“ – ”为电流流出端

图 4 – 64 所示为 EM231 模拟量输入模块的接线,模块上部共有 12 个端子,每 3 个端子为一组(例如,RA、A + 、A –)可作为一路模拟量的输入通道,共 4 组,对应电压信号只用两个端子(见图 4 – 64 中的 A + 、A –),电流信号需用 3 个端子(见图 4 – 64 中的 RC、C + 、C –),其中 RC 与 C + 端子短接。对于未用的输入端应短接(见图 4 – 64 中的 B + 、B –)。模块下部左端 M、L + 两端应接入 DC 24 V 电源,右端分别是校准电位器和配置设定开关(DIP)。

模拟量输入模块的分辨率通常以 A/D 转换后的二进制的数字量的位数来表示,模拟量输入模块(EM231)的输入信号经 A/D 转换后的数字量数据值是 12 位二进制数。数据值的 12 位在 CPU 中的存放格式如图 4 – 65 所示。最高有效位是符号位:0 表示正值数据,1 表示负值数据。

单极性数据格式:对于单极性数据,其 2 字节的存储单元的低 3 位均为 0,数据值的 12 位(单极性数据)是存放在 3 ~ 14 位区域。这 12 位数据的最大值应为 $2^{15} – 8 = 32\ 760$。EM231 模拟量输入模块 A/D 转换后的单极性数据格式的全量程范围设置为 0 ~ 32000。差值 32760 – 32000 = 760 则用于偏置/增益,由系统完成。第 15 位为 0,表示正值数据。

双极性数据格式:对于双极性数据,存储单元(2 字节)的低 4 位均为 0,数据值的 12 位(双极性数据)是存放在 4 ~ 15 位区域。最高有效位是符号位,双极性数据格式的全量程范围设置为 – 32000 ~ + 32000。

(2)模拟量输出模块。模拟量输出模块(EM232)具有 2 路模拟量输出。每个输出通道占用存储器 AQ 区域 2 字节。该模块输出的模拟量可以是电压信号,也可以是电流信号。其技术性能见表 4 – 32。

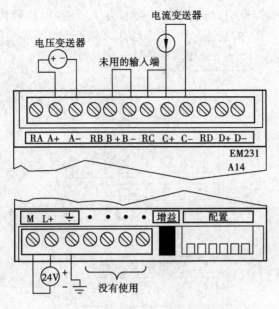

图 4 - 64 EM231 模拟量输入模块的接线

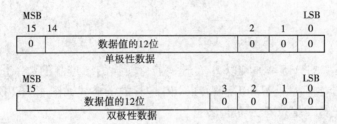

图 4 - 65 输入数据格式

表 4 - 32 EM232 的技术性能

型号	EM232 模拟量输出模块
总体特性	外形尺寸:71.2 mm × 80 mm × 62 mm; 功耗:3 W
输出特性	本机输出:2 路模拟量输出; 电源电压:标准 DC 24 V/4 mA; 输出类型: ± 10 V、0 ~ 20 mA; 分辨率:12 bit; 转换速度:100 μs(电压输出),2 ms(电流输出); 隔离:有
耗电	从 CPU 的 DC 5 V(I/O 总线)耗电 10 mA
接线端子	M 为 DC 24 V 电源负极端,L + 为电源正极端; M0、V0、I0;M1、V1、I1 分别为第 1、2 路模拟量输出端; 电压输出时,"V"为电压正端,"M"为电压负端; 电流输出时,"I"为电流的流入端,"M"为电流流出端

图 4 - 66 所示为 EM232 模拟量输出模块的连线。模块上部有 7 个端子,左端起的每 3 个

端子为一组,作为一路模拟量输出,共两组。第一组 V0 端接电压负载、I0 端接电流负载,M0 为公共端;第二组 V1、I1、M1 的接法与第一组类似。输出模块下部 M、L + 两端接入 DC 24 V 供电电源。

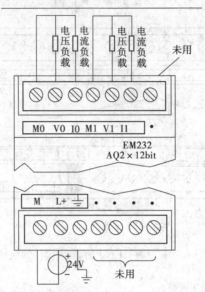

图 4 – 66   EM232 模拟量输出模块的接线

模拟量输出模块的分辨率通常以 D/A 转换前待转换的二进制的数字量的位数表示,PLC 运算处理后的 12 位数字量信号(BIN 数)在 CPU 中存放的格式如图 4 – 67 所示。最高有效位是符号位:0 表示正值数据;1 表示负值数据。

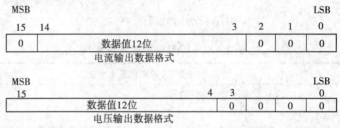

图 4 – 67   输出数据格式

电流输出数据的格式:对于电流输出的数据,其 2 字节的存储单元的低 3 位均为 0,数据值的 12 位是存放在 3 ~ 14 位区域。电流输出数据格式为 0 ~ +32000。第 15 位为 0,表示正值数据。

电压输出数据的格式:对于电压输出的数据,其 2 字节的存储单元的低 4 位均为 0,数据值的 12 位是存放在 4 ~ 15 位区域。电压输出数据的格式为 – 32000 ~ +32000。

(3) 模拟量输入/输出模块。模拟量输入/输出模块(EM235)具有 4 路模拟量输入和 1 路模拟量输出,它的输入信号可以是不同量程的电压或电流。其电压、电流的量程由开关SW1 ~ SW6 设定。EM235 有 1 路模拟量输出,其输出可以是电压,也可以是电流。EM235 的技术性能见表 4 – 33 所示,其数据格式如图 4 – 65、图 4 – 67 所示。

表 4 - 33　EM235 的技术性能

型号	EM235 模拟量输入/输出模块
总体特性	外形尺寸:71.2 mm×80 mm×62 mm; 功耗:3W
输入特性	本机输入:4 路模拟量输入; 电源电压:标准 DC 24 V/4 mA; 输入类型: 0 ~ 50 mV、0 ~ 100 mV、0 ~ 500 mV、0 ~ 1 V、0 ~ 5 V、0 ~ 10 V、0 ~ 20 mA、± 25 mV、± 50 mV、 ± 100 mV、± 250 mV、± 500 mV、± 1 V、± 2.5 V、± 5 V、± 10 V; 分辨率:12 bit; 转换速度:250 μs; 隔离:有
输出特性	本机输出:1 路模拟量输出; 电源电压:标准 DC 24 V/4 mA; 输出类型: ± 10 V、0 ~ 20 mA; 分辨率:12 bit; 转换速度:100 μs(电压输出),2 ms(电流输出); 隔离:有
耗电	从 CPU 的 DC 5 V(I/O 总线)耗电 10 mA
型号	EM235 模拟量混合模块

	SW1	SW2	SW3	SW4	SW5	SW6	输入类型
开关设置	ON	OFF	OFF	ON	OFF	ON	0 ~ 50 mV
	OFF	ON	OFF	ON	OFF	ON	0 ~ 100 mV
	ON	OFF	OFF	OFF	ON	ON	0 ~ 500 mV
	OFF	ON	OFF	OFF	ON	ON	0 ~ 1 V
	ON	OFF	OFF	OFF	OFF	ON	0 ~ 5 V
	ON	OFF	OFF	OFF	OFF	ON	0 ~ 20 mA
	OFF	ON	OFF	OFF	OFF	ON	0 ~ 10 V
	ON	OFF	OFF	ON	OFF	OFF	± 25 mV
	OFF	ON	OFF	ON	OFF	OFF	± 50 mV
	OFF	OFF	ON	ON	OFF	OFF	± 100 mV
	ON	OFF	OFF	OFF	ON	OFF	± 250 mV
	OFF	ON	OFF	OFF	ON	OFF	± 500 mV
	OFF	OFF	OFF	OFF	ON	OFF	± 1 V
	ON	OFF	OFF	OFF	OFF	OFF	± 2.5 V
	OFF	ON	OFF	OFF	OFF	OFF	± 5 V
	OFF	OFF	ON	OFF	OFF	OFF	± 10 V

| 接线端子 | M 为 DC 24 V 电源负极端,L + 为电源正极端;
M0、V0、I0 为模拟量输出端;
电压输出时,"V0"为电压正端,"M0"为电压负端;
电流输出时,"I0"为电流的流入端,"M0"为电流流出端;
RA、A + 、A - ;RB、B + 、B - ;RC、C + 、C - ;RD、D + 、D - 分别为 1 ~ 4 路模拟量输入端;
电压输入时,"+"为电压正端,"-"为电压负端;
电流流入时,需将"R"与"+"短接后作为电流的流入端,"-"为电流流出端 |

2. S7-200 系列 PLC 的中断功能应用

S7-200 系列 PLC 设置了中断功能,用于实时控制、高速处理、通信和网络等复杂和特殊的控制任务。中断就是终止当前正在运行的程序,去执行为立即响应的信号而编制的中断服务程序,执行完毕再返回原先被终止的程序并继续运行。

1) 中断源

(1) 中断源的类型。中断源即发出中断请求的事件,又称中断事件。为了便于识别,系统给每个中断源都分配一个编号,称为中断事件号。S7-200 系列 PLC 最多有 34 个中断源,分为 3 类:通信中断、输入/输出中断和时基中断。

① 通信中断:在自由口通信模式下,用户可通过编程来设置波特率、奇偶检验和通信协议等参数。用户通过编程控制通信端口的事件产生通信中断。

② I/O 中断:I/O 中断包括外部输入上升/下降沿中断、高速计数器中断和高速脉冲输出中断。S7-200 系列 PLC 用输入(I0.0、I0.1、I0.2 或 I0.3)上升/下降沿产生中断,这些输入点用于捕获在发生时必须立即处理的事件;高速计数器中断指对高速计数器运行时产生的事件实时响应,包括当前值等于预设值时产生的中断,计数方向的改变时产生的中断或计数器外部复位产生的中断;脉冲输出中断是指预定数目脉冲输出完成而产生的中断。

③ 时基中断:时基中断包括定时中断和定时器 T32/T96 中断。定时中断用于支持一个周期性的活动,周期时间从 1 ms ~ 255 ms,时基是 1 ms。使用定时中断 0,必须在 SMB34 中写入周期时间;使用定时中断 1,必须在 SMB35 中写入周期时间。将中断程序连接在定时中断事件上,若定时中断被允许,则计时开始,每当达到定时时间时,执行中断程序。定时中断可以用来对模拟量输入进行采样或定期执行 PID 回路。定时器 T32/T96 中断指允许对定时间隔产生中断,这类中断只能用时基为 1 ms 的定时器 T32/T96 构成。当中断被启用后,当前值等于预置值时,在 S7-200 系列 PLC 执行的正常 1 ms 定时器更新的过程中,执行连接的中断程序。

(2) 中断优先级和排队等候。优先级是指多个中断事件同时发出中断请求时,CPU 对中断事件响应的优先次序。S7-200 系列 PLC 规定的中断优先由高到低依次是:通信中断、I/O 中断和定时中断。每类中断中不同的中断事件又有不同的优先级,见表 4-34。

表 4-34 中断事件及优先级

优先级分组	组内优先级	中断事件号	中断事件说明	中断事件类别
通信中断	0	8	通信口 0:接收字符	通信口 0
	0	9	通信口 0:发送完成	
	0	23	通信口 0:接收信息完成	
	1	24	通信口 1:接收信息完成	通信口 1
	1	25	通信口 1:接收字符	
	1	26	通信口 1:发送完成	
I/O 中断	0	19	PTO 0 脉冲串输出完成中断	脉冲输出
	1	20	PTO 1 脉冲串输出完成中断	
	2	0	I0.0 上升沿中断	外部输入
	3	2	I0.1 上升沿中断	
	4	4	I0.2 上升沿中断	

续表

优先级分组	组内优先级	中断事件号	中断事件说明	中断事件类别
	5	6	I0.3 上升沿中断	外部输入
	6	1	I0.0 下降沿中断	
	7	3	I0.1 下降沿中断	
	8	5	I0.2 下降沿中断	
	9	7	I0.3 下降沿中断	
I/O 中断	10	12	HSC0 当前值 = 预置值中断	高速计数器
	11	27	HSC0 计数方向改变中断	
	12	28	HSC0 外部复位中断	
	13	13	HSC1 当前值 = 预置值中断	
	14	14	HSC1 计数方向改变中断	
	15	15	HSC1 外部复位中断	
	16	16	HSC2 当前值 = 预置值中断	
	17	17	HSC2 计数方向改变中断	
	18	18	HSC2 外部复位中断	
	19	32	HSC3 当前值 = 预置值中断	
	20	29	HSC4 当前值 = 预置值中断	
	21	30	HSC4 计数方向改变	
	22	31	HSC4 外部复位	
	23	33	HSC5 当前值 = 预置值中断	
定时中断	0	10	定时中断 0	定时
	1	11	定时中断 1	
	2	21	定时器 T32 CT = PT 中断	定时器
	3	22	定时器 T96 CT = PT 中断	

西博士提示

　　一个程序中总共可有 128 个中断。S7 – 200 系列 PLC 在各自的优先级组内按照先来先服务的原则为中断提供服务。在任何时刻，只能执行一个中断程序。一旦一个中断程序开始执行,则一直执行至完成。不能被另一个中断程序打断,即使是更高优先级的中断程序。中断程序执行中,新的中断请求按优先级排队等候。中断队列能保存的中断个数有限,若超出,则会产生溢出。

中断队列的最多中断个数和溢出标志位见表 4 – 35。

表 4 – 35　中断队列的最多中断个数和溢出标志位

队列	CPU 221	CPU 222	CPU 224	CPU 226 和 CPU 226XM	溢出标志位
通信中断队列	4	4	4	8	SM4.0
I/O 中断队列	16	16	16	16	SM4.1
定时中断队列	8	8	8	8	SM4.2

2）中断指令

中断指令有 4 条,包括开中断指令、关中断指令,中断连接指令、中断分离指令。指令格式见表 4 – 36。

表 4 – 36　中断指令格式

指令名称	梯形图符号	助记符	操作数及数据类型
开中断指令 ENI	—(ENI)	ENI	无
关中断指令 DISI	—(DISI)	DISI	无
中断连接指令 ATCH	ATCH EN　ENO ????—INT ????—EVNT	ATCH INT,EVNT	INT:常量 0 ~ 127 EVNT:常量,CPU 224:0 ~ 23;27 ~ 33 INT/EVNT 数据类型:字节
分离中断指令 DTCH	DTCH EN　ENO ????—EVNT	DTCH EVNT	EVNT:常量, CPU 224:0 ~ 23;27 ~ 33 数据类型:字节

① 开、关中断指令:开中断指令(ENI)全局性允许所有中断事件;关中断指令(DISI)全局性禁止所有中断事件。中断事件的每次出现均排队等候,直至使用全局开中断指令重新启用中断。

PLC 转换到 RUN 模式时,中断开始时被禁用,可以通过执行开中断指令,允许所有中断事件。执行关中断指令会禁止处理中断,但是现用中断事件将继续排队等候。

② 中断连接、分离指令:中断连接指令(ATCH)将中断事件(EVNT)与中断程序号码(INT)相连接,并启用中断事件;

中断分离指令(DTCH)取消某中断事件(EVNT)与所有中断程序之间的连接,并禁用该中断事件。

注意:一个中断事件只能连接一个中断程序,但多个中断事件可以调用一个中断程序。

3）中断程序

(1) 中断程序的概念:中断程序是为处理中断事件而事先编好的程序。中断程序不是由程序调用,而是在中断事件发生时由操作系统调用。在中断程序中不能改写其他程序使用的存储器,最好使用局部变量。中断程序应实现特定的任务,应"越短越好",中断程序由中断程序号开始,以无条件返回指令(CRETI)结束。在中断程序中禁止使用 DISI、ENI、HDEF、LSCR 和 END 指令。

(2) 建立中断程序的方法:

方法一:单击"编辑"菜单,执行"插入"→"中断"命令。

方法二:从指令树中,右击"程序块"按钮"插入"→ "中断"命令。

方法三:在"程序编辑器"窗口中,右击在弹出的快捷菜单中执行"插入"→"中断"命令。

程序编辑器从先前的 POU 显示更改为新中断程序,在程序编辑器的底部会出现一个新标记,代表新的中断程序。

【例 4 – 23】　编写由 I0.1 的上升沿产生的中断事件的初始化程序。

分析:查表 4 - 34 可知,I0.1 上升沿产生的中断事件号为 2,所以在主程序中用 ATCH 指令将中断事件号 2 和中断程序 0 连接起来,并全局开中断,程序如图 4 - 68 所示。

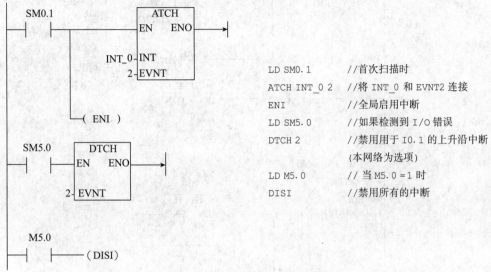

```
LD SM0.1          //首次扫描时
ATCH INT_0 2      //将 INT_0 和 EVNT2 连接
ENI               //全局启用中断
LD SM5.0          //如果检测到 I/O 错误
DTCH 2            //禁用用于 I0.1 的上升沿中断
                  (本网络为选项)
LD M5.0           // 当 M5.0 =1 时
DISI              //禁用所有的中断
```

图 4 - 68 I0.1 上升沿中断事件的初始化程序

【例 4 - 24】 编写程序完成采样工作,要求每 10 ms 采样一次。

分析:完成每 10 ms 采样一次,需用定时中断,查表 4 - 34 可知,定时中断 0 的中断事件号为 10。因此在主程序中将采样周期(10ms)即定时中断的时间间隔写入定时中断 0 的特殊存储器 SMB34,并将中断事件 10 和中断事件 0 连接,全局开中断。在中断程序 0 中,将模拟量输入信号读入,程序如图 4 - 69 所示。

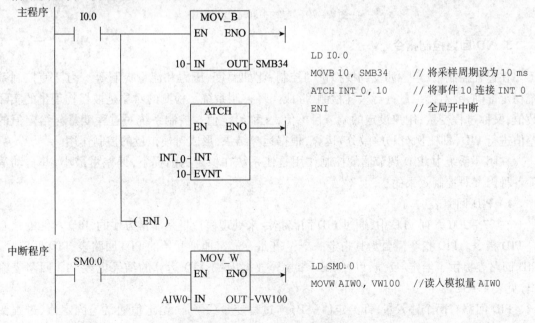

```
LD I0.0
MOVB 10, SMB34    // 将采样周期设为 10 ms
ATCH INT_0, 10    // 将事件 10 连接 INT_0
ENI               // 全局开中断
```

```
LD SM0.0
MOVW AIW0, VW100  //读入模拟量 AIW0
```

图 4 - 69 定时中断采样的程序

【例 4 - 25】 利用定时中断功能编制一个程序,实现如下功能:当 I0.0 由 OFF→ON,Q0.0 亮 1 s,灭 1s,如此循环反复直至 I0.0 由 ON→OFF,Q0.0 变为 OFF。程序如图 4 - 70 所示。

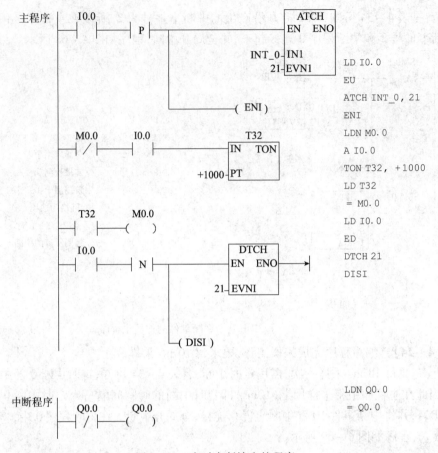

图 4 – 70 定时中断输出的程序

3. PID 回路控制指令

在过程控制中,经常涉及到模拟量的控制,比如温度、压力和流量控制等。为了使控制系统稳定准确,要对模拟量进行采样检测,形成闭环控制系统。检测的对象是被控物理量的实际数值,又称过程变量;用户设定的调节目标值,又称给定值。控制系统对过程变量与给定值的差值进行 PID(即比例/积分/微分)运算,根据运算结果,形成对模拟量的控制作用。

在闭环系统中,PID 调节器的控制作用是使系统在稳定的前提下,偏差量最小,并自动消除各种因素对控制效果的扰动。

1)PID 回路表

在 S7 – 200 系列 PLC 中,通过 PID 回路指令来处理模拟量是非常方便的,PID 功能的核心是 PID 指令。PID 指令需要为其指定一个 V 变量存储区地址开始的 PID 回路表、PID 回路号。PID 回路表提供了给定、反馈,以及 PID 参数等数据入口,PID 运算的结果也在 PID 回路表输出,见表 4 – 37。

PID 回路有两个输入量,即给定值(SP)与过程变量(PV)。给定值通常是固定值,过程变量是经 A/D 转换和计算后得到的被控量的实测值。给定值与过程变量都是现实存在的值,对于不同的系统,它们的大小、范围与单位有很大的区别。在回路表中它们只能被 PID 指令读取,而不能改写。PID 指令对这些量进行运算之前,还要进行标准化转换。每次 PID 运算结果后,都要更新回路表内的输出值 M_n,它被限制在 0.0 ~ 1.0 之间。从手动控制切换到 PID 自动控制方式时,回路表中的输出值可以用来初始化输出值。

表 4 -37　PID 回路表

偏移地址	参数名	数据格式	类型	描　述
0	PV_n		输入	过程变量当前值,应在 0.0 ~ 1.0 之间
4	SP_n		输入	给定值,应在 0.0 ~ 1.0 之间
8	M_n		输入/输出	输出值,应在 0.0 ~ 1.0 之间
12	K_c		输入	比例增益、常数、可正可负
16	T_s	双字、实数	输入	采样时间,单位为 s,应为正数
20	T_I		输入	积分时间常数,单位为 min,应为正数
24	T_D		输入	微分时间常数,单位为 min,应为正数
28	MX		输入/输出	积分项前值,应在 0.0 ~ 1.0 之间
32	PV_{n-1}		输入/输出	最近一次 PID 运算的过程变量值

增益 K_c 为正时称为正作用回路,反之称为反作用回路。如果不想要比例作用,应将回路增益设为 0.0,对于增益为 0.0 的积分或微分控制,如果积分或微分时间为正,称为正作用回路,反之称为反作用回路。

如果使用积分控制,上一次的积分值 MX(积分和)要根据 PID 运算的结果来更新,更新后的数值作为下一次运算的输入。MX 也应限制在 0.0 ~ 1.0 之间,每次 PID 运算结束后,将 MX 写入回路表,供下一次 PID 运算使用。

2)PID 参数的整定方法

为执行 PID 指令,要对某些参数进行初始化设置,又称整定。参数整定对控制效果的影响非常大,PID 控制器有 4 个主要的参数 T_s、K_c、T_I 和 T_D 需要整定。

比例(P)部分与误差在时间上是一致的,只要误差一出现,比例部分就能及时地产生与误差成正比的调节作用,具有调节及时的特点。比例系数越大,比例调节作用越强,但比例系数过大会使系统的输出量振荡加剧,稳定性降低。

积分(I)部分与误差的大小和误差的历史情况都有关系,只要误差不为零,控制器的输出就会因积分作用而不断变化,一直到误差消失,系统处于稳定状态时,积分部分才不再变化,因此积分部分可以消除稳态误差,提高控制精度。但是积分作用的动作缓慢,滞后性强,可能给系统的动态稳定性带来不良影响。积分时间常数 T_I 增大时,积分作用减弱,系统的动态稳定性可能有所改善,但是消除稳态误差的速度减慢。

微分(D)部分反映了被控量变化的趋势,微分部分根据它提前给出较大的调节作用。它较比例调节更为及时,所以微分部分具有超前和预测的特点。微分时间常数 T_D 增大时,可能会使超调量减小,动态性能得到改善,但是抑制高频干扰的能力下降。如果 T_D 过大,系统输出量可能出现频率较高的振荡。

为使采样值能及时反映模拟量的变化,T_s 越小越好。但是 T_s 太小会增加 CPU 的运算工作量,相邻两次采样的差值几乎没有什么变化,所以也不宜将 取得过小。表 4 -38 给出了过程控制中采样周期的经验数据。

表 4 – 38　过程控制中采样周期的经验数据

被控制量	流量	压力	温度	液位
采样周期/s	1 ~ 5	3 ~ 10	15 ~ 20	6 ~ 8

3）PID 回路控制指令

S7 – 200 系列 PLC 的 PID 指令没有设置控制方式,执行 PID 指令时为自动方式;不执行 PID 指令时为手动方式。PID 指令的功能是进行 PID 运算。

当 PID 指令的使能输入 EN 有效时,即进行手动/自动控制切换,开始执行 PID 指令。为了保证在切换过程中无扰动、无冲击,在转换前必须把当前的手动控制输出值写入回路表的参数 M_n,并对回路表内的值进行下列操作:

（1）使 SP_n(给定值) = PV_n(过程变量)。

（2）使 PV_{n-1}(前一次过程变量) = PV_n(过程变量的当前值)。

（3）使 MX(积分和) = M_n(输出值)。

在梯形图中,PID 指令以功能框的形式编程,指令名称为 PID,如图 4 – 71 所示。在功能框中有两个数据输入端:TBL 是回路表的起始地址,是由变量寄存器 VB 指定的字节型数据;LOOP 是回路的编号,是 0 ~ 7 的常数。当使能输入 EN 有效时,根据 PID 回路表中的输入信息和组态信息,进行 PID 运算。在一个应用程序中,最多可以使用 8 个 PID 控制回路,一个 PID 控制回路只能使用 1 条 PID 指令,不同的 PID 指令不能使用相同的回路编号。

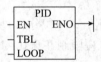

图 4 – 71　PID 梯形图符号

【项目实施】

实现步骤:

（1）接线。操作顺序:拟定接线图→断开电源断开→完成设备连线。

（2）调试及排障:

① 连接好 PLC 输入/输出接线,启动 STEP 7-Micro/WIN32 编程软件。

② 打开状态表编辑器,录入 VD100,VD104,VD108,VD120,VD124,VD128,VD132,I0.0,I0.1,Q0.0,并使其进入监控状态。

③ 通过强制操作 I0.1,使 Q0.0 通电,将变频器接入电源。调节电位器旋钮,使变频器频率由 0 上升,水泵转速逐渐上升,水箱水位逐步提高。观察水位上升过程中 VD100,VD108,VD128,VD132 各存储单元数据的变化情况。

④ 待水箱水位接近 75% 满水位时,强制 I0.0 通电,使系统进入 PID 自动调节控制状态。加大或减小水箱出水量,观察系统各量的变化过程。

⑤ 通过写操作,分别改变增益、积分时间常数的大小,观察系统的运行效果。

【练习】

利用 PLC 设计对温度的监测与控制系统。控制要求如下:

当加热开关闭合,系统开始加热。当加热后的实际温度超出设定温度 ±3 ℃(即偏差温度超出 ±3 ℃)时,则报警灯闪烁,报警喇叭鸣响;按报警确认按钮,报警喇叭不响,报警灯仍然闪烁,直到偏差温度在 3 ℃以内。

任务 4.7　三相异步电动机的转速测量系统的设计实现

西博士提示

转速是电动机重要的状态参数,在很多运动系统的测控中,都需要对电动机的转速进行测量,测量的精度直接影响系统的控制情况,只有转速的高精度检测才能得到高精度的控制系统。那么如何利用 PLC 来实现电动机转速的测量呢? 本任务将重点介绍利用 PLC 的高速计数指令实现该功能。

【任务】

用 PLC 实现三相异步电动机的转速测量系统的功能。

【技能目标】

(1) 知识目标:了解高速处理类指令的组成、相关特殊存储器的设置、指令的输入及指令执行后的结果,了解高速处理类指令的工作原理;

(2) 技能目标:熟悉高速处理类指令的作用和使用方法;了解高速计数器在工程中的应用;掌握用 PLC 实现三相异步电动机转速的测量。

【甲方要求】——【任务导入】

(1) 控制系统要求:利用 PLC 的高速计数指令实现三相异步电动机转速测量的功能。

(2) 按键要求:两个输入按钮,启动按钮和停止按钮。

(3) 电动机的控制:用一个接触器 KM 来控制交流异步电动机的运行与停止。

(4) 传感器要求:采用光电编码器来实现转速到脉冲信号的转换,利用高速计数器指令对输入的脉冲进行计数,实现测速功能。

【乙方设计】——【五单一支持】

方案设计单

项目名称	西门子 S7－200 系列 PLC 功能指令及应用	任务名称	三相异步电动机的转速测量系统的设计实现
方案设计分工			
子任务	提交材料	承担成员	完成工作时间
PLC 机型选择	PLC 选型分析		
低压电器选型	低压电器选型分析		

方案设计分工			
电气安装方案	图样		
方案汇报	PPT		
学习过程记录					
班级		小组编号		成员	

说明:小组每个成员根据方案设计的任务要求,进行认真学习,并将学习过程的内容(要点)进行记录,同时也将学习中存在的问题进行记录

方案设计工作过程			
开始时间		完成时间	

说明:根据小组每个成员的学习结果,通过小组分析与讨论,最后形成设计方案

结构框图	
原理说明	
关键元器件型号	
实施计划	
存在的问题及建议	

硬件设计单

项目名称	西门子 S7 - 200 系列 PLC 功能指令及应用	任务名称	三相异步电动机的转速测量系统的设计实现

硬件设计分工			
子任务	提交材料	承担成员	完成工作时间
主电路设计	主电路图、元器件清单		
PLC 接口电路设计	PLC 接口电路图　元器件清单		
硬件接线图绘制	元器件布局图　电路接线图		
硬件安装与调试	装配与调试记录		

学习过程记录			
班级		小组编号	成员

说明:小组每个成员根据硬件设计的任务要求,进行认真学习,并将学习过程的内容(要点)进行记录,同时也将学习中存在的问题进行记录

硬件设计工作过程			
开始时间		完成时间	

说明:根据硬件系统基本结构,画出系统各模块的原理图,并说明工作原理

主电路图	
PLC 接口电路图	
元器件布置图	
电路接线图	
存在的问题及建议	

软件设计单

项目名称	西门子 S7 – 200 系列 PLC 功能指令及应用	任务名称	三相异步电动机的转速测量系统的设计实现

软件设计分工			
子任务	提交材料	承担成员	完成工作时间
单周期运行程序设计			
连续运行程序设计	程序流程图及源程序		
输出信号控制程序设计			
…			

学习过程记录					
班级		小组编号		成员	

软件设计工作过程			
开始时间		完成时间	

说明:根据软件系统结构,画出系统各模块的程序图,及各模块所使用的资源

单周期运行程序	
连续运行程序	
输出信号控制程序	
存在的问题及建议	

程序编制与调试单

项目名称	西门子 S7 – 200 系列 PLC 功能指令及应用	任务名称	三相异步电动机的转速测量系统的设计实现
软件设计分工			
子任务	提交材料	承担成员	完成工作时间
编程软件的安装	安装方法		
编程软件的使用	使用方法		
程序编辑	编辑方法		
程序调试	调试方法		
学习过程记录			
班级		小组编号		成员	

程序编辑与调试工作过程	
开始时间	完成时间

说明:根据程序编辑与调试要求进行填写

编程软件的使用	
程序编辑	
程序调试	
存在的问题及建议	

评价单——基础能力评价

考核项目	考核点	权重	考核标准			得分
			A(1.0)	B(0.8)	C(0.6)	
任务分析 （15%）	资料收集	5%	能比较全面地提出需要学习和解决的问题，收集的学习资料较多	能提出需要学习和解决的问题，收集的学习资料较多	能比较笼统地提出一些需要学习和解决的问题，收集的学习资料较少	
	任务分析	10%	能根据产品用途，确定功能和技术指标。产品选型实用性强，符合企业的需要	能根据产品用途，确定功能和技术指标。产品选型实用性强	能根据产品用途，确定功能和技术指标	
方案设计 （20%）	系统结构	7%	系统结构清楚，信号表达正确，符合功能要求			
	元器件选型	8%	主要元器件的选择，能够满足功能和技术指标的要求，按钮设置合理，操作简便	主要元器件的选择，能够满足功能和技术指标的要求，按钮设置合理	主要元器件的选择，能够满足功能和技术指标的要求	
	方案汇报	5%	PPT 简洁、美观、信息丰富，汇报条理性好，语言流畅	PPT 简洁、美观、内容充实，汇报语言流畅	有 PPT，能较好地表达方案内容	
详细设计与制作（50%）	硬件设计	10%	PLC 选型合理，电路设计正确，元器件布局合理、美观，接线图走线合理	PLC 选型合理，电路设计正确，元器件布局合理，接线图走线合理	PLC 选型合理，电路设计正确，元器件布局合理	
	硬件安装	8%	仪器、仪表及工具的使用符合操作规范，元器件安装正确规范，布线符合工艺标准，工作环境整洁	仪器、仪表及工具的使用符合操作规范，少量元器件安装有松动，布线符合工艺标准	仪器、仪表及工具的使用符合操作规范，元器件安装位置不符合要求，有 3～5 根导线不符合布线工艺标准，但接线正确	
	程序设计	22%	程序模块划分正确，流程图符合规范、标准，程序结构清晰，内容完整			
	程序调试	10%	调试步骤清楚，目标明确，有调试方法的描述。调试过程记录完整，有分析，结果正确。出现故障有独立处理能力	程序调试有步骤，有目标，有调试方法的描述。调试过程记录完整，结果正确	程序调试有步骤，有目标。调试过程有记录，结果正确	
技术文档 （5%）	设计资料	5%	设计资料完整，编排顺序符合规定，有目录			
学习汇报（10%）		10%	能反思学习过程，认真总结学习经验	能客观总结整个学习过程的得与失		
项目得分						
指导教师			日期		项目得分	
总结						

评价单——提升能力评价

考核项目	考　核　点	配分	考　核　标　准	扣分	得分
设 备 安装	（1）会分配端口、画 I/O 接线图； （2）按图完整、正确及规范接线； （3）按照要求编号	30	（1）不能正确分配端口，扣 5 分，画错 I/O 接线图，扣 5 分； （2）错、漏线，每处扣 2 分； （3）错、漏编号，每处扣 1 分		
编程 操作	（1）会采用时序波形图法设计程序； （2）正确输入梯形图； （3）正确保存文件； （4）会转换梯形图； （5）会传送程序	30	（1）不能设计出程序或设计错误，扣 10 分； （2）输入梯形图错误，每处扣 2 分； （3）保存文件错误，扣 4 分； （4）转换梯形图错误，扣 4 分； （5）传送程序错误，扣 4 分		
运 行 操作	（1）运行系统，分析操作结果； （2）正确监控梯形图	30	（1）系统通电操作错误，每步扣 3 分； （2）分析操作结果错误，每处扣 2 分； （3）监控梯形图错误，扣 4 分		
安全、文 明工作	（1）安全用电，无人为损坏仪器、元器件和设备； （2）保持环境整洁，秩序井然，操作习惯良好； （3）小组成员协作和谐，态度端正； （4）不迟到、早退、旷课	10	（1）发生安全事故，扣 10 分； （2）人为损坏设备、元器件，扣 10 分； （3）现场不整洁、工作不文明，团队不协作，扣 5 分； （4）不遵守考勤制度，每次扣 2~5 分		
合计					

总结与收获

【技术支持】

1. 确定 I/O 个数，进行 I/O 地址分配

根据控制要求，首先确定 I/O 个数，然后进行 I/O 地址分配。

I/O 地址分配见表 4 – 39。

表 4 –39 I/O 地址分配表

输　入		输　出	
输入寄存器	作用	输出寄存器	作用
I0.0	光电编码器脉冲输入	Q0.0	电动机运行用接触器 KM
I0.4	启动按钮 SB1	VW950	转速实际测量值
I0.5	停止按钮 SB2		

2. 画出 PLC 外部接线图

三相异步电动机转速测量系统如图 4 – 72 所示。

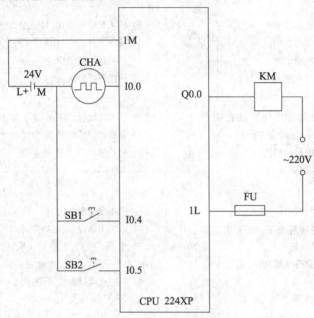

图 4 – 72　三相异步电动机转速测量系统 PLC 外部接线图

3. 画出程序实现流程图

三相异步电动机转速测量系统程序实现流程图,如图 4 – 73 所示。

4. 设计程序

根据控制电路的要求,在计算机中编写程序。

(1) 主程序:用首次扫描时接同一个扫描时期的特殊内部存储器 SM0.1 去调用一个子程序,完成初始化操作,如图 4 – 74 所示。

(2) 初始化的子程序:定义 HSC0 的工作模式为模式 0(单路脉冲输入的内部方向控制加/减计数,没有复位和启动输入功能),设置 SMB37 = 16#f8(允许计数,更新当前值,更新预置值,更新计数方向为加计数,若为正交计数速率选择 4 × 模式,复位和启动设置为高电平有效)。HSC0 的当前值 SMD38 清零,每 200 ms 定时中断(中断事件号为 11),中断事件 11 连接中断程序,子程序如图 4 – 75 所示。

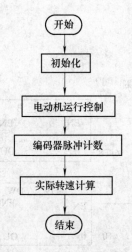

图 4 – 73 三相异步电动机转速测量系统程序实现流程图

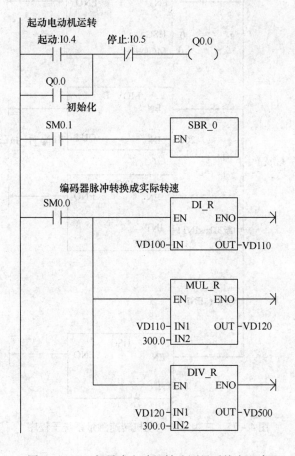

图 4 – 74 三相异步电动机转速测量系统主程序

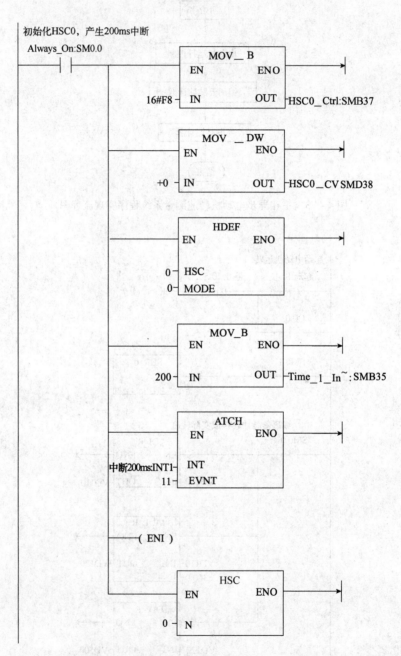

图 4 - 75 三相异步电动机转速测量系统子程序

（3）中断程序,如图 4 - 76 所示。

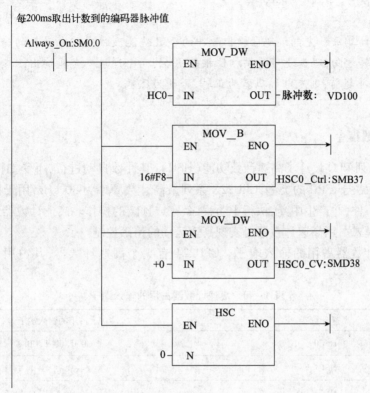

图 4 - 76　三相异步电动机转速测量系统中断程序

【相关知识】

1. 光电编码器

光电编码器是一种通过光电转换将输出轴上的机械几何位移量转换成脉冲或数字量的传感器。一般的光电编码器主要由光栅盘和光电检测装置组成,光栅盘是在一定直径的圆板上等分地开通若干个长方形孔。在伺服系统中,由于光电码盘与电动机同轴,电动机旋转时,光栅盘与电动机同速旋转,经发光二极管等电子元器件组成的检测装置检测输出脉冲信号,光电编码器原理及输出波形如图 4 - 77 所示。

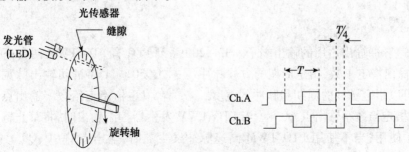

图 4 - 77　光电编码器原理及输出波形

西博士提示

　　通过计算每秒光电编码器输出脉冲的个数就能反映当前电动机的转速。此外，为判断旋转方向，码盘还可提供相位相差 90°的两个通道的光码输出，如果 A 相脉冲比 B 相脉冲超前，则光电编码器为正转，否则为反转。

2. 高速计数指令

　　S7 - 200 系列 PLC 设计了高速计数功能(HSC)，其计数自动进行，不受扫描周期的影响，最高计数频率取决于 CPU 的类型，CPU22X 系列最高计数频率为 30 kHz，用于捕捉比 CPU 扫描速度更快的事件，并产生中断，执行中断程序，完成预定的操作。高速计数器最多可设置 12 种不同的操作模式。用高速计数器可实现高速运动的精确控制。

　　(1) 高速计数器占用的输入端子。CPU224 有 6 个高速计数器，其占用的输入端子见表 4 - 40。

表 4 - 40　高速计数器占用的输入端子

高速计数器	占用的输入端子
HSC0	I0.0, I0.1, I0.2
HSC1	I0.6, I0.7, I1.0, I1.1
HSC2	I1.2, I1.3, I1.4, I1.5
HSC3	I0.1
HSC4	I0.3, I0.4, I0.5
HSC5	I0.4

　　各高速计数器不同的输入端有专用的功能，如时钟脉冲端、方向控制端、复位端、启动端。

 西博士提示

　　同一个输入端不能用于两种不同的用途。但是高速计数器当前模式未使用的输入端均可用于其他用途，如作为中断输入端或作为数字量输入端。例如，如果在模式 2 中使用高速计数器 HSC0，模式 2 使用 I0.0 和 I0.2，则 I0.1 可用于边缘中断或用于 HSC3。

　　(2) 高速脉冲输出占用的输出端子。S7 - 200 系列 PLC 有 PTO、PWM 两台高速脉冲发生器。PTO 可输出指定个数、指定周期的方波脉冲(占空比 50%)；PWM 可输出脉宽变化的脉冲信号，用户可以指定脉冲的周期和脉冲的宽度。若一台发生器指定给数字输出点 Q0.0，另一台发生器则指定给数字输出点 Q0.1。当 PTO、PWM 发生器控制输出时，将禁止输出点 Q0.0、Q0.1 的正常使用；当不使用 PTO、PWM 高速脉冲发生器时，输出点 Q0.0、Q0.1 恢复正常使用，即由输出映像寄存器决定其输出状态。

　　(3) 高速计数器的工作模式：高速计数器有 12 种工作模式，模式 0 ~ 模式 2 采用单路脉冲输入的内部方向控制加/减计数;模式 3 ~ 模式 5 采用单路脉冲输入的外部方向控制加/减计数;模式 6 ~ 模式 8 采用两路脉冲输入的加/减计数;模式 9 ~ 模式 11 采用两路脉冲输入的双相正交计数。

CPU224 有 HSC0 ~ HSC5 六个高速计数器,每个高速计数器有多种不同的工作模式。HSC0 和 HSC4 有模式 0、1、3、4、6、7、8、9、10;HSC1 和 HSC2 有模式 0 ~ 模式 11;HSC3 和 HSC5 只有模式 0。每种高速计数器所拥有的工作模式和其占用输入端子的数目有关,见表 4 - 41。

选用某个高速计数器在某种工作方式下工作后,高速计数器所使用的输入不是任意选择的,必须按系统指定的输入点输入信号。如 HSC1 在模式 11 下工作,就必须用 I0.6 为 A 相脉冲输入端,I0.7 为 B 相脉冲输入端,I1.0 为复位端,I1.1 为启动端。

(4) 高速计数器的控制字节和状态字节:

① 控制字节:定义了计数器和工作模式之后,还要设置高速计数器的有关控制字节。每个高速计数器均有一个控制字节,它决定了计数器的计数允许或禁用,方向控制(仅限模式 0、1 和 2)或对所有其他模式的初始化计数方向,装入当前值和预置值。各高速计数器控制字节的控制位见表 4 - 42。

表 4 - 41　高速计数器的工作模式和其占用输入端子的关系及说明

HSC 编号及其对应的输入端子	功能及说明	占用的输入端子及其功能			
	HSC0	I0.0	I0.1	I0.2	×
	HSC4	I0.3	I0.4	I0.5	×
	HSC1	I0.6	I0.7	I1.0	I1.1
	HSC2	I1.2	I1.3	I1.4	I1.5
	HSC3	I0.1	×	×	×
HSC 模式	HSC5	I0.4	×	×	×
0	单路脉冲输入的内部方向控制加/减计数:控制字 SM37.3 = 0,减计数;SM37.3 = 1,加计数	脉冲输入端	×	×	×
1			×	复位端	×
2			×	复位端	启动
3	单路脉冲输入的外部方向控制加/减计数:方向控制端 = 0,减计数;方向控制端 = 1,加计数	脉冲输入端	方向控制端	×	×
4				复位端	×
5				复位端	启动
6	两路脉冲输入的单相加/减计数:加计数有脉冲输入,加计数;减计数端脉冲输入,减计数	加计数脉冲输入端	减计数脉冲输入端	×	×
7				复位端	×
8				复位端	启动
9	两路脉冲输入的双相正交计数:A 相脉冲超前 B 相脉冲,加计数;A 相脉冲滞后 B 相脉冲,减计数	A 相脉冲输入端	B 相脉冲输入端	×	×
10				复位端	×
11				复位端	启动

说明:表中 × 表示没有。

表 4 – 42　各高速计数器控制字节能控制位

HSC0	HSC1	HSC2	HSC3	HSC4	HSC5	说　明
SM37.0	SM47.0	SM57.0	×	SM147.0	×	复位有效电平控制： 0 = 复位信号高电平有效；1 = 低电平有效
×	SM47.1	SM57.1	×	×	×	启动有效电平控制： 0 = 启动信号高电平有效；1 = 低电平有效
SM37.2	SM47.2	SM57.2	×	SM147.2	×	正交计数器计数速率选择： 0 = 4 × 计数速率；1 = 1 × 计数速率
SM37.3	SM47.3	SM57.3	SM137.3	SM147.3	SM157.3	计数方向控制位： 0 = 减计数；1 = 加计数
SM37.4	SM47.4	SM57.4	SM137.4	SM147.4	SM157.4	向 HSC 写入计数方向： 0 = 无更新；1 = 更新计数方向
SM37.5	SM47.5	SM57.5	SM137.5	SM147.5	SM157.5	向 HSC 写入新预置值： 0 = 无更新；1 = 更新预置值
SM37.6	SM47.6	SM57.6	SM137.6	SM147.6	SM157.6	向 HSC 写入新当前值： 0 = 无更新；1 = 更新当前值
SM37.7	SM47.7	SM57.7	SM137.7	SM147.7	SM157.7	HSC 允许： 0 = 禁用 HSC；1 = 启用 HSC

说明：表中 × 表示没有。

② 状态字节：每个高速计数器都有一个状态字节，状态位表示当前计数方向以及当前值是否大于或等于预置值。各高速计数器状态字节的状态位见表 4 – 43。状态字节的 0 ~ 4 位不用。监控高速计数器状态的目的是使外部事件产生中断，以完成重要的操作。

表 4 – 43　各高速计数器状态字节的状态位

HSC0	HSC1	HSC2	HSC3	HSC4	HSC5	说　明
SM36.5	SM46.5	SM56.5	SM136.5	SM146.5	SM156.5	当前计数方向状态位： 0 = 减计数；1 = 加计数
SM36.6	SM46.6	SM56.6	SM136.6	SM146.6	SM156.6	当前值等于预设值状态位： 0 = 不相等；1 = 等于
SM36.7	SM46.7	SM56.7	SM136.7	SM146.7	SM156.7	当前值大于预设值状态位： 0 = 小于或等于；1 = 大于

（5）高速计数器指令。高速计数器指令有两条：高速计数器定义指令 HDEF、高速计数器使用指令 HSC。指令格式见表 4 – 44。

表 4 - 44　指令格式表

指令名称	梯形图符号	助记符	说　明
高速计数器定义指令 HDEF	HDEF EN　ENO ????- HSC ????- MODE	HDEF HSC, MODE	HSC:高速计数器的编号,为常数(0~5); 数据类型:字节; MODE 工作模式,为常数(0~11); 数据类型:字节 ENO = 0 的出错条件:SM4.3(运行时间); 　　　　　　　　　0003(输入点冲突); 　　　　　　　　　0004(中断中的非法指令); 　　　　　　　　　000A(HSC 重复定义)
高速计数器使用指令 HSC	HSC EN　ENO ????- N	HSC N	N:高速计数器的编号,为常数(0~5); 数据类型:字; ENO = 0 的出错条件:SM4.3(运行时间); 　　　　　　　　　0001(HSC 在 HDEF 之前); 　　　　　　　　　0005(HSC/PLS 同时操作)

高速计数器定义指令 HDEF:高速计数器(HSCX)的工作模式。工作模式的选择即选择了高速计数器的输入脉冲、计数方向、复位和启动功能。每个高速计数器只能用一条"高速计数器定义"指令。

高速计数器使用指令 HSC:根据高速计数器控制位的状态和按照 HDEF 指令指定的工作模式,控制高速计数器。参数 N 指定高速计数器的号码。

(6) 高速计数器指令的使用:

① 每个高速计数器都有一个 32 位当前值和一个 32 位预置值,当前值和预设值均为带符号的整数值。要设置高速计数器的新当前值和新预置值,必须设置控制字节(表 4 - 42),令其第五位和第六位为 1,允许更新预置值和当前值,新当前值和新预置值写入特殊内部标志位存储区,然后执行 HSC 指令,将新数值传输到高速计数器。HSC0 ~ HSC5 当前值和预置值占用的特殊内部标志位存储区见表 4 - 45。

表 4 - 45　HSC0 ~ HSC5 当前值和预置值占用的特殊内部标志位存储区

要装入的数值	HSC0	HSC1	HSC2	HSC3	HSC4	HSC5
新的当前值	SMD38	SMD48	SMD58	SMD138	SMD148	SMD158
新的预置值	SMD42	SMD52	SMD62	SMD142	SMD152	SMD162

除控制字节以及新预设值和当前值保持字节外,还可以使用数据类型 HC(高速计数器当前值)加计数器号码(0、1、2、3、4、5)读取每台高速计数器的当前值。因此,读取操作可直接读取当前值,但只有用上述 HSC 指令才能执行写入操作。

② 执行 HDEF 指令之前,必须将高速计数器控制字节的位设置成需要的状态,否则将采

用默认设置。默认设置为:复位和启动输入高电平有效,正交计数速率选择 4×模式。执行 HDEF 指令后,就不能再改变计数器的设置,除非 CPU 进入停止模式。

③ 执行 HSC 指令时,CPU 检查控制字节和有关的当前值和预置值。

(7) 高速计数器指令的初始化的步骤:

① 用首次扫描时接通一个扫描周期的特殊内部存储器 SM0.1 去调用一个子程序,完成初始化操作。因为采用了子程序,在随后的扫描中,不必再调用这个子程序,以减少扫描时间,使程序结构更好。

② 在初始化的子程序中,根据希望的控制,设置控制字(SMB37,SMB47,SMB137,SMB147,SMB157),如设置 SMB47 = 16#F8,则为模式允许计数,写入新当前值,写入新预置值,更新计数方向为加计数,若正交计数速率选择 4×模式,复位和启动设置为高电平有效。

③ 执行 HDEF 指令,设置 HSC 的编号(0~5),设置工作模式(0~11)。如 HSC 的编号设置为1,工作模式输入设置为11,则为既有复位又有启动的正交计数工作模式。

④ 用新的当前值写入 32 位当前值寄存器(SMD38,SMD48,SMD58,SMD138,SMD148,SMD158)。如写入 0,则清除当前值,用指令 MOVD 0,SMD48 实现。

⑤ 用新的预置值写入 32 位预置值寄存器(SMD42,SMD52,SMD62,SMD142,SMD152,SMD162)。如执行指令 MOVD 1000,SMD52,则设置预置值 1000。若写入预置值 16#00,则高速计数器处于不工作状态。

⑥ 为了捕捉当前值等于预置值的事件,将条件 CV = PV 中断事件(事件号为 13)与一个中断程序相联系。

⑦ 为了捕捉计数方向的改变,将方向改变的中断事件(事件号为 14)与一个中断程序相联系。

⑧ 为了捕捉外部复位,将外部复位中断事件(事件号为 15)与一个中断程序相联系。

⑨ 执行全局开中断指令(ENI)允许 HSC 中断。

⑩ 执行 HSC 指令使 S7 - 200 系列 PLC 对高速计数器进行编程。

⑪ 结束子程序。

【例 4 - 26】 高速计数器指令应用举例。

(1) 主程序:如图 4 - 78 所示,用首次扫描时接通一个扫描周期的特殊内部存储器 SM0.1 去调用一个子程序,完成初始化操作。

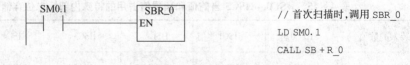

```
// 首次扫描时,调用 SBR_0
LD SM0.1
CALL SB + R_0
```

图 4 - 78 主程序

(2) 初始化的子程序:如图 4 - 79 所示,定义 HSC1 的工作模式为模式 11(两路脉冲输入的双相正交计数,具有复位和启动输入功能),设置 SMB47 = 16#F8(允许计数,更新当前值,更新预置值,更新计数方向为加计数,若为正交计数速率选择 4×模式,复位和启动设置为高电平有效)。HSC1 的当前值 SMD48 清零,预置值 SMD52 = 50,当前值 = 预设值,产生中断(中断事件号为 13),中断事件 13 连接中断程序 INT - 0。

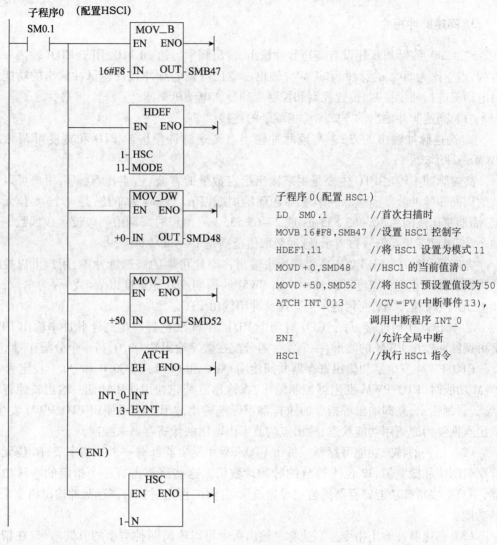

子程序 0(配置 HSC1)

```
LD   SM0.1           //首次扫描时
MOVB 16#F8,SMB47    //设置 HSC1 控制字
HDEF1,11            //将 HSC1 设置为模式 11
MOVD +0,SMD48       //HSC1 的当前值清 0
MOVD +50,SMD52      //将 HSC1 预设置值设为 50
ATCH INT_013        //CV = PV(中断事件 13),
                      调用中断程序 INT_0
ENI                 //允许全局中断
HSC1                //执行 HSC1 指令
```

图 4 - 79　初始化的子程序

（3）中断程序,如图 4 - 80 所示。

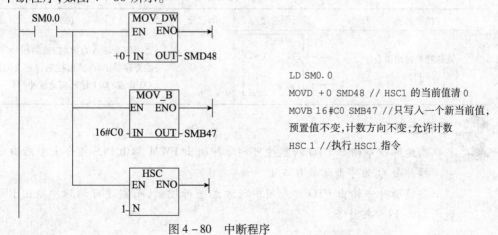

```
LD SM0.0
MOVD +0 SMD48 // HSC1 的当前值清 0
MOVB 16#C0 SMB47 //只写入一个新当前值,
预置值不变,计数方向不变,允许计数
HSC 1 //执行 HSC1 指令
```

图 4 - 80　中断程序

3. 高速脉冲指令

S7 – 200 系列 PLC 还设有高速脉冲输出,输出频率可达 20 kHz,用于 PTO(输出一个频率可调,占空比为 50% 的脉冲)和 PWM(输出占空比可调的脉冲),高速脉冲输出的功能可用于对电动机进行速度控制、位置控制和控制变频器使电动机调速。

(1) 高速脉冲输出的方式和输出端子的连接:

② 高速脉冲输出的方式:高速脉冲输出有高速脉冲串输出 PTO 和宽度可调脉冲输出 PWM 两种形式。

高速脉冲串输出 PTO 主要是用来输出指定数量的方波(占空比 50%),用户可以控制方波的周期和脉冲数。高速脉冲串输出 PTO 的周期以 μs 或 ms 为单位,是一个 16 位无符号数据,周期变化范围为 50 ~ 65 535 μs 或 2 ~ 65 535 ms,编程时周期值一般设置成偶数。脉冲串的个数,用双字长无符号数表示,脉冲数取值范围是 1 ~ 4 294 967 295。

宽度可调脉冲输出 PWM 主要是用来输出占空比可调的高速脉冲串,用户可以控制脉冲的周期和脉冲宽度。宽度可调脉冲输出 PWM 的周期或脉冲宽度以 μs 或 ms 为单位,是一个 16 位无符号数据,周期变化范围同高速脉冲串输出 PTO。

② 输出端子的连接:每个 CPU 有两个 PTO/PWM 发生器产生高速脉冲串输出 PTO 和宽度可调脉冲输出 PWM 的波形,一个发生器分配在数字输出端 Q0.0,另一个分配在 Q0.1。

PTO/PWM 发生器和输出寄存器共同使用 Q0.0 和 Q0.1,当 Q0.0 和 Q0.1 设定为 PTO 或 PWM 功能时,PTO/PWM 发生器控制输出,在输出点禁止使用通用功能。输出映像寄存器的状态、强制输出、立即输出等指令的执行都不影响输出波形。当不使用 PTO/PWM 发生器时,输出点恢复为原通用功能状态,输出点的波形由输出映像寄存器来控制。

(2) 相关的特殊功能寄存器。每个 PTO/PWM 发生器都有一个控制字节、16 位无符号的周期时间值和脉宽值、32 位无符号的脉冲计数值。这些字都占有一个指定的特殊功能寄存器,一旦这些特殊功能寄存器的值被设置成所需操作,可通过执行高速脉冲输出指令来实现这些功能。

(3) 高速脉冲输出指令。高速脉冲输出指令可以输出两种类型的方波信号,在精确位置控制中有很重要的应用。其指令格式见表 4 – 46。

表 4 – 46　高速脉冲输出指令

指令名称	梯形图符号	助记符	说　明
高速脉冲输出指令 PLS	PLS EN　ENO ???? – Q0.X	PLS Q	当使能端输入有效时,检测用程序设置特殊功能寄存器位,激活由控制位定义的脉冲操作。从 Q0.0 或 Q0.1 输出高速脉冲

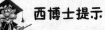 西博士提示

高速脉冲串输出 PTO 和宽度可调脉冲输出 PWM 都由 PLS 指令来激活输出。

操作数 Q 为字型常数 0 或 1。

高速脉冲串输出 PTO 可采用中断方式进行控制,而宽度可调脉冲输出 PWM 只能由指令 PLS 来激活。

4. PTO 的使用

PTO 是可以指定脉冲数和周期的占空比为 50% 的高速脉冲串的输出。状态字节中的最高位(空闲位)用来指示脉冲串输出是否完成。可在脉冲串完成时启动中断程序,若使用多段操作,则在包络表完成时启动中断程序。

(1)周期和脉冲:周期范围从 50 ~ 65 535 μs 或从 2 ~ 65 535 ms,为 16 位无符号数,时基有 μs 和 ms 两种,通过控制字节的第 3 位选择。

注意:

① 如果周期小于 2 个时间单位,则周期的默认值为 2 个时间单位。

② 周期设定奇数微秒或毫秒(例如 75 ms),会引起波形失真。

③ 脉冲计数范围从 1 ~ 4 294 967 295,为 32 位无符号数,如设定脉冲计数为 0,则系统默认脉冲计数值为 1。

(2)PTO 初始步骤:

① 用首次扫描位(SM0.1)使输出 Q0.0 或 Q0.1 复位(置 0),并调用完成初始化操作的子程序。

② 在初始化子程序中,根据控制要求设置控制字并写入 SMB67 或 SMB77 特殊存储器。如写入 16#A0(时基 μs)或 16#A8(时基 ms),两个数值表示允许 PTO 功能、选择 PTO 操作、选择多段操作以及选择时基(μs 或 ms)。

③ 将包络表的首地址(16 位)写入 SMW168(或 SMW178)。

④ 在变量存储器 V 中,写入包络表的各参数值。一定要在包络表的起始字节中写入段数。在变量存储器 V 中建立包络表的过程也可以在一个子程序中完成,在此只须调用设置包络表的子程序。

⑤ 设置中断事件并全局开中断。如果想在 PTO 完成后,立即执行相关功能,则须设置中断,将脉冲串完成事件(中断事件号为 19)连接一中断程序。

⑥ 执行 PLS 指令,使 S7 - 200 系列 PLC 为 PTO/PWM 发生器编程,高速脉冲串由 Q0.0 或 Q0.1 输出。

⑦ 退出子程序。

5. PWM 的使用

PWM 是脉宽可调的高速脉冲输出,通过控制脉宽和脉冲的周期,实现控制任务。

(1)周期和脉宽:周期和脉宽时基为 μs 或 ms,均为 16 位无符号数。周期的范围从 50 ~ 65 535 μs,或从 2 ~ 65 535 ms。若周期小于 2 个时基,则系统默认为 2 个时基。脉宽范围从 0 ~ 65 535 μs 或从 0 ~ 65,535 ms。若脉宽大于或等于周期,占空比等于 100%,则输出连续接通;若脉宽为 0,占空比为 0%,则输出断开。

(2)更新方式:有两种改变 PWM 波形的方法,即同步更新和异步更新。

① 同步更新:不需改变 PWM 的时基时,可以用同步更新。执行同步更新时,波形的变化发生在周期的边缘,形成平滑转换。

② 异步更新:需要改变 PWM 的时基时,则应使用异步更新。异步更新使高速脉冲输出功能被瞬时禁用,与 PWM 波形不同步。这样可能造成控制设备振动。

常见的 PWM 操作是脉冲宽度不同,但周期保持不变,即不要求时基改变。因此先选择适合于所有周期的时基,尽量使用同步更新。

(3) PWM 初始化步骤:

① 用首次扫描位(SM0.1)使输出位复位(置0),并调用初始化子程序。这样可减少扫描时间,程序结构更合理。

② 在初始化子程序中设置控制字节。如将 16#D3(时基 μs)或 16#DB(时基 ms)写入 SMB67 或 SMB77,两个数值表示允许 PTO/PWM 功能、选择 PWM 操作、设置更新脉冲宽度和周期数值以及选择时基(μs 或 ms)。

③ 在 SMW68 或 SMW78 中写入一个字长的周期值。

④ 在 SMW70 或 SMW80 中写入一个字长的脉宽值。

⑤ 执行 PLS 指令,使 S7 – 200 系列 PLC 为 PWM 发生器编程,并由 Q0.0 或 Q0.1 输出。

⑥ 可为下一输出脉冲预设控制字。在 SMB67 或 SMB77 中写入 16#D2(时基 μs)或 16#DA(时基 ms)控制字节中将禁止改变周期值,允许改变脉宽。以后只要装入一个新的脉宽值,不用改变控制字节,直接执行 PLS 指令就可改变脉宽值。

⑦ 退出子程序。

【例 4 – 27】 编写实现宽度可调脉冲输出 PWM 的程序。

控制要求:控制字节(SMB77) = 16#DB,设定周期为 10 000 ms,脉冲宽度为 1 000 ms,通过 Q0.1 输出。设计程序如图 4 – 81 所示。

【项目实施】

实现步骤:

(1) 接线。按图 4 – 72 接线,检查电路的正确性,确定连接无误。

(2) 调试及排障:

① 在断电状态下,连接好 PC/PPI 电缆。

② 打开 PLC 的前盖,将运行模式开关拨到 STOP 位置,此时 PLC 处于停止状态,或者用鼠标单击工具栏中的 STOP 按钮,可以进行程序编写。

③ 在作为编程器的 PC 上,运行 STEP 7-Micro/WIN32 编程软件。

④ 执行"新建"命令,生成一个新项目;执行"打开"命令,打开一个已有的项目;执行"另存为"命令,可修改项目的名称。

⑤ 执行"PLC 类型"命令,设置 PLC 的型号。

⑥ 设置通信参数。

⑦ 编写控制程序。

⑧ 单击工具栏中的"编译"按钮或"全部编译"按钮来编译输入的程序。

⑨ 下载程序文件到 PLC。

⑩ 将运行模式选择开关拨到 RUN 位置,或者单击工具栏的 RUN 按钮使 PLC 进入运行方式。

⑪ 按下启动按钮 SB1,观察运行情况。

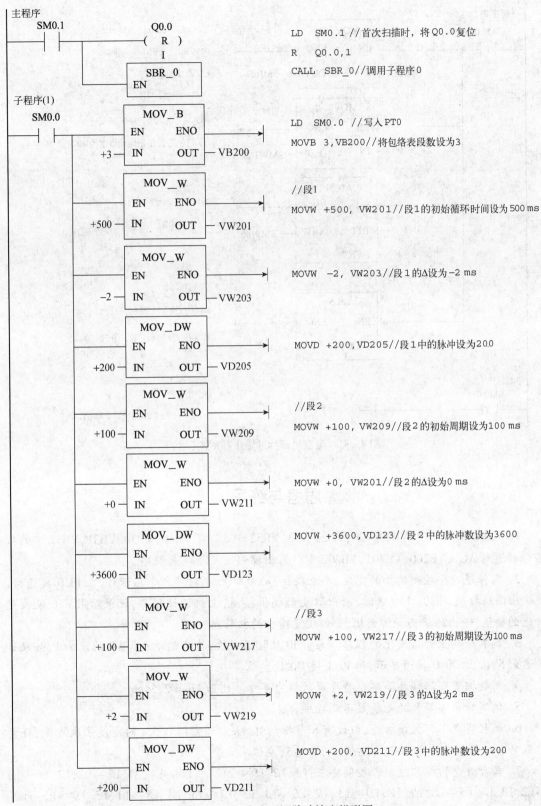

主程序

LD   SM0.1 //首次扫描时，将 Q0.0 复位
R   Q0.0,1
CALL SBR_0 //调用子程序0

子程序(1)

LD   SM0.0 //写入 PT0
MOVB 3,VB200 //将包络表段数设为3

//段1
MOVW +500, VW201 //段1的初始循环时间设为500 ms

MOVW –2, VW203 //段1的Δ设为–2 ms

MOVD +200,VD205 //段1中的脉冲设为20.0

//段2
MOVW +100, VW209 //段2的初始周期设为100 ms

MOVW +0, VW201 //段2的Δ设为0 ms

MOVW +3600,VD123 //段2中的脉冲数设为3600

//段3
MOVW +100, VW217 //段3的初始周期设为100 ms

MOVW +2, VW219 //段3的Δ设为2 ms

MOVD +200, VD211 //段3中的脉冲数设为200

图 4 – 81　宽度可调脉冲输出梯形图

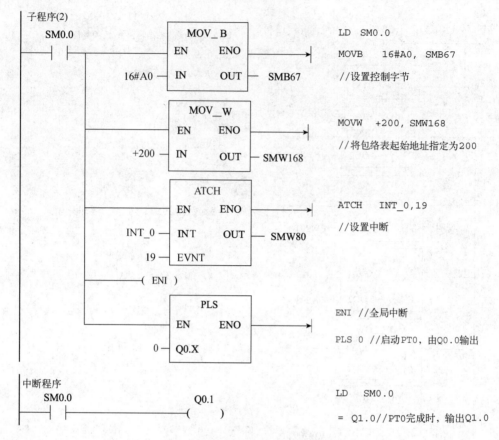

图 4 – 81　宽度可调脉冲输出梯形图（续）

思考与练习

1. 已知 VB10 = 18，VB20 = 30，VB21 = 33，VB32 = 98。将 VB10，VB30，VB31，VB32 中的数据分别送到 AC1，VB200，VB201，VB202 中。写出梯形图及指令表程序。

2. 用传送指令控制输出的变化，要求控制 Q0.0 ~ Q0.7 对应 8 个指示灯，在 I0.0 接通时，使输出隔位接通，在 I0.1 接通时，输出取反后隔位接通，上机调试程序，记录结果。如果改变传送的数值，输出的状态如何变化，如何设置输出的初状态？

3. 编制检测上升沿变化的程序。每当 I0.0 接通一次，使存储单元 VW0 的值加 1，如果计数达到 5，输出 Q0.0 接通显示，用 I0.1 使 Q0.0 复位。

4. 用数据类型转换指令实现将厘米转换为英寸。已知 1in = 2.54cm。

5. 编写输出字符 8 的七段显示码程序。

6. 编程实现下列控制功能，假设有 8 个指示灯，从右到左以 0.5 s 的速度依次点亮，任意时刻只有一个指示灯亮，到达最左端，再从右到左依次点亮。

7. 舞台灯光的模拟控制。控制要求：L1、L2、L9→L1、L5、L8→L1、L4、L7→L1、L3、L6→L1→L2、L3、L4、L5→L6、L7、L8、L9→L1、L2、L6→L1、L3、L7→L1、L4、L8→L1、L5、L9→L1→L2、L3、L4、L5→L6、L7、L8、L9→L1、L2、L9→L1、L5、L8……循环下去。

按下面的 I/O 分配编写程序。

　　　　输入　　　　　　　　输出

启动按钮:I0.0　L1:Q0.0　　L6:Q0.5

停止按钮:I0.1　L2:Q0.1　　L7:Q0.6

　　　　　　　　L3:Q0.2　　L8:Q0.7

　　　　　　　　L4:Q0.3　　L9:Q1.0

　　　　　　　　L5:Q0.4

8. 用算术运算指令完成下列的运算。

(1) 5^3　　　(2) cos30°

9. 编写程序完成数据采集任务,要求每 100 ms 采集一个数。

10. 编写一个输入/输出中断程序,要求实现:

(1) 从 0 ~ 255 的计数。

(2) 当输入端 I0.0 为上升沿时,执行中断程序 0,程序采用加计数。

(3) 当输入端 I0.0 为下降沿时,执行中断程序 1,程序采用减计数。

(4) 计数脉冲为 SM0.5。

11. 编写实现脉宽调制 PWM 的程序。要求从 PLC 的 Q0.1 输出高速脉冲,脉宽的初始值为 0.5 s,周期固定为 5 s,其脉宽每周期递增 0.5 s,当脉宽达到设定的 4.5 s 时,脉宽改为每周期递减 0.5 s,直到脉宽减为 0,以上过程重复执行。

12. 编写一高速计数器程序,要求:

(1) 首次扫描时调用一个子程序,完成初始化操作。

(2) 用高速计数器 HSC1 实现加计数,当计数值为 200 时,将当前值清零。

13. 将 VW100 开始的 20 个字的数据送到 VW200 开始的存储区。

14. 读程序,给程序加注释。

```
NETWORK 1            NETWORK 5
LD SM 0.1,           LD I0.3
MOVW +20 VW 0        EU
NETWORK 2            FIFO VW 0 VW 104
LD I0.0              NETWORK 6
EU                   LD I0.4
FILL +0 VW 2 21      EU
NETWORK 3            MOVW +0 VW106
LD I0.1              FND = VW 2 +10 VW106
EU
ATT VW100 VW 0
NETWORK 4
LD I0.2
EU
LIFO VW0 VW102
```

项目 5

西门子 S7 – 200 系列 PLC 系统综合应用

项目描述

组合机床是常用生产机械的一种,要实现对它的控制首先要了解机床上的机械、液压、电气三者的关系,从机床加工工艺出发,不仅要求能够实现启动、制动、反向和调速等基本要求,而且要保证机床运动的准确和相互协调,具有各种保护装置,工作可靠,实现操作自动化。本项目主要学习运用 PLC 控制系统的设计方法对组合机床的 PLC 控制系统进行编程与实现,提高综合运用 PLC 控制系统基本指令、步进顺序控制指令以及功能指令的能力。

任务5.1 组合机床液压动力滑台控制系统的编程与实现

西博士提示

组合机床主要用于大批量生产零部件的打孔和扩孔等加工工序,其加工精度与加工效率要求均较高,目前均采用专用设备进行加工。组合机床由动力头和动力滑台两部分组成,动力滑台的机械进给运动可以采用液压驱动。为提高工效,进给速度通常分为快进与工进。本任务为组合机床液压动力滑台的 PLC 自动工作循环控制。

【任务】

用 PLC 实现组合机床液压动力滑台控制系统的功能。

【目标】

(1) 知识目标:掌握 PLC 控制系统设计的基本原则、主要内容以及系统设计与调试的主要步骤。

(2) 技能目标:训练组合机床液压动力滑台控制系统的编程与实现,培养综合性工作任务的实施能力。

【甲方要求】——【任务导入】

(1) 控制系统要求:利用 PLC 设计组合机床液压动力滑台的自动工作循环控制。

(2) 按键要求:启动按钮 SB1,按下 SB1 系统进入工作状态;停止按钮 SB2,按下 SB2 系统停止工作。

（3）控制过程：

① 滑台在原点位置，按动启动按钮 SBl，电磁阀 YVl、YV2 得电，滑台快进，同时接触器 KMl 驱动主轴电动机 M 启动；

② 压下行程开关 SQl，YV2 失电，滑台由快进变为工进，进行切削加工；

③ 压下行程开关 SQ2，工进结束，YVl 失电，滑台停留 3 s；

④ 延时时间到，KMl 失电，主轴电动机 M 停转，同时 YV3 得电，滑台做横向退刀；

⑤ 压下行程开关 SQ3，YV3 失电，横退结束，YV4 得电，滑台做纵向退刀；

⑥ 压下行程开关 SQ4，YV4 失电，纵退结束，YV5 得电，滑台做横向进给直到原点，压下行程开关 SQO，YV5 失电，完成一次工作循环。

⑦ 启动后，滑台要做连续循环，按下停止按钮 SB2 后，滑台要返回原点才能停止。液压动力滑台工作循环流程图如图 5 - 1 所示。

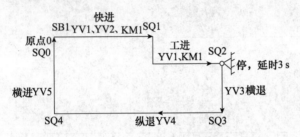

图 5 - 1　液压动力滑台工作循环流程图

【乙方设计】——【五单一支持】

方案设计单

项目名称	西门子 S7 - 200 系统 PLC 系统综合应用	任务名称	组合机床液压动力滑台控制系统的编程与实现
方案设计分工			
子任务	提交材料	承担成员	完成工作时间
PLC 机型选择	PLC 选型分析		
低压电器选型	低压电器选型分析		
电气安装方案	图样		
方案汇报	PPT		
学习过程记录			
班级		小组编号		成员	
说明：小组每个成员根据方案设计的任务要求，进行认真学习，并将学习过程的内容（要点）进行记录，同时也将学习中存在的问题进行记录			
方案设计工作过程			
开始时间		完成时间	
说明：根据小组每个成员的学习结果，通过小组分析与讨论，最后形成设计方案			

项目名称	西门子 S7 – 200 系统 PLC 系统综合应用	任务名称	组合机床液压动力滑台控制系统的编程与实现
方案设计工作过程			
结构框图			
原理说明			
关键元器件型号			
实施计划			
存在的问题及建议			

硬件设计单

项目名称	西门子 S7 – 200 系列 PLC 系统综合应用	任务名称	组合机床液压动力滑台控制系统的编程与实现
硬件设计分工			
子任务	提交材料	承担成员	完成工作时间
主电路设计	主电路图、元器件清单		
PLC 接口电路设计	PLC 接口电路图 元器件清单		
硬件接线图绘制	元器件布局图 电路接线图		
硬件安装与调试	装配与调试记录		
学习过程记录			
班级		小组编号	成员

说明:小组每个成员根据硬件设计的任务要求,进行认真学习,并将学习过程的内容(要点)进行记录,同时也将学习中存在的问题进行记录

续表

项目名称	西门子 S7 - 200 系列 PLC 系统综合应用	任务名称	组合机床液压动力滑台控制系统的编程与实现
硬件设计工作过程			
开始时间		完成时间	
说明:根据硬件系统基本结构,画出系统各模块的原理图,并说明工作原理			
主电路图			
PLC 接口电路图			
元器件布置图			
电路接线图			
存在的问题及建议			

软件设计单

项目名称	西门子 S7 - 200 系列 PLC 系统综合应用	任务名称	组合机床液压动力滑台控制系统的编程与实现
软件设计分工			

子任务	提交材料	承担成员	完成工作时间
单周期运行程序设计	程序流程图及源程序		
连续运行程序设计			
输出信号控制程序设计			
⋮			

项目名称	西门子 S7 - 200 系列 PLC 系统综合应用	任务名称	组合机床液压动力滑台控制系统的编程与实现
学习过程记录			
班级		小组编号		成员	

软件设计工作过程	
开始时间		完成时间	

说明:根据软件系统结构,画出系统各模块的程序图,及各模块所使用的资源

单周期运行程序	
连续运行程序	
输出信号控制程序	
存在的问题及建议	

程序编制与调试单

项目名称	西门子 S7 - 200 系列 PLC 系统综合应用	任务名称	组合机床液压动力滑台控制系统的编程与实现
软件设计分工			
子任务	提交材料	承担成员	完成工作时间
编程软件的安装	安装方法		
编程软件的使用	使用方法		
程序编辑	编辑方法		
程序调试	调试方法		
学习过程记录			
班级		小组编号		成员	

续表

项目名称	西门子 S7 - 200 系列 PLC 系统综合应用	任务名称	组合机床液压动力滑台控制系统的编程与实现
	程序编辑与调试工作过程		
开始时间		完成时间	
说明:根据程序编辑与调试要求进行填写			
编程软件的使用			
程序编辑			
程序与调试			
存在的问题及建议			

评价单——基础能力评价

考核项目	考核点	权重	考核标准			得分
			A(1.0)	B(0.8)	C(0.6)	
任务分析(15%)	资料收集	5%	能比较全面地提出需要学习和解决的问题,收集的学习资料较多	能提出需要学习和解决的问题,收集的学习资料较多	能比较笼统地提出一些需要学习和解决的问题,收集的学习资料较少	
	任务分析	10%	能根据产品用途,确定功能和技术指标。产品选型实用性强,符合企业的需要	能根据产品用途,确定功能和技术指标。产品选型实用性强	能根据产品用途,确定功能和技术指标	
方案设计(20%)	系统结构	7%	系统结构清楚,信号表达正确,符合功能要求			
	元器件选型	8%	主要元器件的选择,能够满足功能和技术指标的要求,按钮设置合理,操作简便	主要元器件的选择,能够满足功能和技术指标的要求,按钮设置合理	主要元器件的选择,能够满足功能和技术指标的要求	
	方案汇报	5%	PPT 简洁、美观、信息丰富,汇报条理性好,语言流畅	PPT 简洁、美观、内容充实,汇报语言流畅	有 PPT,能较好地表达方案内容	

续表

考核项目	考核点	权重	考核标准			得分
			A(1.0)	B(0.8)	C(0.6)	
详细设计与制作(50%)	硬件设计	10%	PLC 选型合理,电路设计正确,元器件布局合理、美观,接线图走线合理	PLC 选型合理,电路设计正确,元器件布局合理,接线图走线合理	PLC 选型合理,电路设计正确,元器件布局合理	
	硬件安装	8%	仪器、仪表及工具的使用符合操作规范,元器件安装正确规范,布线符合工艺标准,工作环境整洁	仪器、仪表及工具的使用符合操作规范,少量元器件安装有松动,布线符合工艺标准	仪器、仪表及工具的使用符合操作规范,元器件安装位置不符合要求,有3~5根导线不符合布线工艺标准,但接线正确	
	程序设计	22%	程序模块划分正确,流程图符合规范、标准,程序结构清晰,内容完整			
	程序调试	10%	调试步骤清楚,目标明确,有调试方法的描述。调试过程记录完整,有分析,结果正确。出现故障有独立处理能力	程序调试有步骤,有目标,有调试方法的描述。调试过程记录完整,结果正确	程序调试有步骤,有目标。调试过程有记录,结果正确	
技术文档(5%)	设计资料	5%	设计资料完整,编排顺序符合规定,有目录			
学习汇报(10%)		10%	能反思学习过程,认真总结学习经验	能客观总结整个学习过程的得与失		
项目得分						
指导教师		日期			项目得分	

总结

评价单——提升能力评价

考核项目	考核点	配分	考核标准	扣分	得分
设备安装	(1) 会分配端口、画I/O接线图; (2) 按图完整、正确及规范接线; (3) 按照要求编号	30	(1) 不能正确分配端口,扣5分,画错I/O接线图,扣5分; (2) 错、漏线,每处扣2分; (3) 错、漏编号,每处扣1分;		

续表

考核项目	考核点	配分	考核标准	扣分	得分
编程操作	(1) 会采用时序波形图法设计程序； (2) 正确输入梯形图； (3) 正确保存文件； (4) 会转换梯形图； (5) 会传送程序	30	(1) 不能设计出程序或设计错误,扣10分； (2) 输入梯形图错误,每处扣2分； (3) 保存文件错误,扣4分； (4) 转换梯形图错误,扣4分； (5) 传送程序错误,扣4分；		
运行操作	(1) 运行系统,分析操作结果； (2) 正确监控梯形图	30	(1) 系统通电操作错误,每处扣3分； (2) 分析操作结果错误,每处扣2分； (3) 监控梯形图错误,扣4分		
安全、文明工作	(1) 安全用电,无人为损坏仪器、元器件和设备； (2) 保持环境整洁,秩序井然,操作习惯良好； (3) 小组成员协作和谐,态度端正； (4) 不迟到、早退、旷课	10	(1) 发生安全事故,扣10分； (2) 人为损坏设备、元器件,扣10分； (3) 现场不整洁、工作不文明,团队不协作,扣5分； (4) 不遵守考勤制度,每次扣2~5分		
合计					

总结与收获

【技术支持】

根据控制系统的设计要求,PLC 外部输入设备(如按钮和行程开关)可以直接作为 PLC 的输入。直流电磁铁的工作电流小于 1 A,可直接用 PLC 的输出器件驱动。电磁铁 YV 电源电压为 24 V 直流电压,且无高速动作要求,故 PLC 的输出形式可采用继电器、晶体管型中任意一种。

根据控制系统的设计要求,考虑到系统的扩展和功能,选用一台晶体管输出结构的 CPU224 小型 PLC 作为控制核心,CPU224 的 I/O 点数为 24 点(14 入、10 出)。

1. 确定 I/O 个数,进行 I/O 地址分配

根据控制要求,首先确定 I/O 个数,然后进行 I/O 地址分配。I/O 地址分配见表 5－1。

表 5-1 I/O 地址分配

输 入		输 出	
输入寄存器	作 用	输出寄存器	作 用
I0.0	停止按钮 SB1	Q0.0	主轴(KM1)KA
I0.1	启动按钮 SB2	Q0.1	快进、工进 YV1
I0.2	原点 SQ0	Q0.2	工进 YV2
I0.3	工进 SQ1	Q0.3	横退 YV3
I0.4	终点停 SQ2	Q0.4	纵退 YV4
I0.5	纵退 SQ3	Q0.5	横进 YV5
I0.6	横进 SQ4		

2. 画出 PLC 外部接线图。

组合机床液压动力滑台控制系统 PLC 外部接线图如图 5-2 所示。

3. 设计自动循环工艺流程图

根据组合机床液压动力滑台自动循环工作过程的分析,结合 PLC 外部接线图的设计,设计出系统自动工作循环的工艺流程图,如图 5-3 所示。工艺流程图分为快进、工进、延时、横退、纵退、横进等加工步骤,一个循环结束时,根据停止按钮 SB2 的按动记忆,选择结束工作或者下一循环周期的开始。

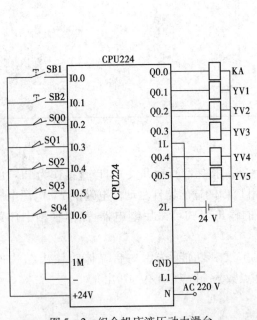

图 5-2 组合机床液压动力滑台
控制系统 PLC 外部接线图

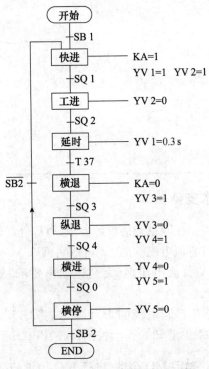

图 5-3 组合机床液压动力滑台
自动循环工艺流程图

4. 设计程序

根据控制电路的要求,在计算机中编写程序,参考程序如图 5 – 4 所示。

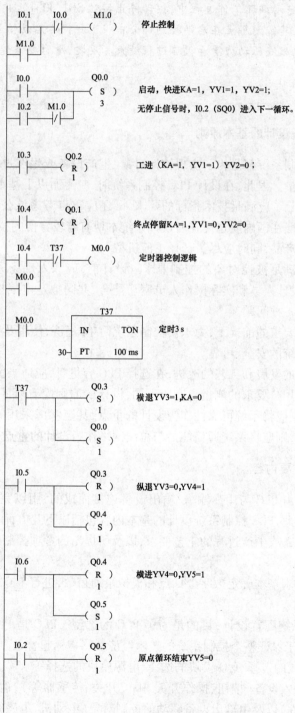

图 5 – 4　组合机床液压动力滑台控制参考程序

西博士提示

停止控制部分用以实现对停止按钮 SB2(I0.1)的按动记忆。若在组合机床液压动力滑台自动循环工作过程中,按动停止按钮 SB1(I0.1),内部标志位 M1.0 线圈得电自锁,其常闭触点在启动控制部分中将下一循环启动信号 SQ0(I0.2)封死,使得组合机床液压动力滑台循环过程结束。反之,滑台要做连续循环。

【相关知识】

1. PLC 控制系统设计的基本原则

任何一种电气控制系统都是为了实现被控对象(生产设备或生产过程)的工艺要求,以提高生产效率和产品质量。因此,在设计 PLC 控制系统时,应遵循以下基本原则。

(1) PLC 的选择除了应满足技术指标的要求外,还应重点考虑该公司产品的技术支持与售后服务的情况。一般在国内应选择在所设计系统本地有着较方便的技术服务机构或较有实力的代理机构的公司产品,同时应尽量选择主流机型。

(2) 最大限度地满足被控对象的控制要求。设计前,应深入现场进行调查研究,搜集资料,并与机械部分的设计人员和实际操作人员密切配合,共同拟定电气控制系统设计方案,协同解决设计中出现的各种问题。

(3) 在满足控制要求的前提下,力求使控制系统简单、经济,使用及维修方便。

(4) 保证控制系统的安全、可靠。

(5) 考虑到生产的发展和工艺的改进,在选择 PLC 容量时,应适当留有裕量。

(6) 对于不同的用户要求的侧重点有所不同,设计的原则应有所区别。如果以提高产品产量和安全为目标,则应将系统可靠性作为设计的重点,甚至考虑采用冗余控制系统;如果要求系统改善信息管理,则应将系统通信能力与总线网络作为设计的重点。

2. 系统设计的主要内容

PLC 控制系统是由 PLC 与用户输入/输出设备连接而成的,用以完成预期的控制目的与相应的控制要求。因此,PLC 控制系统设计的基本内容包括以下几方面:

(1) 根据生产设备或生产过程的工艺要求,以及所提出的各项控制指标与经济预算,首先进行系统的总体设计。

(2) 根据控制要求基本确定数字 I/O 点和模拟量通道数,进行 I/O 点初步分配,绘制 I/O 使用资源图。

(3) 进行 PLC 系统配置设计,目的是为了 PLC 的选型。PLC 是 PLC 控制系统的核心部件,正确选择 PLC 对于保证整个控制系统的技术经济性能指标起着重要的作用。选择 PLC 应包括机型的选择、容量的选择、I/O 模块的选择、电源模块的选择等。

(4) 选择用户输入设备(按钮、操作开关、限位开关、传感器等)、输出设备(继电器、接触器、信号灯等执行元件)以及由输出设备驱动的控制对象(电动机、电磁阀等)。

(5) 设计控制程序,在深入了解与掌握控制要求、主要控制的基本方式以及应完成的动作、自动工作循环的组成、必要的保护和联锁等方面情况之后,对较复杂的控制系统,可用状态流程图的形式全面地表达出来。必要时还可将控制任务分成几个独立部分,这样可化繁为简,有利于编程和调试。程序设计主要包括绘制控制系统流程图、设计梯形图、编制指令表程序清单。

(6) 了解并遵循用户要求,重视人机界面的设计,增强人机间的友好关系。设计操作台、电气柜及非标准电气元件。编写设计说明书及使用说明书。

控制程序是控制整个系统工作的条件,是保证系统工作正常、安全、可靠的关键。因此,控制系统的设计必须经过反复调试、修改,直到满足要求为止。

3. PLC 控制系统设计与调试的主要步骤

PLC 控制系统的设计与调试步骤如图 5 - 5 所示。

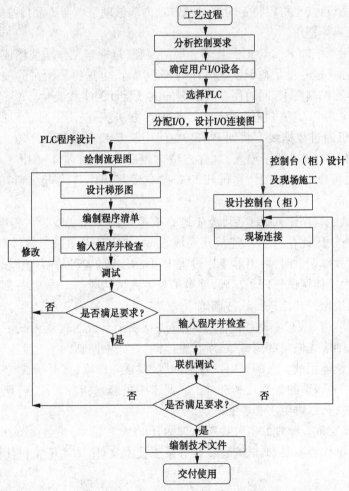

图 5 - 5 PLC 控制系统设计与调试的步骤

(1) 深入了解和分析被控对象的工艺条件和控制要求。被控对象是指受控的机电设备、生产线或生产过程等。控制要求主要指控制的基本方式、应完成的动作、自动工作循环的组成、必要的保护及联锁等。对较复杂的控制系统,还可将控制任务分成几个独立部分,化整为零,有利于编程和调试。

（2）确定 I/O 设备。根据被控对象对 PLC 控制系统的功能要求,确定系统所需的用户输入器件、输出器件及由输出器件驱动的控制对象。在 PLC 控制系统中常用的输入器件有按钮、选择开关、行程开关、传感器等;常用的输出器件有继电器、接触器、指示灯、电磁阀等。当确定输出器件后,就可以确定输出电源的种类、电压等级及容量。

（3）选择合适的 PLC 类型。根据已确定的 I/O 设备,统计所需的输入和输出信号的点数,按照既要充分发挥 PLC 的性能,又要在 PLC 的 I/O 点和内存留有余量的前提下来选择合适类型的 PLC,并按照控制要求,选择合适的 A/D、D/A、I/O、电源模块及显示模块等。一般情况下,I/O 点数应考虑实际应用的 10% 左右的备用量,内存容量一般要留有实际运行程序的25% 左右的备用量。

（4）I/O 地址分配。进行 I/O 点的分配,并编制 I/O 的分配表或者绘制 PLC 系统外部接线图。为便于程序设计,也可以将定时器、计数器、内部辅助继电器等器件按类编制表格,写出器件名、设定值及具体作用。

（5）设计应用系统的 PLC 梯形图程序。所谓编程,是根据工作功能图或状态流程图等设计出梯形图的过程。这一步是整个系统设计的核心部分,也是比较困难的一步。要设计梯形图,首先要十分熟悉控制要求,同时还要有一定的电气设计的实践经验。

（6）将程序输入 PLC。将程序输入 PLC 有两种方法:一是用简易编程器输入;二是用带编程软件的计算机通过数据线下载到 PLC。在使用简易编程器将程序输入 PLC 时,需要先将梯形图转换为指令表,以便于输入,这种方法比较麻烦,现在基本不用。利用编程软件在计算机上编程时,可以通过连接计算机和 PLC 的电缆将程序直接下载到 PLC 中,这种方法应用居多。

（7）软件调试。程序输入 PLC 后,应先进行模拟调试工作。因为在程序设计过程中,难免会有疏漏的地方。因此在将 PLC 连接到现场设备上之前,必须进行软件调试,以排除程序中的错误。另外,软件调试时,可以对工作过程中可能出现的各种故障进行模拟,以优化程序。同时软件调试也为整体调试打好了基础,缩短了整体调试的周期。再者,一般编程软件都提供监控功能,可以利用监控功能进行软件调试。

（8）现场调试。在以上步骤完成后,就可以进行整个系统的现场调试了。如果控制系统由几个部分组成,则应先做局部调试,然后在整体调试;如果控制程序的步序较多,则可先进行分段调试,然后在整体调试。在调试中发现的问题,要逐一排除,直至调试成功。另外,在调试中可以整定一些需要调整的参数让其符合工艺要求中的技术指标。注意,现场调试一定要在软件调试通过后进行,以避免不必要的麻烦。

（9）编制技术文件。整理好电气控制原理图、PLC 软件清单、设备清单、电气元件布置图、电气元件明细表、操作说明书、调试流程步骤等系统技术文件,为系统交付使用及售后服务做好准备。

【项目实施】

实现步骤:

（1）组合机床液压动力滑台控制系统电气安装。按照图 5 - 2 所示进行接线安装。

（2）液压动力滑台控制系统程序编制:

① 连接好 PLC 输入输出接线,启动 STEP 7 - Micro/WIN32 编程软件。

② 打开梯形图编辑器,录入程序并下载到 PLC 中,使 PLC 进入运行状态。

(3) 组合机床液压动力滑台控制系统运行调试。按照控制要求与自动循环方式运行系统,给定相应操作输入设备或信号,观察系统运行结果,若系统未能完成相应动作,应检查相应的电气系统接线是否正确,检查程序设计与录入中是否存在错误,直到完全正确运行为止。

【练习】

有 4 台三相异步电动机,其控制顺序如下:M1 启动 10 s 后 M2、M3 启动,M1 启动 15 s 后 M4 启动,M1 的循环动作周期为启动 24 s 停 10 s,M2 的循环动作周期为启动 16 s 停 18 s,M3 的循环动作周期为启动 5 s 停 29 s,M4 的循环动作周期为启动 15 s,停 15 s。设计 I/O 地址表、电气原理图及控制程序,并安装运行。

任务 5.2　四工位组合机床控制系统的编程与实现

西博士提示

四工位组合机床是为了提高工作效率,促进生产自动化和减轻劳动强度而设计制造的组合机床。可同时对工件的 4 个面或 4 个工件进行加工,由 PLC 编程控制。四工位组合机床由工作滑台、夹具、上下料机械手、进料器、主轴等组成。

【任务】

用 PLC 实现四工位组合机床控制系统的功能。

【目标】

(1) 知识目标:掌握 PLC 控制系统硬件设计的基本方法;掌握 PLC 控制系统软件设计的基本方法;

(2) 技能目标:训练大型的综合性 PLC 控制系统的硬件设计、软件设计以及系统可靠性设计,训练大型的综合性 PLC 控制系统的安装与调试方法;培养大型的综合性 PLC 控制系统的整体实施能力。

【甲方要求】——【任务导入】

(1) 控制系统要求:利用 PLC 设计四工位组合机床系统的控制。

(2) 按键要求:启动按钮 SB2,总停按钮 SB1,预停按钮 SB3。

(3) 控制过程:

① 该组合机床的加工工艺要求加工零件由上料机械手自动上料;

② 上料后,机床的加工动力头同时对该零件进行加工,一次加工完成一个零件;

③ 零件加工完毕后,通过下料机械手自动取走加工完的零件;

④ 有手动、半自动、全自动 3 种工作方式。

四工位组合机床十字轴示意图如图 5 -6 所示。

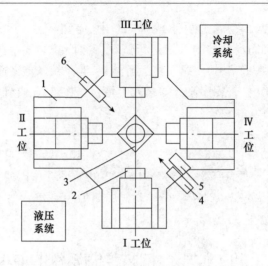

图 5 - 6   四工位组合机床十字轴示意图

1—工作滑台;2—主轴;3—夹具;4—上料机械手;

5—进料装置;6—下料机械手

【乙方设计】——【五单一支持】

方案设计单

项目名称	西门子 S7 - 200 系列 PLC 系统综合应用	任务名称	四工位组合机床控制系统的编程与实现
方案设计分工			
子任务	提交材料	承担成员	完成工作时间
PLC 机型选择	PLC 选型分析		
低压电器选型	低压电器选型分析		
电气安装方案	图纸		
方案汇报	PPT		
学习过程记录			
班级		小组编号		成员	
说明:小组每个成员根据方案设计的任务要求,进行认真学习,并将学习过程的内容(要点)进行记录,同时也将学习中存在的问题进行记录			
方案设计工作过程			
开始时间		完成时间	
说明:根据小组每个成员的学习结果,通过小组分析与讨论,最后形成设计方案			
结构框图			
原理说明			

项目名称	西门子 S7 – 200 系列 PLC 系统综合应用	任务名称	四工位组合机床控制系统的编程与实现
方案设计工作过程			
关键元器件型号			
实施计划			
存在的问题及建议			

硬件设计单

项目名称	西门子 S7 – 200 系列 PLC 系统综合应用	任务名称	四工位组合机床控制系统的编程与实现
硬件设计分工			
子任务	提交材料	承担成员	完成工作时间
主电路设计	主电路图、元器件清单		
PLC 接口电路设计	PLC 接口电路图元器件清单		
硬件接线图绘制	元器件布局图电路接线图		
硬件安装与调试	装配与调试记录		

学习过程记录					
班级		小组编号		成员	

说明:小组每个成员根据硬件设计的任务要求,进行认真学习,并将学习过程的内容(要点)进行记录,同时也将学习中存在的问题进行记录

硬件设计工作过程			
开始时间		完成时间	

说明:根据硬件系统基本结构,画出系统各模块的原理图,并说明工作原理

主电路图	
PLC 接口电路图	

续表

项目名称	西门子 S7 – 200 系列 PLC 系统综合应用	任务名称	四工位组合机床控制系统的编程与实现

硬件设计工作过程

元器件布置图	
电路接线图	
存在的问题及建议	

软件设计单

项目名称	西门子 S7 – 200 系列 PLC 系统综合应用	任务名称	四工位组合机床控制系统的编程与实现

软件设计分工

子任务	提交材料	承担成员	完成工作时间
单周期运行程序设计	程序流程图及源程序		
连续运行程序设计			
输出信号控制程序设计			
⋮			

学习过程记录

班级		小组编号		成员	

软件设计工作过程

开始时间		完成时间	

说明:根据软件系统结构,画出系统各模块的程序图,及各模块所使用的资源

单周期运行程序	

项目名称	西门子 S7－200 系列 PLC 系统综合应用	任务名称	四工位组合机床控制系统的编程与实现
软件设计工作过程			
连续运行程序			
输出信号控制程序			
存在的问题及建议			

程序编制与调试单

项目名称	西门子 S7－200 系列 PLC 系统综合应用	任务名称	四工位组合机床控制系统的编程与实现
软件设计分工			
子任务	提交材料	承担成员	完成工作时间
编程软件的安装	安装方法		
编程软件的使用	使用方法		
程序编辑	编辑方法		
程序调试	调试方法		
学习过程记录			

班级		小组编号	成员	

程序编辑与调试工作过程	
开始时间	完成时间
说明:根据程序编辑与调试要求进行填写	
编程软件的使用	

项目名称	西门子 S7-200 系列 PLC 系统综合应用	任务名称	四工位组合机床控制系统的编程与实现
程序编辑与调试工作过程			

程序编辑	
程序调试	
存在的问题及建议	

评价单——基础能力评价

考核项目	考核点	权重	考核标准			得分
			A(1.0)	B(0.8)	C(0.6)	
任务分析 (15%)	资料收集	5%	能比较全面地提出需要学习和解决的问题,收集的学习资料较多	能提出需要学习和解决的问题,收集的学习资料较多	能比较笼统地提出一些需要学习和解决的问题,收集的学习资料较少	
	任务分析	10%	能根据产品用途,确定功能和技术指标。产品选型实用性强,符合企业的需要	能根据产品用途,确定功能和技术指标。产品选型实用性强	能根据产品用途,确定功能和技术指标	
方案设计 (20%)	系统结构	7%	系统结构清楚,信号表达正确,符合功能要求			
	器件选型	8%	主要元器件的选择,能够满足功能和技术指标的要求,按钮设置合理,操作简便	主要元器件的选择,能够满足功能和技术指标的要求,按钮设置合理	主要元器件的选择,能够满足功能和技术指标的要求	
	方案汇报	5%	PPT 简洁、美观、信息丰富,汇报条理性好,语言流畅	PPT 简洁、美观、内容充实,汇报语言流畅	有 PPT,能较好地表达方案内容	

续表

| 考核项目 | 考核点 | 权重 | 考核标准 | | | 得分 |
			A(1.0)	B(0.8)	C(0.6)	
详细设计与制作（50%）	硬件设计	10%	PLC 选型合理,电路设计正确,元器件布局合理、美观,接线图走线合理	PLC 选型合理,电路设计正确,元器件布局合理,接线图走线合理	PLC 选型合理,电路设计正确,元器件布局合理	
	硬件安装	8%	仪器、仪表及工具的使用符合操作规范,元器件安装正确规范,布线符合工艺标准,工作环境整洁	仪器、仪表及工具的使用符合操作规范,少量元器件安装有松动,布线符合工艺标准	仪器、仪表及工具的使用符合操作规范,元器件安装位置不符合要求,有 3～5 根导线不符合布线工艺标准,但接线正确	
	程序设计	22%	程序模块划分正确,流程图符合规范、标准,程序结构清晰,内容完整			
	程序调试	10%	调试步骤清楚,目标明确,有调试方法的描述。调试过程记录完整,有分析,结果正确。出现故障有独立处理能力	程序调试有步骤,有目标,有调试方法的描述。调试过程记录完整,结果正确	程序调试有步骤,有目标。调试过程有记录,结果正确	
技术文档（5%）	设计资料	5%	设计资料完整,编排顺序符合规定,有目录			
学习汇报(10%）		10%	能反思学习过程,认真总结学习经验	能客观总结整个学习过程的得与失		
项目得分						
指导教师			日期		项目得分	

总结

评价单——提升能力评价

考核项目	考核点	配分	考核标准	扣分	得分
设备安装	(1) 会分配端口、画 I/O 接线图; (2) 按图完整、正确及规范接线; (3) 按照要求编号	30	(1) 不能正确分配端口,扣 5 分,画错 I/O 接线图,扣 5 分; (2) 错、漏线,每处扣 2 分; (3) 错、漏编号,每处扣 1 分		

考核项目	考核点	配分	考核标准	扣分	得分
编程操作	(1) 会采用时序波形图法设计程序； (2) 正确输入梯形图； (3) 正确保存文件； (4) 会转换梯形图； (5) 会传送程序	30	(1) 不能设计出程序或设计错误，扣10 分； (2) 输入梯形图错误，每处扣 2 分； (3) 保存文件错误，扣 4 分； (4) 转换梯形图错误，扣 4 分； (5) 传送程序错误，扣 4 分		
运行操作	(1) 运行系统，分析操作结果； (2) 正确监控梯形图	30	(1) 系统通电操作错误，每处扣 3 分； (2) 分析操作结果错误，每处扣 2 分； (3) 监控梯形图错误，扣 4 分		
安全、文明工作	(1) 安全用电，无人为损坏仪器、元器件和设备； (2) 保持环境整洁，秩序井然，操作习惯良好； (3) 小组成员协作和谐，态度端正； (4) 不迟到、早退、旷课	10	(1) 发生安全事故，扣 10 分； (2) 人为损坏设备、元器件，扣 10 分； (3) 现场不整洁、工作不文明、团队不协作，扣 5 分； (4) 不遵守考勤制度，每次扣 2～5 分		
合计					

总结与收获

【技术支持】

依据加工工艺及控制要求可知，本任务是一个大型的综合性 PLC 控制系统，具体控制过程分解如下：

（1）上料：按下启动按钮，上料机械手前进，将加工零件送到夹具上，到位后夹具夹紧零件，同时进料装置进料，之后上料机械手退回原位，放料装置退回原位。

（2）加工：4 个工作滑台前进，其中工位 Ⅰ、Ⅲ 动力头先加工，Ⅱ、Ⅳ 延时一定时间后再加工，包括铣端面、打中心孔等。加工完成后，各工作滑台均退回原位。

（3）下料：下料机械手向前抓住零件，夹具松开，下料机械手退回原位并取走加工完的零件。（1）～（3）完成了一个工作顺环。若在自动状态下，则机床自动开始下一个循环，实现全自动工作方式。若在预停状态，即在半自动状态下，则机床循环完成后，机床自动停在原位。

1. I/O 分配

根据控制要求,确定 I/O 个数,进行 I/O 地址分配。四工位组合机床的输入信号共有 39 个,输出有 21 个,均为开关量,其 I/O 地址分配见表 5-2。

表 5-2 I/O 地址分配

输 入				输 出	
输入寄存器	作用	输入寄存器	作用	输出寄存器	作用
I0.0	滑台 I 原位 SQ1	I2.6	滑台 I 进 SB5	Q0.0	夹紧 YV1
I0.1	滑台 I 终点 SQ2	I2.7	滑台 I 退 SB6	Q0.1	松开 YV2
I0.2	滑台 II 原位 SQ3	I3.0	主轴 I 点动 SB7	Q0.2	滑台 I 进 YV3
I0.3	滑台 II 终点 SQ4	I3.1	滑台 II 进 SB8	Q0.3	滑台 I 退 YV4
I0.4	滑台 III 原位 SQ5	I3.2	滑台 II 退 SB9	Q0.4	滑台 III 进 YV5
I0.5	滑台 III 终点 SQ6	I3.3	主轴 II 点动 SB10	Q0.5	滑台 III 退 YV6
I0.6	滑台 IV 原位 SQ7	I3.4	滑台 III 进 SB11	Q0.6	上料进 YV7
I0.7	滑台 IV 终点 SQ8	I3.5	滑台 III 退 SB12	Q0.7	上料退 YV8
I1.0	上料器原位 SQ9	I3.6	主轴 III 点动 SB13	Q1.0	下料进 YV9
I1.1	上料器终点 SQ10	I3.7	滑台 IV 进 SB14	Q1.2	下料退 YV10
I1.2	下料器原位 SQ11	I4.0	滑台 IV 退 SB15	Q1.3	滑台 II 进 YV11
I1.3	下料器终点 SQ12	I4.1	主轴 IV 点动 SB16	Q1.4	滑台 II 退 YV12
I1.4	夹紧压力传感器 YJ1	I4.2	夹紧 SB17	Q1.5	滑台 IV 进 YV13
I1.5	进料压力传感器 YJ2	I4.3	松开 SB18	Q1.6	滑台 IV 退 YV14
I1.6	放料压力传感器 YJ3	I4.4	上料器进 SB19	Q1.7	放料 YV15
I2.1	总停按键 SB1	I4.5	上料器退 SB20	Q2.0	进料 YV16
I2.2	启动按键 SB2	I4.6	进料 SB21	Q2.1	I 主轴 KM1
I2.3	预停按键 SB3	I4.7	放料 SB22	Q2.2	II 主轴 KM2
I2.5	选择开关 SA1	I5.0	冷却开 SB23	Q2.3	III 主轴 KM3
		I5.1	冷却停 SB24	Q2.4	IV 主轴 KM4
				Q2.5	冷却电动机 KM5

2. 画出 PLC 外部接线图

根据表 5-2,PLC 外部输入有 12 个位置开关(SQ1~SQ12),有 20 个按钮开关(SB1~SB24),1 个选择开关(SA1),3 个检测开关(YJ1~YJ3);PLC 外部输出有 16 个电磁阀(YV1~YV16),5 个接触器(KM1~KM5)。其简化的 PLC 外部接线图如图 5-7 所示。

3. 设计手动、半自动、全自动 3 种工作方式工艺流程图

根据四工位组合机床的工艺流程、控制要求,现设计出该四工位组合机床 PLC 控制系统的工艺流程图,具体如图 5-8 所示。

4. 设计程序

在实施工作任务时,可依据上述工艺流程图,设计具体的控制程序。

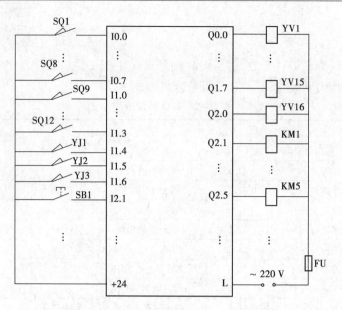

图 5-7 四工位组合机床 PLC 外部接线图

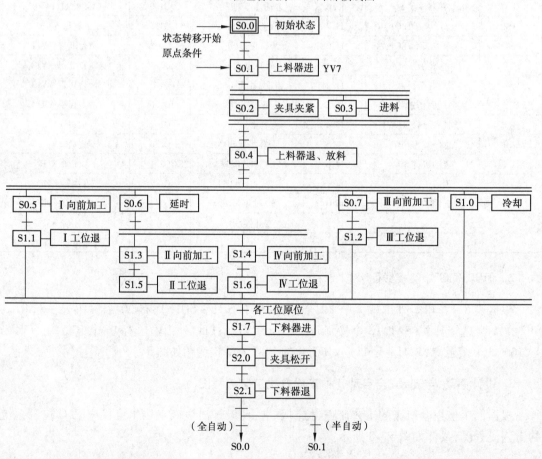

图 5-8 四工位组合机床 PLC 控制系统的工艺流程图

【相关知识】

1. PLC 控制系统硬件设计

随着 PLC 控制的普及与应用,PLC 产品的种类和数量越来越多,而且功能也日趋完善。近年来,从美国、日本、德国等国引进的 PLC 产品及国内厂家组装或自行开发的产品已有几十个系列、上百种型号。目前,在国内应用较多 PLC 产品主要包括:美国 AB、GE、MODI-CON 公司、德国西门子公司、日本 OMRON、三菱等公司的 PLC 产品。因此,PLC 的品种繁多,其结构形式、性能、容量、指令系统、编程方法、价格等各有自身的特点,选用场合也各有侧重。因此,合理选择 PLC,对于提高 PLC 控制系统的技术经济指标起着重要的作用。

选择恰当的 PLC 产品去控制一台机器或一个过程时,不仅应考虑应用系统目前的需求,还应考虑到那些包含于工厂未来发展目标的需要。如果能够考虑到未来的发展将会用最小的代价对系统进行革新和增加新功能。若考虑周到,则存储器的扩充需求也许只要再安装一个存储器模块即可满足;如果具有可用的通信口,应该能满足增加一个外围设备的需要。对局域网的考虑可允许在将来单个控制器集成为一个厂级通信网。若未能合理估计现在和未来的目标,PLC 控制系统会很快变为不适宜和过时的系统。

(1) PLC 机型的选择。对于工艺过程比较固定、环境条件较好(维修量较小)的场合,往往选用整体式结构的 PLC 机型。反之,应考虑选用模块单元式的 PLC 机型。机型选择的基本原则应是在功能满足要求的前提下,保证工作可靠、维护使用方便以及最佳的性能价格比。

对于开关量控制为主,带有部分模拟量控制的应用系统,如工业生产中常遇到的温度、压力、流量、液位等连续量的控制,应选用带有 A/D 转换的模拟量输入模块和带 D/A 转换的模拟量输出模块,配接相应的传感器、变送器(对温度控制系统可选用温度传感器直接输入的温度模块)和驱动装置,并且选择运算功能较强的小型 PLC。特别应提出的是,西门子公司的 S7-200 系列微型 PLC 在进行小型 D/A 转换混合系统控制时具有较高的性能价格比,实施起来也较方便。

对于比较复杂、控制系统功能要求较高的应用系统,如需要 PID 调节、闭环控制、通信联网系统功能时,可选用中、大型 PLC,如西门子公司的 S7-300 系列、S7-400 系列等。当系统的各个部分分布在不同的地域时,应根据各部分的要求来选择 PLC,以组成一个分布式的控制系统,可考虑选择 MODI-CON 公司的 QUANTUM 系列 PLC 产品。

一个大企业,应尽量做到机型统一。因为同一机型的 PLC,其模块可互为备用,便于备品备件的采购和管理。这不仅使模块通用性好,减少备件量,而且给编程和维修带来极大的方便,也给扩展系统升级留有余地。其功能及编程方法统一,有利于技术力量的培训、技术水平的提高和功能的开发;其外围设备通用,资源可共享,配以上位计算机后,可把控制各独立系统的多台计算机连成一个多级分布式控制系统,相互通信,集中管理。

在考虑上述性能后,还要根据工程应用实际,考虑其他一些因素。这些因素包括性能价格比、备品备件的统一考虑、技术支持等。总之,在选择系统机型时,按照 PLC 本身的性能指标对号入座,选择出合适的系统。有时这种选择并不是唯一的,需要在几种方案中综合各种因素做出选择。

(2) PLC 容量估算。PLC 容量包括两个方面:一是 I/O 的点数,二是用户存储器的容量。

① I/O 点数的估算。根据被控对象的输入信号和输出信号的总点数,并考虑到今后调整和扩充,一般应加上 10% ~15% 的备用量。

② 用户存储器容量的估算。用户应用程序占用多少内存与许多因素有关(如 I/O 点数、控制要求、运算处理量、程序结构等)。

(3) PLC 输入/输出模块的选择:

① 输入模块的选择。PLC 的输入模块用来检测来自现场(按钮、行程开关、温控开关等)的高电平信号,并将其转换为 PLC 内部的低电平信号。

各类 PLC 所提供的输入模块,其点数一般有 8、12、16、32 点等不同规格。选择输入模块主要考虑模块的输入电压等级,一般根据现场输入信号(按钮、行程开关)与 PLC 输入模块距离的远近来选择不同电压规格的模块。一般 24 V 以下属低电平,其传输距离不宜太远,如 12 V 电压模块,输入信号与 PLC 输入模块距离一般不超过 10 m。距离较远的设备选用较高电压模块比较可靠。

② 输出模块的选择。输出模块的任务是将 PLC 内部低电平的控制信号转换为外部所需电平的输出信号,以驱动外部负载。输出模块有 3 种输出方式:继电器输出、双向晶闸管输出、晶体管输出。这几种输出形式均有各自的特点,用户可根据系统的要求加以确定。

(4) 其他需要注意的指标:

① 输入电流的选择:模块的输出电流必须大于负载电流的额定值,如果负载电流较大,输出模块不能直接驱动时,应增加中间放大环节。对于电容性负载、热敏电阻负载,考虑到接通时有冲击电流,要留有足够裕量。

② 允许同时接通的输出点数:在选用输出模块时,不但要看一个输出点的驱动能力,还要看整个输出模块的满负载能力,即输出模块同时接通点数的总电流值不得超过模块规定的最大允许电流。

③ 模拟量输入/输出单元的选择:模拟量输入/输出单元是用来感知传感器产生的信号。模拟量输入/输出单元用来测量流量、温度和压力的数值,并用于控制电压或电流输出设备。典型单元量程为 −10 ~ +10 V、0 ~10 V、4 ~20 mA 或 10 ~50 mA。

模拟量输入/输出接口一般有多种规格可供选用,其中最主要的是通道数量,如 1 入 1 出、3 入 1 出等,应根据需要确定。由于模拟量接口一般价格较高,应准确确定所需资源,不宜留有太多的裕量。在确定模拟量输入/输出单元时,另一个重要指标就是精度问题,应根据系统控制精度恰当地选择单元精度,模拟量输入/输出单元一般精度较高,通常可达到 12 bit 左右。

2. PLC 控制系统软件设计

根据 PLC 系统硬件结构和生产工艺要求以及软件规格说明书,使用相应的编程语言指令编制实际应用程序并形成程序说明书的过程就是软件设计。PLC 控制系统软件设计就是 PLC 程序设计。

PLC 程序设计一般分为以下几个步骤:程序设计前的准备工作;程序框图设计;编写程序;程序测试;编写程序说明书。

(1) 程序设计前的准备工作:

① 了解系统概况,形成整体概念:这一步工作主要是通过系统设计方案和软件规格说明书,了解控制系统的全部功能、控制规模、控制方式、输入和输出信号的种类和数量、是否有特

殊功能接口、与其他设备关系、通信内容与方式等。如果没有对整个控制系统的全面了解,就不能对各种控制设备之间的相互联系有真正的理解,并造成想当然地进行程序编制,这样的程序肯定是无法实际运行的。

②　熟悉被控对象,编制高质量的程序:这一部分工作是通过熟悉生产工艺说明书和软件规格说明书来进行的。可把控制要求根据控制功能分类,并确定输入信号检测设备、控制设备、输出信号控制装置的具体情况,深入细致地了解每一个检测信号和控制信号的形式、功能、规模,它们之间的关系和预见以后可能出现的问题,使程序设计有的放矢。在熟悉被控对象的同时,还要认真借鉴前人在程序设计中的经验和教训,总结各种问题的解决方法。总之,在程序设计之前,掌握的东西越多,对问题思考得越深入,程序设计就会越顺利。

③　充分地利用各种软件编程环境:目前各 PLC 主流产品都配置了功能强大的编程环境,如西门子公司的 STEP 7、MODICON 公司的 CONCEPT、三菱公司的 GX Developer 软件等,可在很大程度上减轻程序编制工作的强度,提高编程效率和质量。

(2) 功能框图设计。这项工作主要是根据软件设计规格书的总体要求和控制系统的具体情况,先确定用户程序的基本结构、程序设计标准和结构框图然后再根据工艺要求,绘制出各个功能单元的详细功能框图。系统功能框图应尽量做到模块化,一般最好按功能采取模块化设计方法,因此相应的功能框图也应依次绘制,并规定其各自应完成的功能,然后再绘制图中各模块内部的细化功能图。功能图是编程的主要依据,要尽可能地准确,细化功能图尽可能地详细。如果功能框图是由别人设计的,一定要设法弄清楚其设计思想和方法。完成这部分工作之后就会对系统全部程序设计的功能实现具有了一个整体构想。

(3) 编写程序。编写程序就是根据设计出的功能框图与细化功能图编写控制程序,这是整个程序设计工作的核心部分。如果有编程支持软件应尽量使用。在编写程序的过程中,可以借鉴现代化的标准程序,但必须能读懂这些程序段,否则将会给后续工作带来困难和损失。另外,编写程序过程中要及时对编写出的程序进行注释,以免忘记它们之间的相互关系。

(4) 程序测试。程序测试是整个程序设计工作中一项很重要的内容,它可以初步检查程序的实际效果。程序测试和程序编写分不开,程序的许多功能是在测试中得以修改和完善的。测试可以按照功能单元进行,各功能单元达到要求后再进行整体测试。程序测试可以离线进行,有时还需要在线进行,在线进行一般不允许直接与外围设备连接,以避免重大事故发生。

(5) 编写程序说明书。程序说明书是程序设计的综合说明。编写程序说明书的目的就是便于程序的设计者与现场工程技术人员进行程序调试与程序修改工作,它是程序文件的组成部分。程序说明书一般应包括程序设计的依据、程序的基本结构、各功能单元分析、各参数的来源与设定、程序设计与调试的关键点等。

3. PLC 控制系统可靠性设计

PLC 是专门为工业生产服务的控制装置,通常不需要采取什么措施,即可直接在工业环境使用。但是,当生产环境过于恶劣,电磁干扰特别强烈或安装使用不当,都不能保证 PLC 的正常运行,因此使用时应注意以下问题:

(1) 工作环境:

①　温度:PLC 要求环境温度为 0～55℃。安装时不能放在发热量大的元件下面,四周通风散热的空间应足够大,基本单元和扩展单元之间要有 30 mm 以上间隔;开关柜上、下部应有通

风的百叶窗,防止太阳光直接照射;如果周围环境超过 55 ℃,要安装电风扇,强制通风。

② 湿度:为了保证 PLC 的绝缘性能,空气的相对湿度应小于 85%(无凝露)。

③ 振动:应使 PLC 远离剧烈的振动源,防止振动频率为 10 ~ 55 Hz 的频繁或连续振动。当使用环境不可避免振动时,必须采取减振措施,如采用减振胶等。

④ 电源:PLC 供电电源为 50 Hz、220 × (1 + 10%) V 的交流电。对于电源带来的干扰,PLC 本身具有足够的抵制能力。对于可靠性要求很高的场合或电源干扰特别严重的环境,可以在电源输入端串接 LC 滤波电路。

(2) 安装与布线:

① 动力线、控制线以及 PLC 的电源线和 I/O 线应分别配线,隔离变压器与 PLC 和 I/O 之间应采用双绞线连接。

② PLC 应远离强干扰源,如电焊机、大功率硅整流装置和大型动力设备,不能与高压电器安装在同一个开关柜内。

③ PLC 的输入与输出最好分开走线,开关量与模拟量也要分开敷设。模拟量信号的传送应采用屏蔽线,屏蔽层应一端或两端接地,接地电阻应小于屏蔽层电阻的 1/10。

④ PLC 基本单元与扩展单元以及功能模块的连接电缆应单独敷设,以防外界信号干扰。

⑤ 交流输出线和直流输出线不要用同一根电缆,输出线应尽量远离高压线和动力线,避免并行。

(3) I/O 端的接线:

① 输入接线:输入接线一般不要超过 30 m。但如果环境干扰较小,电压降不大时,输入接线可适当长些。

② 输入/输出线不能用同一根电缆,输入/输出线要分开。尽可能采用常开触点形式连接到输入端,使编制的梯形图与继电器原理图一致,便于阅读。

③ 输出接线。输出接线分为独立输出和公共输出。在不同组中,可采用不同类型和电压等级的输出电压,但同一组中的输出只能用同一类型、同一电压等级的输出电压。由于 PLC 的输出元件被封装在印制电路板上,并且连接至端子板。若将连接输出元件的负载短路,将烧毁印制电路板,因此,应用熔断器保护输出元件。

采用继电器输出时,所承受的电感性负载的大小会影响到继电器的工作寿命,因此使用电感性负载时选择的继电器工作寿命要长。

PLC 的输出负载可能产生干扰,因此要采取措施加以控制,如直流输出的续流管保护,交流输出的阻容吸收电路,晶体管及双向晶闸管输出的旁路电阻保护。

(4) 外部安全电路。为了确保整个系统能在安全状态下可靠工作,避免由于外部电源发生故障、出现异常、误操作以及误输出造成的重大经济损失和人身伤亡事故,PLC 外部应安装必要的保护电路。

① 急停电路:对于能使用户造成伤害的危险负载,除了在控制程序中加以考虑外,还应在外部设计急停车电路,当 PLC 发生故障时,将引起伤害的负载电源可靠切断。

② 保护电路:正反转等可逆操作的控制系统,要设置外部电器互锁保护电路;往复运行及升降移动的控制系统,要设置外部限位保护电路。PLC 有监视定时器等自检功能,检测出异常时,输出全部关闭。但当 PLC 的 CPU 故障时就不能控制输出,因此,对于能使用户造成伤害的危险负载,为确保设备在安全状态下运行,需设计外保护电路加以防护。

③ 重大故障的报警及防护：对于易发生重大事故的场所，为了确保控制系统在重大事故发生时仍可靠地报警及防护，应将与重大故障有联系的信号通过外电路输出，以使控制系统在安全状况下运行。

（5）PLC 的接地。良好的接地是保证 PLC 可靠工作的重要条件，可以避免偶然发生的电压冲击危害。PLC 的接地线与机器的接地端相接，接地线的截面积应不小于 2 mm²，接地电阻小于 100 Ω；如果要用扩展单元，其接地点应与基本单元的接地点接在一起。为了抑制加在电源及输入端、输出端的干扰，应给 PLC 接上专用地线，接地点应与动力设备（如电动机）的接地点分开；若达不到这种要求，也必须做到与其他设备公共接地，禁止与其他设备串联接地。接地点应尽可能靠近 PLC。

（6）冗余系统与热备用系统。在石油、化工、冶金等行业的某些系统中，要求控制装置有极高的可靠性。如果控制系统发生故障，将会造成停产、原料大量浪费或设备损坏，给企业造成极大的经济损失。但是仅靠提高控制系统硬件可靠性来满足上述要求是远远不够的，因为 PLC 本身可靠性的提高是有一定的限度，使用冗余系统或热备用系统就能够比较有效地解决上述问题。

在冗余系统中，整个 PLC 控制系统（或系统中最重要的部分，如 CPU 模块）由两套完全相同的系统组成，两块 CPU 模块使用相同的用户程序并行工作，其中一块是主 CPU，另一块是备用 CPU，主 CPU 工作，而备用 CPU 的输出是被禁止的，当主 CPU 发生故障时，备用 CPU 自动投入，这一切换过程是由冗余处理单元 RPU 控制的。切换时间在 1~3 个扫描周期，I/O 系统的切换也是由 RPU 完成的。在热备用系统中，两台 CPU 用通信接口连接在一起，均处于通电状态，当系统出现故障时，由主 CPU 通知备用 CPU，使备用 CPU 投入运行。这一切换过程一般不太快，但它的结构要比冗余系统简单。

【项目实施】

实现步骤：

（1）在实施工作任务时，可依据上述工艺流程图，设计具体的控制程序。按照图 5－7 四工位组合机床 PLC 外部接线图进行接线安装。

（2）四工位组合机床 PLC 控制系统程序编制：

① 连接好 PLC 输入输出接线，启动 STEP 7－Micro/WIN32 编程软件。

② 打开梯形图编辑器，录入程序并下载到 PLC 中，使 PLC 进入运行状态。

（3）四工位组合机床 PLC 控制系统运行调试。按照控制要求分别以手动、半自动、全自动 3 种工作方式运行系统，给定相应操作输入设备或信号，观察系统运行结果，若系统未能完成相应动作，应检查相应的电气系统接线是否正确，检查程序设计与录入中是否存在错误，直到完全正确运行为止。

【练习】

设计苹果分拣机控制系统。苹果分拣机控制系统示意图如图 5－9 所示，该系统能将 3 种不同大小的苹果放入相应的集装箱中。开启电源，M5 电动机运行，S1 用来检测传送带上是否有苹果，若检测到有苹果时，HL1 灯亮，没有检测到苹果 HL1 熄灭；S2、S3、S4 为 3 种不同规格苹果检测信号，当检测到某一规格时，HL2 常亮，相应的电动机启动，将苹果放入集装箱中。

如果不符合这 3 种规格,则 HL2 闪烁,且 M4 电动机启动,将该苹果放入 4 号集装箱中。S1 继续检测是否有苹果在传送带上,重复相同的操作。

设计要求:设计 PLC I/O 地址分配表;设计 PLC 输入/输出控制电路;设计控制系统控制程序(梯形图);编制控制程序(梯形图)的指令表;设计控制系统相应各类保护;安装实现控制系统并模拟运行。

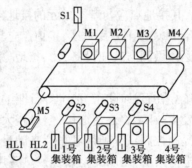

图 5 - 9　苹果分拣机控制系统示意图

西博士提示

控制分析:当按下启动按钮时,M5 电动机运行以带动传送带运行。S1 检测传送带上是否有苹果,如果传送带上有苹果,则驱动 HL1 并延时 1 s,使苹果传送到 S2 检测位置。若 S2 检测有效,M1 电动机工作,将它送入 1 号集装箱并驱动 HL2 使其常亮,系统重新对下一个苹果进行检测,否则将苹果传送到 S3 位置检测。若 S3 检测有效,M2 电动机工作,将它送入集装箱 2 并驱动 HL2 使其常亮,系统重新对下一个苹果进行检测,否则将苹果传送到 S4 检测位置。若 S4 检测有效,M3 电动机工作,将它送入集装箱 3 并驱动 HL2 使其常亮,系统重新对下一个苹果进行检测,否则 M4 电动机工作将它送入 4 号集装箱,表示该苹果不符合规格,且 HL2 闪烁,然后系统重新对下一个苹果进行检测。

思考与练习

1. 可编程序控制器系统设计一般分为几步?
2. 如何选择合适的 PLC 类型?
3. 用 PLC 构成液体混合控制系统,如图 5 - 10 所示。

控制要求:按下启动按钮,电磁阀 Y1 闭合,开始注入液体 A,按 L2 表示液体到了 L2 的高度,停止注入液体 A。同时电磁阀 Y2 闭合,注入液体 B,按 L1 表示液体到了 L1 的高度,停止注入液体 B,开启搅拌机 M,搅拌 4 s,停止搅拌。同时 Y3 为 ON,开始放出液体至液体高度为 L3,再经 2 s 停止放出液体,同时液体 A 注入,开始循环。按停止按钮,所有操作都停止,须重新启动。

设计要求:设计 I/O 地址分配表,编写梯形图程序并上机调试程序。

4. 用 PLC 构成 4 节传送带控制系统,如图 5 - 11 所示。

控制要求:启动后,先启动最末的传送带,1 s 后再依次启动其他的传送带;停止时,先停止最初的传送带,1 s 后再依次停止其他的传送带;当某条传送带发生故障时,该级前面的传送带应立即停止,以后的每隔 1 s 顺序停止;当某传送带有重物时,该传送带前面的传送带应立即停止,该传送带运行 1 s 后停止,再 1 s 后接下去的一台停止,依此类推。

设计要求:设计 I/O 地址分配表,编写 4 节传送带故障设置控制梯形图程序和载重设置控制梯形图程序并上机调试程序。

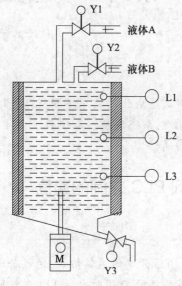

图 5-10　液体混合模拟控制系统

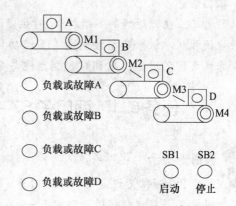

图 5-11　4 节传送带控制示意图

5. PLC 对安装环境有何要求?PLC 的安装方法有几种?

6. I/O 接线时应注意哪些事项?PLC 如何接地?

7. PLC 减少输入/输出点数的方法有几种?

8. 某基于 PLC 的汽车自动清洗及控制系统由按钮开关、车辆检测器、喷淋阀门、电动刷等组成。当按下启动按钮后清洗机开始工作,同时喷淋阀门打开。当检测到车辆进入清洗距离时,洗刷电动机启动,当汽车离开后,清洗结束,清洗机停止并关闭喷淋阀门。试设计该系统的 I/O 地址分配表、PLC 电气原理图、控制程序,并运行调试。

9. 竞赛抢答器系统编程与实现。

控制要求:1~4 组人组成的竞赛抢答,有 4 个对应的按钮,编号分别为 1、2、3、4。在主持人的主持下,参赛者通过抢先按下抢答按钮获得答题资格,抢答有时间限制。当某一组按下按钮之后,显示器显示出该组编号,天塔之光闪烁某花色,同时锁定其他组的抢答器,使其他组抢答无效。如果在限制时间内参赛者均没有进行抢答,10 s 后天塔之光闪烁另一花色提示,此后抢答无效。如果主持人在未按下"开始"按钮前,已有人按下抢答按钮,属于违规,并显示违规组的编号,同时天塔之光闪烁又一花色提示,其他按钮无效。抢答器设有复位开关,由主持人控制。

设计要求:设计 PLC I/O 地址分配表;设计 PLC 输入/输出控制电路;设计系统控制程序(梯形图);编制控制程序(梯形图)的指令表;设计控制系统相应各类保护;安装实现系统并模拟运行。

项目 6

西门子 S7 – 200 系列 PLC 的通信

项目描述

随着工业生产规模的不断扩大,对生产管理的信息化、集成化的需求不断提高,PLC 控制系统也逐步从单机分散型控制向着多级协同的网络化控制系统发展。本项目主要学习 PLC 控制系统之间的通信以及 PLC 控制系统与变频器之间的通信。

任务 6.1　西门子 S7 – 200 系列 PLC 之间的通信

西博士提示

PPI 通信协议是西门子专门为 S7 – 200 系列 PLC 开发的通信协议,通过普通的两芯屏蔽双绞线进行联网,并且在 CPU 上集成的编程口同时也是 PPI 通信联网接口,因此利用 PPI 通信协议进行通信非常简单方便。

【任务】

用 PLC 的通信指令实现 3 台 PLC 之间的通信。

【目标】

(1) 知识目标:掌握西门子 S7 – 200 系列 PLC 的网络通信协议及通信所需设备,掌握通信指令的应用;

(2) 技能目标:能够实现多台 PLC 之间的通信。

【甲方要求】——【任务导入】

(1) 控制系统要求:利用网络通信指令实现甲、乙、丙 3 台 PLC 与计算机通过 RS – 485 通信接口组成一个使用 PPI 的单主站通信网络。

(2) 主从要求:甲作为主站,乙与丙作为从站;

(3) 控制过程:一开机,甲 PLC 的 Q0.0 ~ Q0.7 控制的 8 盏灯每间隔 1 s 依次点亮,接着乙 PLC 的 Q0.0 ~ Q0.7 控制的 8 盏灯每间隔 1 s 依次点亮,然后丙 PLC 的 Q0.0 ~ Q0.7 控制的 8 盏灯每间隔 1 s 依次点亮。然后再从甲 PLC 开始 24 盏灯不断循环依次点亮。

3 台 PLC 网络控制系统示意图如图 6 – 1 所示。

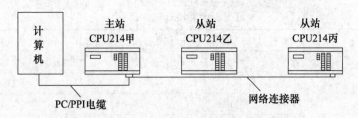

图 6 - 1　3 台 PLC 网络控制系统示意图

【乙方设计】——【五单一支持】

方案设计单

项目名称	西门子 S7 - 200 系列 PLC 通信		任务名称	西门子 S7 - 200 系列 PLC 之间的通信
方案设计分工				
子任务	提交材料	承担成员		完成工作时间
PLC 机型选择	PLC 选型分析			
低压电器选型	低压电器选型分析			
电气安装方案	图样			
方案汇报	PPT			
学习过程记录				
班级		小组编号		成员

说明:小组每个成员根据方案设计的任务要求,进行认真学习,并将学习过程的内容(要点)进行记录,同时也将学习中存在的问题进行记录

方案设计工作过程		
开始时间		完成时间

说明:根据小组每个成员的学习结果,通过小组分析与讨论,最后形成设计方案

结构框图	
原理说明	
关键元器件型号	
实施计划	
存在的问题及建议	

硬件设计单

项目名称	西门子 S7 – 200 系列 PLC 的通信	任务名称	西门子 S7 – 200 系列 PLC 之间的通信

硬件设计分工			
子任务	提交材料	承担成员	完成工作时间
主电路设计	主电路图、元器件清单		
PLC 接口电路设计	PLC 接口电路图 元器件清单		
硬件接线图绘制	元器件布局图 电路接线图		
硬件安装与调试	装配与调试记录		

学习过程记录					
班级		小组编号		成员	

说明:小组每个成员根据硬件设计的任务要求,进行认真学习,并将学习过程的内容(要点)进行记录,同时也将学习中存在的问题进行记录

硬件设计工作过程			
开始时间		完成时间	

说明:根据硬件系统基本结构,画出系统各模块的原理图,并说明工作原理

主电路图	
PLC 接口 电路图	
元器件 布置图	
电路接线图	
存在的问题 及建议	

软件设计单

项目名称	西门子 S7 - 200 系列 PLC 通信	任务名称	西门子 S7 - 200 系列 PLC 之间的通信

软件设计分工			
子任务	提交材料	承担成员	完成工作时间
单周期运行程序设计			
连续运行程序设计	程序流程图及源程序		
输出信号控制程序设计			
⋮			

学习过程记录					
班级		小组编号		成员	

软件设计工作过程		
开始时间		完成时间	
说明:根据软件系统结构,画出系统各模块的程序图,及各模块所使用的资源		
单周期 运行程序		
连续运行 程序		
输出信号 控制程序		
存在的问题 及建议		

程序编制与调试单

项目名称	西门子 S7-200 系列 PLC 的通信	任务名称	西门子 S7-200 系列 PLC 之间的通信
软件设计分工			
子任务	提交材料	承担成员	完成工作时间
编程软件的安装	安装方法		
编程软件的使用	使用方法		
程序编辑	编辑方法		
程序调试	调试方法		
学习过程记录			
班级		小组编号	成员

程序编辑与调试工作过程			
开始时间		完成时间	
说明：根据程序编辑与调试要求进行填写			
编程软件的使用			
程序编辑			
程序调试			
存在的问题及建议			

评价单——基础能力评价

考核项目	考核点	权重	考核标准			得分
			A(1.0)	B(0.8)	C(0.6)	
任务分析 (15%)	资料收集	5%	能比较全面地提出需要学习和解决的问题,收集的学习资料较多	能提出需要学习和解决的问题,收集的学习资料较多	能比较笼统地提出一些需要学习和解决的问题,收集的学习资料较少	
	任务分析	10%	能根据产品用途,确定功能和技术指标。产品选型实用性强,符合企业的需要	能根据产品用途,确定功能和技术指标。产品选型实用性强	能根据产品用途,确定功能和技术指标	
方案设计 (20%)	系统结构	7%	系统结构清楚,信号表达正确,符合功能要求			
	元器件选型	8%	主要元器件的选择,论证充分,能够满足功能和技术指标的要求,按钮设置合理,操作简便	主要元器件的选择,能够满足功能和技术指标的要求,按钮设置合理	主要元器件的选择,能够满足功能和技术指标的要求	
	方案汇报	5%	PPT 简洁、美观、信息丰富,汇报条理性好,语言流畅	PPT 简洁、美观、内容充实,汇报语言流畅	有 PPT,能较好地表达方案内容	
详细设计 与制作 (50%)	硬件设计	10%	PLC 选型合理,电路设计正确,元器件布局合理、美观,接线图走线合理	PLC 选型合理,电路设计正确,元器件布局合理,接线图走线合理	PLC 选型合理,电路设计正确,元器件布局合理	
	硬件安装	8%	仪器、仪表及工具的使用符合操作规范,元器件安装正确规范,布线符合工艺标准,工作环境整洁	仪器、仪表及工具的使用符合操作规范,少量元器件安装有松动,布线符合工艺标准	仪器、仪表及工具的使用符合操作规范,元器件安装位置不符合要求,有3~5根导线不符合布线工艺标准,但接线正确	
	程序设计	22%	程序模块划分正确,流程图符合规范、标准,程序结构清晰,内容完整			
	程序调试	10%	调试步骤清楚,目标明确,有调试方法的描述。调试过程记录完整,有分析,结果正确。出现故障有独立处理能力	程序调试有步骤,有目标,有调试方法的描述。调试过程记录完整,结果正确	程序调试有步骤,有目标。调试过程有记录,结果正确	
技术文档 (5%)	设计资料	5%	设计资料完整,编排顺序符合规定,有目录			
学习汇报(10%)		10%	能反思学习过程,认真总结学习经验	能客观总结整个学习过程的得与失		

续表

考核项目	考核点	权重	考核标准			得分
			A(1.0)	B(0.8)	C(0.6)	
项目得分						
指导教师			日期		项目得分	

总结

评价单——提升能力评价

考核项目	考 核 点	配分	考 核 标 准	扣分	得分
设备安装	(1) 会分配端口、画 I/O 接线图; (2) 按图完整、正确及规范接线; (3) 按照要求编号	30	(1) 不能正确分配端口,扣 5 分,画错 I/O 接线图,扣 5 分; (2) 错、漏线,每处扣 2 分; (3) 错、漏编号,每处扣 1 分		
编程操作	(1) 会采用时序波形图法设计程序; (2) 正确输入梯形图; (3) 正确保存文件; (4) 会转换梯形图; (5) 会传送程序	30	(1) 不能设计出程序或设计错误,扣 10 分; (2) 输入梯形图错误,每处扣 2 分; (3) 保存文件错误,扣 4 分; (4) 转换梯形图错误,扣 4 分; (5) 传送程序错误,扣 4 分		
运行操作	(1) 运行系统,分析操作结果; (2) 正确监控梯形图	30	(1) 系统通电操作错误,每处扣 3 分; (2) 分析操作结果错误,每处扣 2 分; (3) 监控梯形图错误,扣 4 分		
安全、文明工作	(1) 安全用电,无人为损坏仪器、元器件和设备; (2) 保持环境整洁,秩序井然,操作习惯良好; (3) 小组成员协作和谐,态度端正; (4) 不迟到、早退、旷课	10	(1) 发生安全事故,扣 10 分; (2) 人为损坏设备、元器件,扣 10 分; (3) 现场不整洁、工作不文明,团队不协作,扣 5 分; (4) 不遵守考勤制度,每次扣 2~5 分		
合计					

总结与收获

【技术支持】

1. 设计思路

一开机,甲机 Q0.0～Q0.7 控制的 8 盏灯在位移寄存器指令的控制下以秒速度依次点亮。当甲机的最后一盏灯亮以后,就停止甲机 MB0 的位移位,并将 MB0 的状态通过 NETW 指令写入乙机的写缓冲器 VB110;这时乙机的 Q0.0～Q0.7 控制的 8 盏灯通过位移位寄存器指令也以秒速度依次点亮。通过 NETR 指令把乙机的 Q0.0～Q0.7 的状态读进乙机的读缓冲器 VB100 中,然后又通过 NETW 指令将 VB100 数据表的内容写进丙机的写缓冲器 VB130,当乙机的最后一盏灯亮了以后,丙机的 Q0.0～Q0.7 控制的 8 盏灯依次亮。通过 NETR 指令将丙机的 QB0 的状态读进丙机的读缓冲器 VB120 中,当丙机的最后一盏灯亮,即 V120.7 得电,则重新启动甲机的灯并依次亮。这样整个网络控制的 24 盏灯将按顺序依次亮。

2. 设计程序

根据控制要求,先为甲机 PLC 建立网络通信数据表,见表 6－1。

表 6－1　甲机网络通信数据表

相关数据 通信机型	字节意义	状态字节	远程站地址	远程站数据区指针	被写的数据长度	数据字节
与乙机通信	NETR 缓冲区	VB100	VB101	VD102	VB106	VB107
	NETW 缓冲区	VB110	VB111	VD112	VB116	VB117
与丙机通信	NETR 缓冲区	VB120	VB121	VD122	VB126	VB127
	NETW 缓冲区	VB130	VB131	VD132	VB136	VB137

编制甲机的通信设置及存储器初始化程序如图 6－2 所示,甲机对乙机的读/写操作主程序如图 6－3 所示,甲机对丙机的读/写操作主程序如图 6－4 所示,甲机彩灯移位控制主程序如图 6－5 所示,乙机及丙机彩灯移位控制主程序如图 6－6 所示。

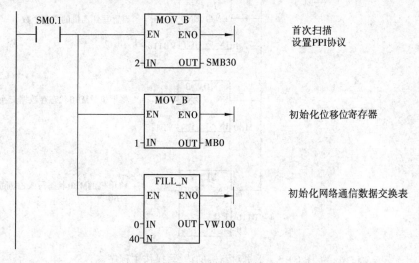

图 6－2　甲机的通信设置及存储器初始化程序

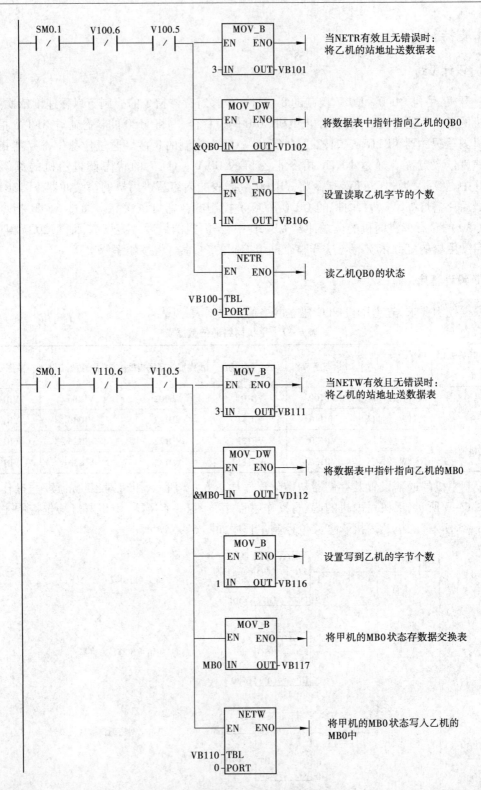

图 6-3　甲机对乙机的读/写操作主程序

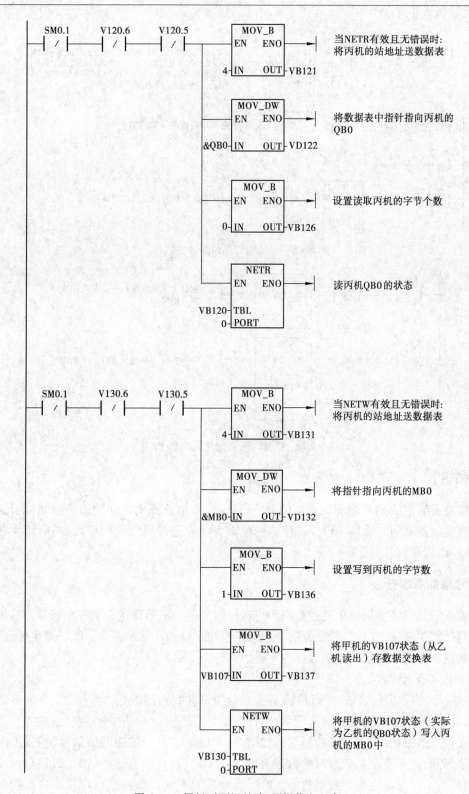

图 6 – 4　甲机对丙机的读/写操作主程序

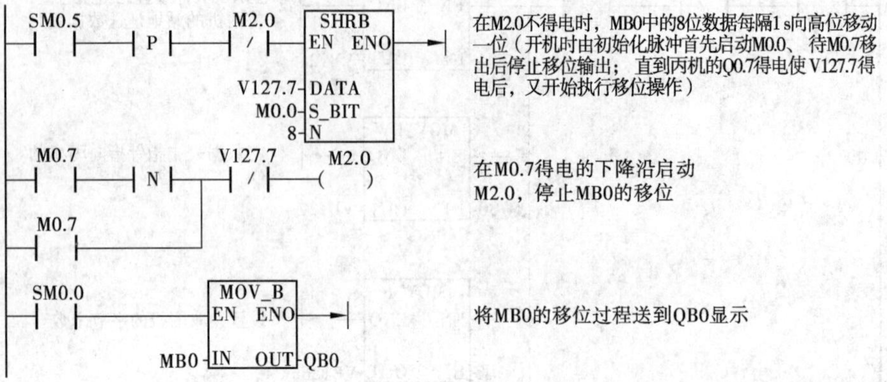

图6-5　甲机彩灯移位控制主程序

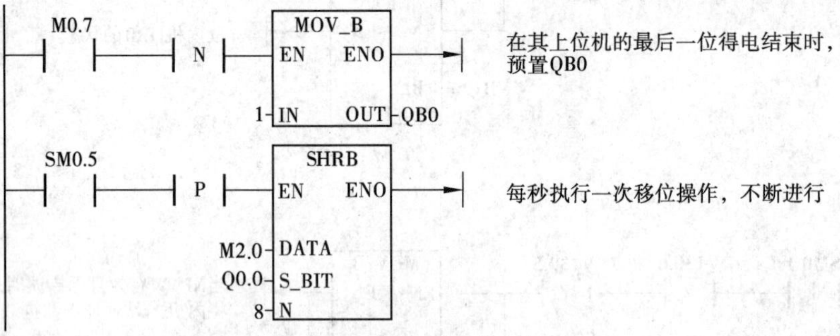

图6-6　乙机及丙机彩灯移位控制主程序

【相关知识】

PLC 的通信包括 PLC 之间的通信的通信、PLC 与上位计算机之间的通信的通信以及 PLC 与其他智能设备之间的通信。PLC 与计算机可以直接或通过通信处理单元、通信转换器相连构成网络,以实现信息的交换。

1. 通信的基本概念

数据通信就是将数据信息通过适当的传送电路从一台机器传送到另一台机器。这里的机器可以是计算机、PLC 或具有数据通信功能的其他数字设备。数据通信系统一般由传送设备、传送控制设备和传送协议及通信软件等组成。

（1）基本概念和术语:

① 并行传输和串行传输:并行传输是指通信中,同时传送构成一个字或字节的多位二进制数据,并行传输示意图如图6-7所示;串行传输是指通信中,一位一位地传送构成一个字或字节的多位二进制数据,串行传输示意图如图6-8所示。并行传输的通信速度高,不用过多考虑同步问题,适用于距离较近时的数据通信,一般用于 PLC 的内部通信中,如 PLC 内部元件之间、PLC 与扩展模块之间的数据通信。串行传输易于实现,比较便宜,在长距离连接中比并行通信更可靠,但传输速率较慢,一般用于 PLC 与计算机之间、多台 PLC 之间的数据通信。

② 异步传输和同步传输:在异步传输中,信息以字符为单位进行传输,每个字符由1个起

始位、7~8 个数据位、1 个奇偶检验位(可有可无)和停止位(1 位、1.5 或 2 位)组成。异步传输的优点就是收、发双方不需要严格的位同步,所谓"异步"是指字符与字符之间的异步,字符内部仍为同步。在同步传输中,不仅字符内部为同步,字符与字符之间也要保持同步。同步传输的特点是可获得较高的传输速率,但实现起来较复杂。

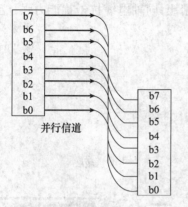

图 6-7　并行传输示意图

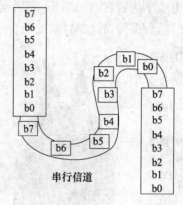

图 6-8　串行传输示意图

③ 基带传输和频带传输:基带传输就是在数字通信的信道上直接传送数据的基带信号,即按照数据波的原样进行传输,不包含任何调制,它是最基本的数据传输方式。在进行远距离的数据传输时,通常将基带信号进行调制,再通过带通型模拟信道传输调制后的信号,接收方通过解调器得到原来的基带信号,这种传输方式称为频带传输。在 PLC 网络中,大多采用基带传输的方式,一般不采用频带传输的方式。远距离传输时,为降低成本,传输线频带不够宽,使信号严重失真、衰减,常采用的方法是调制解调技术。

④ 传输速率:传输速率是指单位时间内传输的信息量,它是衡量系统传输性能的主要指标,其单位为 bit/s,表示每秒传送的二进制位数。常用的传输速率有:19 200 bit/s、9 600 bit/s、4 800 bit/s、2 400 bit/s、1 200 bit/s 等。

⑤ 信息交互方式:常用的信息交互方式有单工通信、半双工和全双工通信 3 种。其中单工通信是指信息始终保持一个方向传输,发送端和接收端是固定的,如图 6-9(a)所示。例如,无线电广播、电视广播等的信息交互方式就属于这种类型。半双工通信是指数据可以在两个方向上传输,但同一时刻只限于一个方向传输,如图 6-9(b)所示。例如,对讲机的信息交互方式就属于这种类型。全双工通信是指通信双方能够同时进行数据的发送和接收,如图 6-9(c)所示。RS-232、RS-422 采用的都是全双工通信方式。在 PLC 通信中常采用半双工和全双工通信。

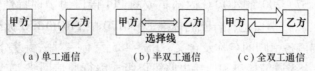

(a)单工通信　　　(b)半双工通信　　　(c)全双工通信

图 6-9　信息交互方式示意图

(2) 传输介质。传输介质是网络中连接收发双方的物理通路,也是通信中实际传送信息的载体。传输介质大致可分为有线介质和无线介质。常用的有线介质有双绞线、同轴电缆和光纤等。无线介质是指在空间传播的电磁波、红外线、微波等。PLC 网络中,普遍使用的是有线介质。

① 双绞线:一对相互绝缘的线以螺旋形式绞合在一起就构成了双绞线,它是一种使用广泛且价格低廉的传输介质,分为非屏蔽双绞线和屏蔽双绞线两种,双绞线结构示意图如图 6 – 10 所示。

② 同轴电缆:同轴电缆由内导体铜质芯线、绝缘层、铝箔、屏蔽层和塑料保护层 5 部分构成,同轴电缆结构示意图如图 6 – 11 所示。与双绞线相比,同轴电缆抗干扰能力强,能够应用于频率更高、数据传输速率更快的场合。

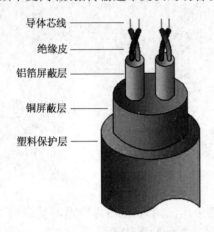

图 6 – 10　双绞线结构示意图

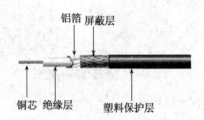

图 6 – 11　同轴电缆结构示意图

③ 光纤:光纤是一种传输光信号的传输媒介,其从中心到外层分别为光纤芯、包层、保护层,光纤结构示意图如图 6 – 12 所示。光纤芯是一种横截面积很小、质地脆、易断裂的光导纤维,制造这种纤维的材料可以是玻璃也可以是塑料。光纤芯的外层裹有一个包层,它由折射率比光纤芯小的材料制成。正是由于在光纤芯与包层之间存在着折射率的差异,光信号在到达包层的界面上发生全反射,从而保证了光纤的低衰减、长距离传输。

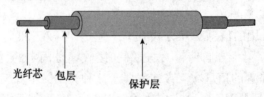

图 6 – 12　光纤结构示意图

2. S7 – 200 系列 PLC 通信部件介绍

(1) 通信端口。S7 – 200 系列 PLC 内部集成的 PPI 接口的物理特性为 RS – 485 串行接口,为 9 针 D 型连接器,该端口也符合欧洲标准 EN50170 中 PROFIBUS 标准。表 6 – 2 给出了 S7 – 200 系列 PLC 端口各引脚的名称及含义。RS – 485 只有一对平衡差分信号线用于发送和接收数据,使用 RS – 485 通信接口和连接电路可以组成串行通信网络,实现分布式控制系统。网络中最多可以由 32 个子站组成。为提高网络的抗干扰能力,在网络的两端要并联两个电阻器,阻值一般为 120 Ω。RS – 485 的通信距离可以达到 1 200 m。在 RS – 485 通信网络中,每个设备都有一个编号用以区分其他设备,这个编号称为地址,地址必须是唯一的,否则会引起通信混乱。

表 6 - 2 **S7 - 200 系列 PLC 端口各引脚的名称及含义**

连接器	插针号	PROFIBUS 信号	端口 0/端口 I
	1	屏蔽	机壳接地
	2	24 V 电源负极	逻辑地
	3	RS - 485 信号 B	RS - 485 信号 B
	4	请求或发送端	RTS(TTL)
	5	5 V 电源负极	逻辑地
	6	+5 V 电源正极	+5 V、100 Ω 串联电阻器
	7	+24 V 电源正极	+24 V 电源正极
	8	RS - 485 信号 A	RS - 485 信号 A
	9	不适用	10 位协议选择(输入)

连接器图中：针1、针6、针9、针5

（2）网络连接器。为了把多个设备连接到网络中,西门子公司提供了两种网络连接器:标准网络连接器和带编程接口的连接器如图 6 - 13 所示。两种连接器也都有选择开关,可以对网络进行偏置和终端匹配,当开关在 ON 位置时,接通偏置电阻和终端电阻;当开关在 OFF 位置时,未接偏置电阻和终端电阻,如图 6 - 14 所示。图中 A、B 线之间的终端电阻是 220 Ω,可以吸收网络上的反射波,增强信号强度;偏置电阻是 390 Ω,用于在电气情况复杂时确保 A、B 信号的相对关系,保证 0、1 信号的可靠性。

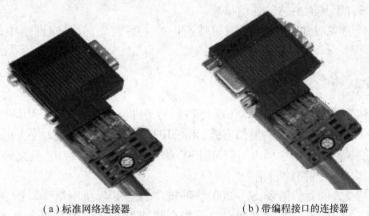

（a）标准网络连接器 （b）带编程接口的连接器

图 6 - 13 网络连接器

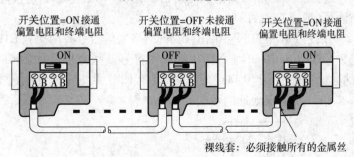

图 6 - 14 典型网络连接器使用

（3）PC/PPI 电缆。用 PC/PPI 电缆连接 PLC 主机与计算机及其他通信设备,PLC 主机侧是 RS-485 接口,计算机侧是 RS-232 接口。当数据从 RS-232 传送到 RS-485 时,PC/PPI 电缆是发送模式,反之是接收模式。

3. S7-200 系列 PLC 的网络通信协议

S7-200 系列的 PLC 主要用于现场控制,在主站和从站之间的通信可以采用 3 个标准化协议和 1 个自由口协议。分别叙述如下:

（1）PPI(Point to Point Interface)协议,即点对点接口协议。

（2）MPI(Multi Point Interface)协议,即多点接口协议。

（3）PROFIBUS 协议,用于分布式 I/O 设备的高速通信。

（4）用户定义的协议,即自由口协议。

其中的 PPI 协议是西门子公司专为 S7-200 系列 PLC 开发的通信协议,是主从协议,利用 PC/PPI 电缆,将 S7-200 系列 PLC 与装有 STEP 7-Micro/WIN 编程软件的计算机连接起来,组成 PC/PPI(单主站)的主/从网络连接。

网络中的 S7-200 系列 PLC 的 CPU 均为从站,其他 CPU、编程器或人机界面 HNI(如 TD200 文本显示器)为主站。

如果在用户程序中指定某个 S7-200 系列 PLC 的 CPU 为 PPI 主站模式,则在 RUN 工作方式下,可以作为主站,可以用相关的通信指令读写其他 PLC 中的数据;与此同时,它还可以作为从站,响应来自于其他主站的通信请求。

对于任何一个主站,PPI 协议不限制与其通信的主站数量,但是在网络中最多只能有 32 个主站。

4. 通信指令

（1）PPI 主站模式设定:在 S7-200 系列 PLC 的特殊继电器 SM 中,SMB30(SMB130)是用于设定通信端口 0(通信端口 1)的通信方式,由 SMB30(SMB130)的低 2 位决定通信端口 0(通信端口 1)的通信协议。只要将 SMB30(SMB130)的低 2 位设置为 2#10,就允许该 PLC 主机为 PPI 主站模式,可以执行网络读写指令。

（2）PPI 主站模式的通信指令:S7-200 系列 PLC 的 CPU 提供网络读写指令,用于 S7-200 系列 PLC 的 CPU 之间的连网通信。网络读写指令只能由在网络中充当主站的 CPU 执行,或者说只给主站编写读写指令,就可与其他从站通信了;从站 CPU 不必编写读写指令,只需准备通信数据,让主站读写(取送)有效即可。

（3）在 S7-200 系列 PLC 的 PPI 主站模式下,网络通信指令有两条:NETR 和 NETW。

① 网络读指令 NETR(NetRead)。NETR 梯形图符号及指令格式如图 6-15 所示。网络读指令通过指定的通信口(主站上 0 口或 1 口)从其他 CPU 中指定地址的数据区读取最多 16 字节的信息,存入本 CPU 中指定地址的数据区。

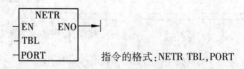

指令的格式:NETR TBL,PORT

图 6-15　NETR 梯形图符号及指令格式

在梯形图中,网络读指令以功能框形式编程,指令的名称为 NETR。当使能输入 EN 有效时,初始化通信操作,通过指定的端口 PORT,从远程设备接收数据,将数据表 TBL 所指定的远程设备区域中的数据读到本 CPU 中。TBL 和 PORT 均为字节型,PORT 为常数。

PORT 处的常数只能是 0 或 1,如是 0,就要将 SMB30 的低 2 位设置为 2#10;如是 1,就要将 SMB130 的低 2 位设置为 2#10,这里要与通信端口的设置保持一致。

TBL 处的字节是数据表的起始字节,可以由用户自己设定,但起始字节定好后,后面的字节就要接连使用,形成列表,每个字节都有自己的任务,见表 6-3。NETW 指令最多可以从远程设备上接收 16 字节信息。

表 6-3　数据表(TBL)格式

字节偏移地址	字节名称	描　述
0	状态字节	反映网络通信指令的执行状态及错误码
1	远程设备地址	被访问的 PLC 从站地址
2		
3	远程设备的数据指针	被访问数据的间接指针;
4		指针可以指向 I、Q、M 和 V 数据区
5		
6	数据长度	远程设备被访问的数据长度
7	数据字节 0	
8	数据字节 1	执行 NETR 指令后,存放从远程设备接收的数据;
⋮	⋮	执行 NETW 指令前,存放要向远程设备发送的数据
22	数据字节 15	

② 网络写指令 NETW(NetWrite)。NETW 梯形图符号及指令格式如图 6-16 所示。网络写指令通过指定的通信口(主站上 0 口或 1 口),把本 CPU 中指定地址的数据区内容写到其他 CPU 中指定地址的数据区内,最多可以写 16 字节的信息。

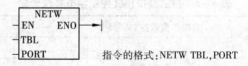

图 6-16　NETW 梯形图符号及指令格式

在梯形图中,网络写指令以功能框形式编程,指令的名称为 NETW。当使能输入 EN 有效时,初始化通信操作,通过指定的端口 PORT,将数据表 TBL 所指定的本 CPU 区域中的数据写到远程设备中。TBL 和 PORT 均为字节型,PORT 为常数。数据表 TBL 见表 6-3 所示。

NETW 指令最多可以从远程设备上接收 16 字节的信息

在一个应用程序中,使用 NETR 和 NRTW 指令的数量不受限制,但是不能同时激活 8 条以上的网络读/写指令(如同时激活 6 条 NETR 和 3 条 NETW 指令)。

数据表 TBL 共有 23 字节,表头(第一个字节)是状态字节,它反映网络通信指令的执行状态及错误码,各个位的意义如图 6-17 所示。

E1E2E3E4 为错误编码,如果执行指令后,E 位为 1,则由 E1E2E3E4 反应一个错误码,错误编码及说明见表 6-4。

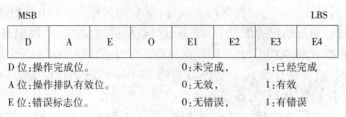

MSB							LBS
D	A	E	O	E1	E2	E3	E4

D 位:操作完成位。　　　　　　　　0:未完成,　　　　1:已经完成
A 位:操作排队有效位。　　　　　　0:无效,　　　　　1:有效
E 位:错误标志位。　　　　　　　　0:无错误,　　　　1:有错误

图 6 - 17　数据表表头

表 6 - 4　错误编码及说明

E1E2E3E4	错误编码	说　　明
0000	0	无错误
0001	1	时间溢出错误:远程设备不响应
0010	2	接收错误:奇偶检验错,响应时帧或检查时出错
0011	3	离线错误:相同的站地址或无效的硬件引发冲突
0100	4	队列溢出错误:同时激活 8 个以上的网络通信指令
0101	5	违反通信协议:没有在 SMB30 中设置允许 PPI 协议而使用网络指令
0110	6	非法参数:NETR 或 NETW 中包含有非法或无效的值
0111	7	没有资源:远程设备忙,如正在上载或下载程序
1000	8	第 7 层错误:违反应用协议
1001	9	信息错误:错误信息的数据地址或不正确的数据长度

　　实现 PPI 网络读写通信有两种编程方法,下面通过一个实例来具体讲述。要求将主站的 I0.0 ~ I0.7 的状态映射到从站的 Q0.0 ~ Q0.7,将从站的 I0.0 ~ I0.7 的状态映射到主站的 Q0.0 ~ Q0.7。

　　方法一:使用 NETR/NETW 指令

　　SMB30 和 SMB130 是通信端口控制寄存器,SMB30 控制自由端口 0 的通信方式,SMB130 控制自由端口 1 的通信方式。其含义见表 6 - 5。

表 6 - 5　自由端口模式控制字节各位含义

MSB7		自由口模式控制字节					LSB0
7	6	5	4	3	2	1	0
检验选择		每个字符的数据位		自由端口波特率(kbit/s)			协议选择
00 = 不检验; 01 = 偶检验; 10 = 不检验; 11 = 奇检验		0 = 8 位/字符 1 = 7 位/字符		000 = 38.4; 001 = 19.2; 010 = 9.6; 011 = 4.8; 100 = 2.4; 101 = 1.2; 110 = 115.2; 111 = 57.6			00 = PPI/从站模式 01 = 自由端口协议; 10 = PPI/主站模式; 11 = 保留

　　当第 1、0 位 = 10(PPI 主站)时,PLC 将成为网络的一个主站,可以执行 NETR 和 NETW 指令。在 PPI 模式下忽略 2 ~ 7 位。

　　主站程序及注释如图 6 - 18 所示,其示意图如图 6 - 19 所示。从站程序及注释如图 6 - 20 所示。

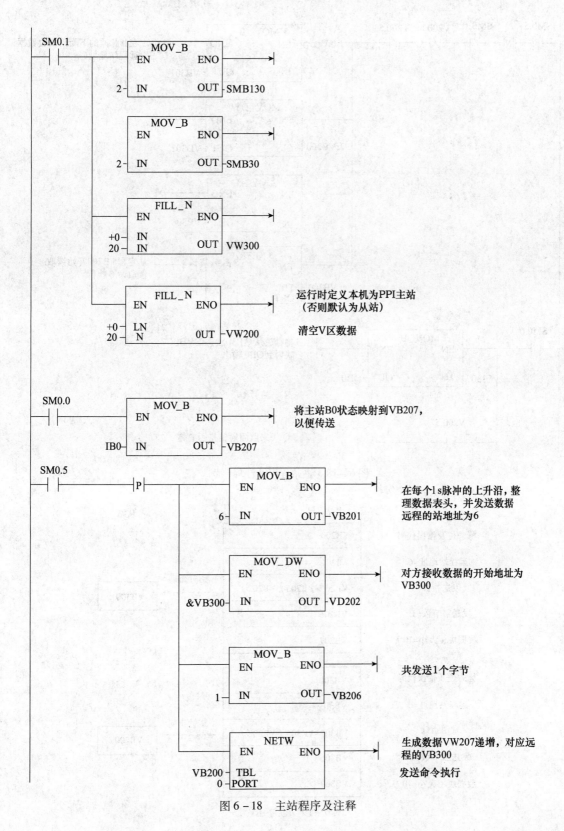

图 6 - 18　主站程序及注释

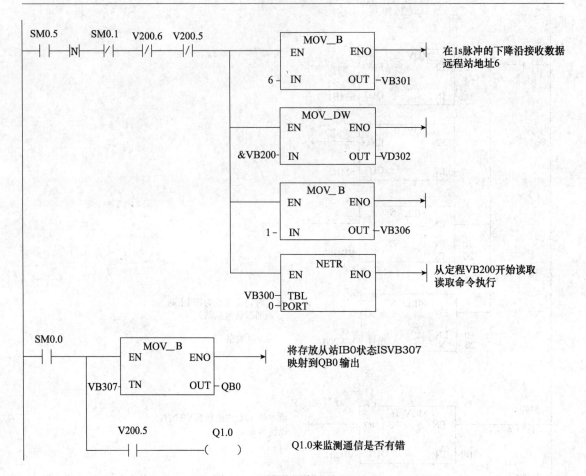

图 6-18　主站程序及注释(续)

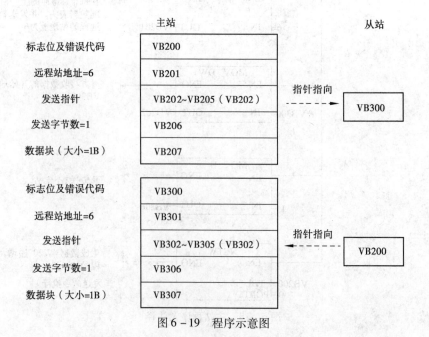

图 6-19　程序示意图

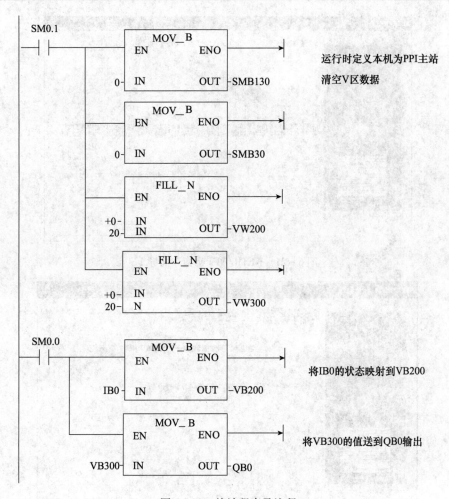

图 6 – 20　从站程序及注释

方法二:使用 NETR/NETW 向导

启动 STEP 7 – Micro/WIN 软件,在指令树中,单击"向导→NETR/NETW"按钮,弹出"NE-TR/NETW 指令向导"对话框,如图 6 – 21 所示,选择配置 2 项网络读/写操作。

单击"下一步"按钮,选择 PLC 通信端口 0,子程序名称默认为 NET_EXE,如图 6 – 22 所示。

单击"下一步"按钮,弹出对话框如图 6 – 23 所示,为了与前面非向导编程统一,第 1 项操作设为 NETR 网络读操作;读取字节数为 1;远程站的地址为 6;数据传输为"VB307 ~ VB307 (本地)"、"VB200 ~ VB200(远程)"。

单击"下一步"按钮,进入第 2 项网络读/写操作界面,如图 6 – 24 所示,设为 NETW 网络写操作;写入字节数为 1;远程站的地址为 6;数据传输为"VB207 ~ VB207(本地)"、"VB300 ~ VB300(远程)"。

单击"下一步"按钮进入为配置分配存储区界面,如图 6 – 25 所示,采用建议地址为 VB0 ~ VB18 即可,这样就完成了 NETR/NETW 指令向导的组态。

接下来,要调用向导生成的子程序来实现数据的传输,主站程序及注释如图 6 – 26 所示。从站程序与非向导编程一样。

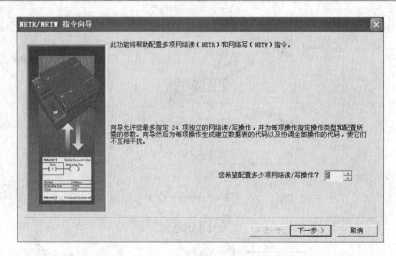

图 6 – 21 NETR/NETW 指令向导 1

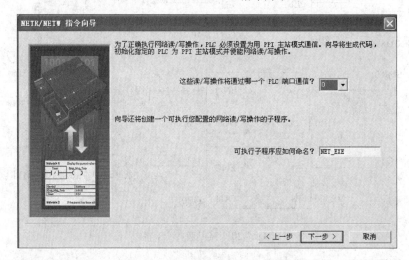

图 6 – 22 NETR/NETW 指令向导 2

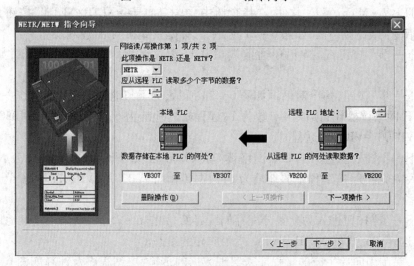

图 6 – 23 "网络读/写操作"第 1 项/共 2 项

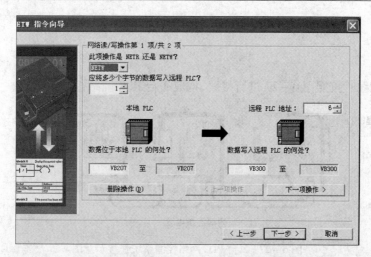

图 6 - 24　第 2 项"网络读/写操作"对话框

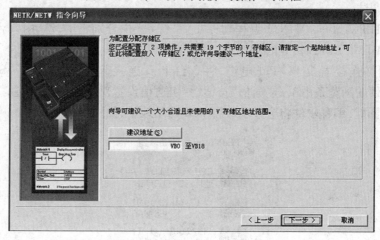

图 6 - 25　为配置分配存储区界面

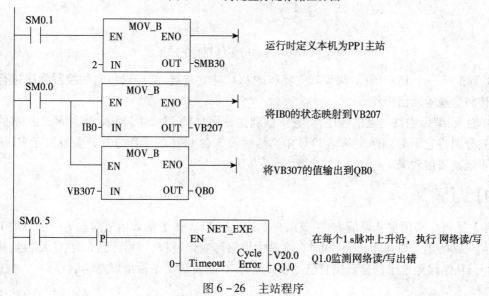

图 6 - 26　主站程序

【项目实施】

实现步骤：

（1）安装配线。按照图 6-27 进行接线，构成 3 台 PLC 网络控制系统。

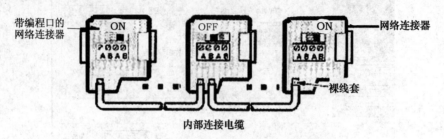

图 6-27　3 台 PLC 网络控制系统连接示意图

（2）运行调试：

① 通过 STEP 7 Micro/WIN32 编程软件在"系统块"中分别将甲、乙、丙 3 台 PLC 的站地址，设为 2、3 和 4，并下载到相应的 PLC 中。

② 采用网络连接器及 PC/PPI 电缆，将 3 台 PLC 连接起来。通电后在 STEP 7 Micro/WIN32 编程软件的浏览条中单击"通信"按钮，弹出通信设置对话框，双击"通信"窗口右侧的"双击以刷新"图标，编程软件将会显示 3 台 PLC 的站地址，如图 6-28 所示。

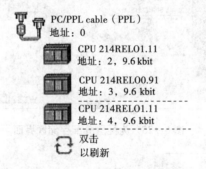

图 6-28　通信窗口显示的 3 台 PLC 的站址情况

③ 双击某一个 PLC 图标，编程软件将和该 PLC 建立连接，就可以将它的控制程序进行下载、上传和监视等通信操作。

④ 输入、编译主站的通信程序，将它下载到主站甲机的 PLC 中，输入、编译两个从站的控制程序，分别将它下载到两个从站 PLC 中。然后将 3 台 PLC 的工作方式开关设置于 RUN 位置，即可观察通信效果。

【练习】

有 2 台 PLC 采用主从通信方式，要求在主站中用 I0.1 作为输入信号建立 1 个字节加 1 指令，送给从站的输出口显示出来，同时在主站中也累计变化过程，当累计到 6 时，主站再给从站 1 个信号，从站接到这个信号后用自己的输入信号 I0.0 发给主站输出口点动信号。

任务 6.2　西门子 S7 – 200 系列 PLC 与变频器之间的通信

西博士提示

　　PLC 还可以通过变频器控制电动机。那么如何实现 PLC 与变频器之间的连接？通过什么协议实现 PLC 与变频器的通信？这是本任务要解决的问题。

【任务】

用 PLC 的 USS 协议实现 PLC 与变频器之间的通信。

【目标】

（1）知识目标：掌握 PLC 与变频器之间 USS 协议的使用方法；掌握 USS 协议中读/写程序的编写；

（2）技能目标：会进行 PLC、触摸屏与变频器之间的通信连接；会用 USS 协议进行 PLC 编程、变频器参数设置及联机调试。

【甲方要求】——【任务导入】

控制系统要求：设计一个用 S7 – 200 系列 PLC 与 MM440 变频器的 RS – 485 之间的通信系统，实现如下功能：

① 正反转运行；

② 调速功能、具备读/写参数功能。

【乙方设计】——【五单一支持】

方案设计单

项目名称	西门子 S7 – 200 系列 PLC 的通信		任务名称	西门子 S7 – 200 系列 PLC 与变频器之间的通信
方案设计分工				
子任务	提交材料	承担成员		完成工作时间
PLC 机型选择	PLC 选型分析			
低压电器选型	低压电器选型分析			
电气安装方案	图样			
方案汇报	PPT			
学习过程记录				
班级		小组编号		成员	

说明：小组每个成员根据方案设计的任务要求，进行认真学习，并将学习过程的内容（要点）进行记录，同时也将学习中存在的问题进行记录

续表

项目名称	西门子 S7－200 系列 PLC 的通信	任务名称	西门子 S7－200 系列 PLC 与变频器之间的通信
方案设计工作过程			
开始时间		完成时间	
说明：根据小组每个成员的学习结果，通过小组分析与讨论，最后形成设计方案			
结构框图			
原理说明			
关键元器件型号			
实施计划			
存在的问题及建议			

硬件设计单

项目名称	西门子 S7－200 系列 PLC 的通信	任务名称	西门子 S7－200 系列 PLC 与变频器之间的通信
硬件设计分工			
子任务	提交材料	承担成员	完成工作时间
主电路设计	主电路图、元器件清单		
PLC 接口电路设计	PLC 接口电路图 元器件清单		
硬件接线图绘制	元器件布局图 电路接线图		
硬件安装与调试	装配与调试记录		
学习过程记录			
班级		小组编号		成员	

说明：小组每个成员根据硬件设计的任务要求，进行认真学习，并将学习过程的内容（要点）进行记录，同时也将学习中存在的问题进行记录

续表

项目名称	西门子 S7 - 200 系列 PLC 的通信	任务名称	西门子 S7 - 200 系列 PLC 与变频器之间的通信
硬件设计工作过程			
开始时间		完成时间	
说明:根据硬件系统基本结构,画出系统各模块的原理图,并说明工作原理			
主电路图			
PLC 接口电路图			
元器件布置图			
电路接线图			
存在的问题及建议			

软件设计单

项目名称	西门子 S7 - 200 系列 PLC 的通信	任务名称	西门子 S7 - 200 系列 PLC 与变频器之间的通信
软件设计分工			
子任务	提交材料	承担成员	完成工作时间
单周期运行程序设计	程序流程图及源程序		
连续运行程序设计			
输出信号控制程序设计			
⋮			
学习过程记录			
班级		小组编号		成员	

软件设计工作过程	
开始时间		完成时间	
说明:根据软件系统结构,画出系统各模块的程序图,及各模块所使用的资源	
单周期运行程序	

续表

项目名称	西门子 S7 – 200 系列 PLC 的通信	任务名称	西门子 S7 – 200 系列 PLC 与变频器之间的通信
软件设计工作过程			
连续运行程序			
输出信号控制程序			
存在的问题及建议			

程序编制与调试单

项目名称	西门子 S7 – 200 系列 PLC 的通信	任务名称	西门子 S7 – 200 系列 PLC 与变频器之间的通信
软件设计分工			
子任务	提交材料	承担成员	完成工作时间
编程软件的安装	安装方法		
编程软件的使用	使用方法		
程序编辑	编辑方法		
程序调试	调试方法		
学习过程记录			
班级		小组编号		成员	

程序编辑与调试工作过程	
开始时间	完成时间
说明:根据程序编辑与调试要求进行填写	
编程软件的使用	
程序编辑	

项目名称	西门子 S7－200 系列 PLC 的通信	任务名称	西门子 S7－200 系列 PLC 与变频器之间的通信
软件编辑与调试工作过程			
程序调试			
存在的问题及建议			

评价单——基础能力评价

考核项目	考核点	权重	考核标准 A(1.0)	考核标准 B(0.8)	考核标准 C(0.6)	得分
任务分析（15%）	资料收集	5%	能比较全面地提出需要学习和解决的问题，收集的学习资料较多	能提出需要学习和解决的问题，收集的学习资料较多	能比较笼统地提出一些需要学习和解决的问题，收集的学习资料较少	
	任务分析	10%	能根据产品用途，确定功能和技术指标。产品选型实用性强，符合企业的需要	能根据产品用途，确定功能和技术指标。产品选型实用性强	能根据产品用途，确定功能和技术指标	
方案设计（20%）	系统结构	7%	系统结构清楚，信号表达正确，符合功能要求			
	元器件选型	8%	主要元器件的选择，能够满足功能和技术指标的要求，按钮设置合理，操作简便	主要元器件的选择能够满足功能和技术指标的要求，按钮设置合理	主要元器件的选择，能够满足功能和技术指标的要求	
	方案汇报	5%	PPT 简洁、美观、信息量丰富，汇报条理性好，语言流畅	PPT 简洁、美观、内容充实，汇报语言流畅	有 PPT，能较好地表达方案内容	
详细设计与制作（50%）	硬件设计	10%	PLC 选型合理，电路设计正确，元器件布局合理、美观，接线图走线合理	PLC 选型合理，电路设计正确，元器件布局合理，接线图走线合理	PLC 选型合理，电路设计正确，元器件布局合理	
	硬件安装	8%	仪器、仪表及工具的使用符合操作规范，元器件安装正确规范，布线符合工艺标准，工作环境整洁	仪器、仪表及工具的使用符合操作规范，少量元器件安装有松动，布线符合工艺标准	仪器、仪表及工具的使用符合操作规范，元器件安装位置不符合要求，有 3～5 根导线不符合布线工艺标准，但接线正确	

考核项目	考核点	权重	考核标准			得分
			A(1.0)	B(0.8)	C(0.6)	
详细设计与制作(50%)	程序设计	22%	程序模块划分正确,流程图符合规范、标准,程序结构清晰,内容完整			
	程序调试	10%	调试步骤清楚,目标明确,有调试方法的描述。调试过程记录完整,有分析,结果正确。出现故障有独立处理能力	程序调试有步骤,有目标,有调试方法的描述。调试过程记录完整,结果正确	程序调试有步骤,有目标。调试过程有记录,结果正确	
技术文档(5%)	设计资料	5%	设计资料完整,编排顺序符合规定,有目录			
学习汇报(10%)		10%	能反思学习过程,认真总结学习经验	能客观总结整个学习过程的得与失		
项目得分						
指导教师		日期			项目得分	

总结

评价单——提升能力评价

考核项目	考核点	配分	考核标准	扣分	得分
设备安装	(1) 会分配端口、画 I/O 接线图; (2) 按图完整、正确及规范接线; (3) 按照要求编号	30	(1) 不能正确分配端口,扣5分,画错 I/O 接线图,扣5分; (2) 错、漏线,每处扣2分; (3) 错、漏编号,每处扣1分		
编程操作	(1) 会采用时序波形图法设计程序; (2) 正确输入梯形图; (3) 正确保存文件; (4) 会转换梯形图; (5) 会传送程序	30	(1) 不能设计出程序或设计错误,扣10分; (2) 输入梯形图错误,每处扣2分; (3) 保存文件错误,扣4分; (4) 转换梯形图错误,扣4分; (5) 传送程序错误,扣4分		
运行操作	(1) 运行系统,分析操作结果; (2) 正确监控梯形图	30	(1) 系统通电操作错误,每处扣3分; (2) 分析操作结果错误,每处扣2分; (3) 监控梯形图错误,扣4分		

续表

考核项目	考 核 点	配分	考 核 标 准	扣分	得分
安全、文明工作	（1）安全用电,无人为损坏仪器、元器件和设备; （2）保持环境整洁,秩序井然,操作习惯良好; （3）小组成员协作和谐,态度端正; （4）不迟到、早退、旷课	10	（1）发生安全事故,扣10分; （2）人为损坏设备、元器件,扣10分; （3）现场不整洁、工作不文明,团队不协作,扣5分; （4）不遵守考勤制度,每次扣2～5分		
合计					

总结与收获

【技术支持】

1. 设计思路

根据任务要求,PLC 与变频器的联机控制系统框图如图 6 – 29 所示。

在 PLC 上连接开关(启动、停止、正反转、复位)、强制写入相关控制参数值(设定频率、减速时间)通过 PLC 的 USS 协议及 RS – 485 通信控制变频器的运行(正反转、复位及运行频率);同时,能够通过状态监控方式显示变频器的运行状态、电动机电流、实际频率、故障原因等。

图 6 – 29　PLC 与变频器的联机控制系统框图

2. 设计程序

根据控制要求,编写梯形图,如图 6 – 30 所示。

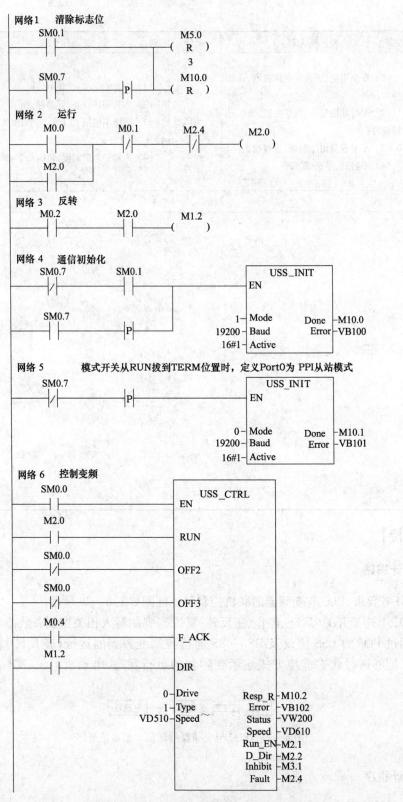

图 6 – 30　S7 – 200 系列 PLC 与 MM440 变频器实现 USS 协议控制梯形图程序

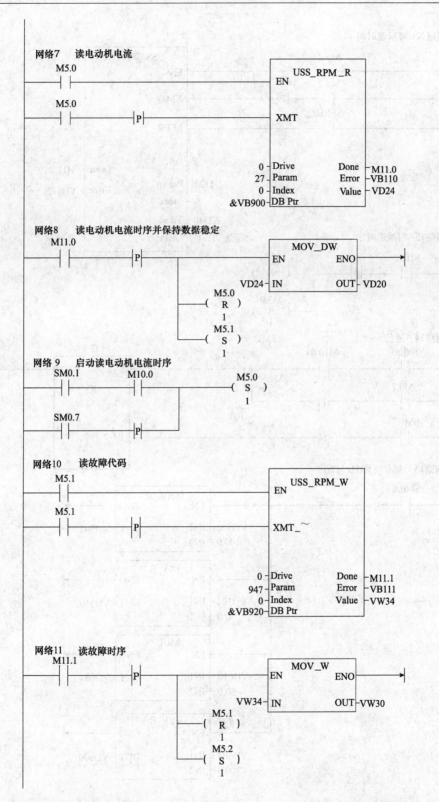

图 6 – 30　S7 – 200 系列 PLC 与 MM440 变频器实现 USS 协议控制梯形图程序(续)

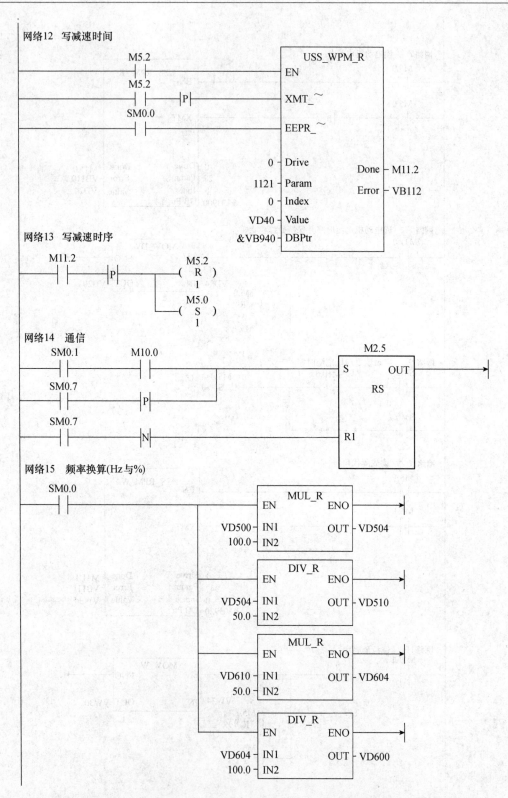

图 6 - 30　S7 - 200 系列 PLC 与 MM440 变频器实现 USS 协议控制梯形图程序(续)

【相关知识】

1. USS 协议的通信接线

自由端口模式允许应用程序控制 S7 - 200 系列 PLC 的 CPU 的通信端口,使用用户定义的通信协议就可以实现与多种类型的智能设备进行通信。若使用 USS 协议就能实现 S7 - 200 系列 PLC 与 MicroMaster 系列驱动设备通信,此时,S7 - 200 系列 PLC 是主站,驱动设备是从站。

（1）S7 - 200 系列 PLC 与 MM440 之间的硬件连接。RS - 485 电缆可以用于连接 S7 - 200 系列 PLC 与 MM440,在 S7 - 200 系列 PLC 端使用 PROFIBUS 连接器,将 A 端连到 MM440 驱动的接线端 30,将 B 端连到 MM440 驱动的接线端 29。如果驱动在网络中组态为端点站,那么终端电阻和偏置电阻必须正确地连接到连接终端上,图 6 - 31 所示为对 MM440 驱动做的终端电阻和偏置电阻的连接。

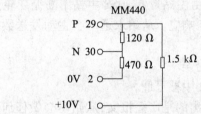

图 6 - 31　终端电阻和偏置电阻的连接

（2）MM440 驱动器参数设置。在将驱动连至 S7 - 200 系列 PLC 之前,必须确保驱动具有以下系统参数:

① 对所有参数的读/写访问:P0003 = 3(专家模式)。

② USS PZD 长度:P2012 Index0 = 2;USS PKW 长度:P2013 Index0 = 127。

③ 本地/远程控制模式:P0700 Index0 = 5(COM 连接的 USS 设置)。

④ 频率设定值:P1000 Index0 = 5(COM 连接的 USS 设置)。

⑤ 设置串行连接参考频率:P2000 = 1 ~ 650 Hz。

⑥ 设置 USS 标准化:P2009 Index0 = 0(以 P2000 基准频率进行规格化)。

⑦ 设置 RS - 485 串口传输速率:P2010 Index0 = 4 ~ 12(2 400 bit/s、4 800 bit/s、9 600 bit/s、19 200 bit/s 等)。

⑧ 输入从站地址:P2011 Index0 = 0 ~ 31。

⑨ 设置串行连接超时:P2014 Index0 = 0 ~ 65535ms(0 = 超时禁止)。

⑩ 从 RAM 向 EEPROM 传送数据:P0971 = 1(启动传送)将参数设置的改变存入 EEP-ROM。

2. USS 通信协议介绍

USS(Universal Serial Interface,通用串行通信接口)是西门子专为驱动装置开发的通信协议。

USS 提供了一种低成本的、比较简单的通信控制途径,由于其本身的设计,USS 不能用在对通信速率和数据传输量有较高要求的场合。在这些对通信要求高的场合,应当选择实施性更好的通信方式,如 PROFIBUS – DP 等。在进行系统设计时,必须考虑到 USS 的这一局限性。

USS 协议的基本特点如下:

(1) 支持多点通信(因而可以应用在 RS –485 等网络上)。

(2) 采用单主站的"主 – 从"访问机制。

(3) 一个网络上最多可以有 32 个节点(最多 31 个从站)

(4) 简单可靠的报文格式,使数据传输灵活高效。

(5) 容易实现,成本较低。

USS 的工作机制是:通信总是由主站发起,USS 主站不断循环轮询各个从站,从站根据收到的指令,决定是否响应,以及如何响应。从站永远不会主动发送数据,从站在以下条件同时满足时应答:

(1) 接收到的主站报文没有错误。

(2) 本从站在接收到主站报文中被寻址。

上述条件不满足,或者主站发出的是广播报文,从站不会做任何响应。对于主站来说,从站必须在接收到主站报文之后的一定时间内发出响应,否则主站将视为出错。

3. USS 字符帧格式

USS 的字符传输格式符合 UART 规范,即使用串行异步传输方式。USS 在串行数据总线上的字符传输帧为长度 11 位,如图 6 – 32 所示。

起始位	数据位								校验位	停止位
1	0 LSB	1	2	3	4	5	6	7	偶×1	1

图 6 – 32 USS 在串行数据总线上的字符传输帧

连续的字符帧组成 USS 报文。在一条报文中,字符帧之间的间隔延时要小于两个字符帧的传输时间(当然这个时间取决于传输速率)。

4. USS 报文帧格式

报文由一连串的字符组成,协议中定义了它们的特定功能,如图 6 – 33 所示。

STX	LGE	ADR	净数据区					BCC
			1	2	3	…	n	

图 6 – 33 USS 报文帧

图中每小格代表一个字符(字节)。其中:

STX:起始字符,总是 02h。

LGE:报文长度。

ADR:从站地址及报文类型。

BCC:BCC 检验符。

在 ADR 和 BCC 之间的数据字节称为 USS 的净数据。主站和从站交换的数据都包括在每条报文的净数据区域内。

净数据区由 PKW 区和 PZD 区组成,如图 6－34 所示。

PKW 区						PZD 区			
PKE	IND	PWE1	PWE2	…	PWEm	PZD1	PZD2	…	PZDn

图 6－34　净数据区

图中每小格代表一个字(两字节)。

PKW:此区域用于读写参数值、参数定义或参数描述文本,并可修改和报告参数的改变,其中:

PKE:参数 ID。包括代表主站指令和从站响应的信息,以及参数号等。

IND:参数索引,主要用于与 PKE 配合定位参数。

PWEm:参数值数据。

PZD:此区域用于在主站和从站之间传递控制和过程数据。控制参数按设定好的固定格式在主、从站之间对应往返,其中:

PZD1:主站发给从站的给定(控制字)/从站返回主站的实际反馈(状态字)。

PZD2:主站发给从站的给定/从站返回主站的实际反馈。

…

PZDn:主站发给从站的给定/从站返回主站的实际反馈。

根据传输的数据类型和驱动装置的不同,PKW 区和 PZD 区的数据长度都不是固定的,它们可以灵活改变以适应具体的需要。但是,在用于与自动控制器通信的自动控制任务时,网络上的所有节点都要按相同的设定工作,并且在整个工作过程中不能随意改变。

西博士提示

对于不同的驱动装置和工作模式,PKW 和 PZD 的长度可以按一定规律定义。一旦确定就不能在运行中随意改变。

PKW 可以访问所有对 USS 通信开放的参数,而 PZD 仅能访问特定的控制和过程数据。

PKW 在许多驱动装置中视作为后台任务处理,因此 PZD 的实施性要比 PKW 好。

5. USS 通信协议库相关指令

(1) USS_INIT 指令。它被用于启用和初始化或禁止 MicroMaster 系列驱动器通信。在使用任何其他 USS 协议指令之前,必须执行 USS_INIT 指令,且无错。图 6－35 所示为 USS_INIT 指令的应用举例。

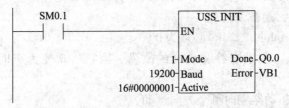

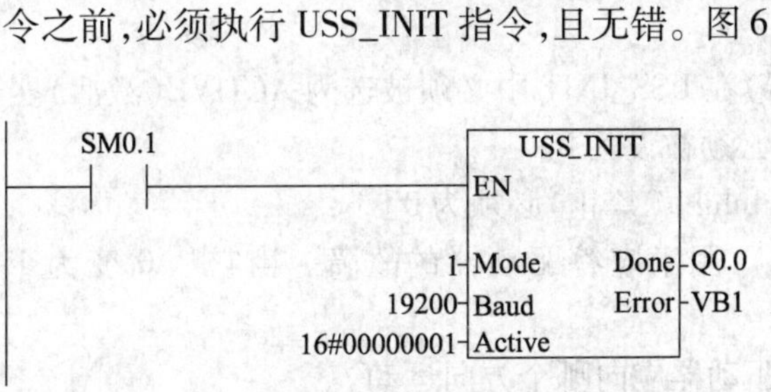

图 6－35　USS_INIT 指令的应用举例

Mode:选择不同的通信协议,输入值为 1,指定 Port0 为 USS 协议并使能该协议;输入值为

0,指定 Port0 为 PPI,并且禁止 USS 协议。

Baud(波特率):将波特率设为 1 200 Bd、2 400 Bd、4 800 Bd、9 600 Bd、19 200 Bd、38 400 Bd、57 600 Bd 或 115 200 Bd。

Active(激活):激活驱动器。

Done(完成):当 USS_INIT 指令完成时,输出 1。

Error(错误):输出字节中包含该指令的执行结果。

(2) USS_CTRL 指令。它被用于控制 ACTIVE(激活)MicroMaster 系列驱动器。USS_CTRL 指令将选择的命令放到通信缓冲区内;如果已经在 USS_INIT 指令的激活参数中选择了驱动器,则此命令将被发送到该驱动器中。对于每一个驱动器只能使用一个 USS_CTRL 指令。图 6-36 所示为 USS_CTRL 指令的应用举例。

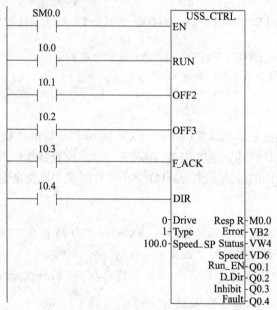

图 6-36　USS_CTRL 指令的应用举例

EN(使能):必须打开,才能启用 USS_CTRL 指令。该指令应当始终启用。

RUN(运行):(RUN/STOP)表示驱动器是否接通。接通(1);断开(0)。当 RUN 接通时,MicroMaster 系列驱动器接收命令,以指定的速度和方向运行。为使驱动器运行,必须满足以下条件:

① DRIVE(驱动器)在 USS_INIT 中必须被选为 ACTIVE(激活)。

② OFF2 和 OFF3 必须被设为 0。

③ Fault(故障)和 Inhibit(禁止)必须为 0。

F_ACK(故障应答):用于应答驱动器的故障。当它从 0 变为 1 时,驱动器清除该故障(Fault)。

DIR(方向):指示驱动器应向哪个方向运动。

Drive(驱动器地址):MicroMaster 驱动器的地址。有效地址为 0~31。

Type(驱动器类型):选择驱动器的类型。对于 4 系列的 MicroMaster 系列驱动器,类型为 1。

Speed_SP(速度设定值):驱动器的速度,是满速度的百分比。负值使驱动器反向旋转。

范围是 -200.0% ~200.0% 。

Resp_R(响应收到):应答来自驱动器的响应,轮询所有激活的驱动器以获得最新驱动器的状态信息。

Error:错误字节,包含最近一次向驱动器发出的通信请求的执行结果。

Status:驱动器返回的状态字的原始值。

Speed:驱动器速度,是满速度的百分比,范围是 -200.0% ~200.0% 。

Run_EN(RUN 使能):指示驱动器是运行状态。运行(1);停止(0)。

D_Dir:指示驱动器转动的方向。正转(1);反转(0)。

Inhibit 禁止:指示驱动器上禁止位的状态。未禁止(0),禁止(1),要清除禁止位,Fault 位必须为零,而且 RUN、OFF2 和 OFF3 输入必须断开。

Fault:指示故障位的状态。无故障(0);有故障(1),驱动器显示故障代码,要清除 Fault,必须排除故障并接通 F_ACK 位。

(3) USS_RPM 指令。用于 USS 协议的读指令有 3 个:

① USS_RPM_W 指令读取一个无符号字类型的参数。

② USS_RPM_D 指令读取一个无符号双字类型的参数。

③ USS_RPM_R 指令读取一个浮点数类型的参数。

同时只能有一个读(USS_RPM_x)或写(USS_WPM_x)指令激活。

当 MicroMaster 系列驱动器对接收的命令应答或有报错时,USS_RPM_x 指令的处理结束。逻辑扫描继续执行。图 6-37 所示为 USS_RPM 指令的应用举例。

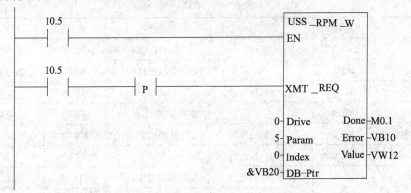

图 6-37　USS_RPM 指令的应用举例

EN 位:要传送一个请求,必须接通并且保持为 1,直至 Done 位置 1。

XMT_REQ:使用脉冲边沿检测。每当 EN 输入有一个正的改变时,只发送一个请求。

Drive:向其发送 USS_RPM_x 命令的 MicroMaster 驱动器的地址。

Param:参数号码。

Index:要读的参数的索引值。

Value:返回的参数数值。

DB_Ptr:一个 16 字节缓存区的地址,用于存储执行结果。

Done:当 USS_RPM_x 指令结束时,Done 输出接通。

Error:输出字节包含该指令的执行结果。

只有 Done 位输出接通时 Error 和 Value 输出才有效。

（4）USS_WPM 指令。用于 USS 协议的写指令有 3 个：

① USS_WPM_W 指令写一个无符号字类型的参数。

② USS_WPM_D 指令写一个无符号双字类型的参数。

③ USS_WPM_R 指令写一个浮点数类型的参数。

【项目实施】

实现步骤：

（1）安装配线。S7 - 200 系列 PLC 的 Port0 接带编程接口的网络终端，网络终端连接 MM440 变频器，编程接口连接计算机，接通终端电阻和偏置电阻（开关位置为 ON）。

🎓 西博士提示

　　在 PLC 运行时，由于 Port0 为自由端口模式，计算机不能监控 PLC 程序。若需修改程序，先停止 PLC，再下载。

（2）PLC 编程：

① 创建 PLC 工程项目：双击 STEP 7 - Micro/WIN 图标，创建一个新的工程项目并命名为 USS 协议控制；

② 编辑符号表：单击符号表图标，弹出符号表编辑器，编辑符号表见表 6 - 6。

表 6 - 6　编辑符号

符号	地址	注释	符号	地址	注释
启动	M0.0	启动	读故障代码	M5.1	读故障代码（r0947）
停止	M0.1	停止	写减速时间	M5.2	写减速时间（F1121）
正反转	M0.2	0：正转；1：反转	读写	M11.0	读写
复位	M0.4	复位	电动机电流	VW20	电动机电流
运行方向控制位	M1.2	0：正转；1：反转	故障代码	VW30	故障代码
运行状态	M2.0	0：停止；1：运行	减速时间	VW40	减速时间
变频状态	M2.1	0：停止；1：运行	设定频率的实际值	VD500	设定频率（Hz）
运行方向输出指示	M2.2	0：反传；1：正转	设定频率的百分比	VD510	设定频率（%）
变频故障	M2.4	0：无；1：有	运行频率的实际值	VD600	运行频率（Hz）
通信	M2.5	通道	运行频率的百分比	VD610	运行频率（%）
读电动机电流	M5.0	读电动机电流（r0027）			

③ 录入、编辑并下载程序：S7 - 200 系列 PLC 的 Port0 接型号为 6ES7972 - 0BB12 - 0XA0 的带编程接口的网络终端，网络终端连接 MM440 变频器，接通终端电阻和偏置电阻（开关位置为 ON），Port1 连接计算机。录入、编辑并下载程序。

（3）设置变频器参数

① 恢复变频器工厂默认值。

② 设置快速调试参数。除表 6 - 7 所示设置以外，其他参数按照 MM440 变频器说明书给定快速调试参数表设置。

表 6 - 7　快速调试参数(部分)

参数号	出厂值	设置值	说　明
P0700	2	5	命令源选择由 COM 链接的 USS 设置
P1000	2	5	频率设定选择 USS 设置

③ 设置 USS 控制参数,见表 6 - 8。

表 6 - 8　USS 控制参数

参数号	出厂值	设置值	说明
P0003	1	3	设用户访问级为专家级
P2009	0	0	USS 以 P2000 基准频率进行规格化
P2000	50. 00	50. 00	基准频率(Hz)
P2010	6	7	RS - 485 串口传输速率为 19 200 bit/s
P2011	0	0	从站地址为 0
P1032	1	0	禁止反转的 MOP 设定值选择允许反向
P0971	0	1	从 RAM 向 EEPROM 传送数据

(4) 运行调试。使用强制功能调试。S7 - 200 系列 PLC 的 CPU 允许用指定值来强制赋给一个或所有的 I/O 点(I 和 Q 位),也可以强制改变最多 16 个内部存储器数据(V 或 M)或模拟 I/O 量(AI 或 AQ)。另外可以使用状态表来强制变量,要强制一个新值,将其输入到状态表的新值列中,然后单击工具条上的强制按钮。

① 强制启动按钮 M0.0 先为 1 后为 0,M2.0 通,变频器按最小频率 5 Hz 运行;强制 VD500 = 25.0,观察 VD510 = 50.0,则变频器按 25 Hz 频率运行,电动机正转,观察实际频率 VD610、VD600 的值。

② 强制"正反转"开关 M2.0 为 1,M1.2 通,电动机反转,观察实际频率 VD610、VD600 的值。

③ 观察时序 M5.0 ~ M5.2、电动机电流 VD24 与 VD20、故障代码 VW34 与 VW30。

④ 强制减速时间 VD40 = 5.0,强制停止按钮 M0.1 先为 1 后为 0,M2.0 断,变频器停止运行,观察减速时间;强制减速时间 VD40 = 20.0,重新启动后再停止,观察减速时间。

【练习】

设计一套用 PLC 与变频器构成的恒压供水闭环控制系统。设计要求:PLC 采用 CPU224XP;变频器采用 0.75 kW 的 MM440;压力变送器的量程为 0 ~ 5 kPa,输出信号为 DC 0 ~ 10 V;高、低液位传感器(用作液位上下限报警)采用光电式液位开关;水泵电动机功率为 0.37 kW。

思考与练习

1. 什么是自由端口协议? 如何设置它的寄存器格式?

2. S7 - 200 系列 PLC 的网络连接形式有哪些类型? 每种类型有哪些特点?

3. PPI、MPI、PROFIBUS 协议的含义是什么?

4. S7 - 200 系列 PLC 的网络读、网络写指令的格式如何？设计通信程序时重点应做哪方面工作？

5. 用 NETR/NETW 指令完成 2 台 PLC 之间的通信。要求 A 机读取 B 机的 MB0 的值后，将它写入本机的 QB0，A 机同时用网络写指令将它的 MB0 的值写入 B 机的 QB0 中。本题中，B 机在通信中是被动的，它不需要通信程序，所以只要求设计 A 机的通信程序。网络通信数据表的格式见表6-9。A 机的网络地址为2，B 机的网络地址为3。

表6-9　网络通信数据表

字节意义	状态字节	远程站地址	远程站数据区指针	读写的数据长度	数据字节
NETR 缓冲区	VB200	VB201	VD202	VB206	VB207
NETW 缓冲区	VB210	VB211	VD212	VB216	VB217

附 录

西门子 S7 − 200 系列 PLC 的维护

为了保障系统的正常运行,定期对 PLC 进行检查和维护是必不可少的,而且还必须熟悉一般故障诊断和排除的方法。

1. 启动前的检查

在 PLC 控制系统设计完成以后,系统通电之前,建议对硬件元器件和连接进行最后的检查,启动前的检查应遵循以下步骤:

(1) 检查所有处理器和 I/O 模块,以确保它们均安装在正确的槽中,且安装牢固。

(2) 检查输入电源,以确保其正确连接到供电(和变压器)线路上,且系统电源布线合理,并连到每个 I/O 机架上。

(3) 确保连接处理器和每个 I/O 机架的每根 I/O 通信电缆是正确的,检查 I/O 机架地址分配情况。

(4) 确保控制器模块的所有 I/O 导线连接正确,且安全连在端子上,此过程包括使用 I/O 地址分配表证实每根导线按该表的指定连至每个端子。

(5) 确保输出导线存在,且正确连接在现场末端的端子上。

(6) 为了尽可能安全,应当清除系统内存中以前存储的任何控制程序。如果控制程序存在于 EEPROM 中,应暂时移走该芯片。

2. 定期检查

尽管在设计 PLC 控制系统时,已考虑到最大可能减少维修工作量,但系统安装完毕投入运行后,也应考虑一些维护方面的问题。定期良好的维护措施可大大减少系统的故障率。

PLC 的构成元器件以半导体为主体,考虑到环境的影响,随着使用时间的增长,元器件总是要老化的,因此定期检查与做好日常维护是非常必要的。

预防性维护主要包括以下内容:

(1) 定期清洗或更换安装于机罩内的空气过滤器。这样可确保为机罩内提供洁净的空气环流。对过滤器的维护不应推迟到定期机器维护的时候,而应该根据所在地区灰尘量定期进行。

(2) 不应让灰尘和污物积在 PLC 元器件上。为了散热,生产厂家一般不将 CPU 和 I/O 系统设计成可防尘的。若灰尘积在散热器和电子电路上,易使散热受阻,引起电路故障,而且,若有导电尘埃在电路板上,则会引起短路,使电路板永久损坏。

(3) 定期检查 I/O 模块的连接,确保所有的塞子、插座、端子板和模块连接良好,且模块安装牢靠。当 PLC 控制系统所处的环境经常有能松动端子连接的振动时,应当场作此项检查。

（4）注意不让产生强干扰的设备靠近 PLC 控制系统。

PLC 定期检查的内容见表 A－1。

表 A－1　PLC 定期检查的内容

序号	检查项目	检查内容	判断标准
1	供电电源	在电源端子处测量电压波动范围是否在标准范围内	电压波动范围:85% ～110% 供电电压
2	外部环境	环境温度; 环境湿度; 积尘情况	0 ～55℃; 35% ～85% RH,不结露; 不积尘
3	输入输出用电源	在输入/输出端子处测电压变化是否在标准范围内	以各输入/输出规格为准
4	安装状态	各单元是否可靠固定; 电缆的连接器是否完全插紧; 外部配线的螺钉是否松动	无松动; 无松动; 无松动
5	寿命元器件	电池、继电器、存储器	以各元件规格为准

3. I/O 模块的更换

若需替换一个模块,用户应确认被安装的模块是同类型的。有些 I/O 系统允许带电更换模块,而有些则需切断电源。如替换后可解决问题,但在一相对较短时间后又发生故障,那么应注意检查能产生电压的感性负载,也许需要从外部抑制其电流尖峰。如果熔体在更换后又被烧断,则有可能是模块的输出电流超限,或输出设备被短路。

4. 日常维护

PLC 除了锂电池及继电器输出点外,基本没有其他易损元器件。锂电池的寿命大约 5 年,当锂电池的电压逐渐降低达到一定程度时,必须更换锂电池。更换锂电池的步骤如下:

（1）在拆装前,应先让 PLC 通电 15 s 以上,这样可使作为存储器备用电源的电容器充电,在锂电池断开后,该电容器可对 PLC 做短暂供电,以保护 RAM 中的信息不丢失;

（2）断开 PLC 的交流电源;

（3）打开基本单元的锂电池盖板;

（4）取下旧锂电池,装上新锂电池;

（5）盖上锂电池盖板。

更换锂电池的时间要尽量短,一般不允许超过 3 min,如果时间过长,RAM 中的信息将消失。

5. PLC 控制系统的诊断与处理

（1）指示诊断。LED 状态指示器能提供许多关于现场设备、连接和 I/O 模块的信息。大部分输入/输出模块设有电源指示器和逻辑指示器。

对于输入模块,电源指示器显示标明输入设备处于受激励状态,模块中有信号存在。逻辑指示器显示表明输入信号已被输入电路的逻辑部分识别。如果逻辑和电源指示器不能同时显示,则表明模块不能正确地将输入信号传递给处理器。

输出模块的逻辑指示器显示时,表明模块的逻辑电路已识别出从处理器来的命令并接通。除了逻辑指示器外,一些输出模块还有一只熔体熔断指示器或电源指示器,或者二者兼有。熔体熔断指示器只表明输出电路中的保护性熔体的状态;输出电源指示器显示时,表明电源已加在负载上。像输入模块的电源指示器和逻辑指示器一样,如果不能同时显示,就表明输出模块有故障了。

(2) 诊断输入故障。出现输入故障时,首先检查电源指示器是否响应现场元器件(如按钮、行程开关等)。如果输入元器件被激励(即现场元器件已动作),而指示器不亮,则下一步就应检查输入端子的端电压是否达到正确的电压值。若电压值正确,则可替换输入模块。若逻辑指示器变暗,而且通过编程器监视,知道处理器(CPU)未扫描到输入,则输入模块可能存在故障。如果替换的模块并未解决问题且连接正确,则可能是 I/O 机架或通信电缆出了问题。

(3) 诊断输出故障。出现输出故障时,首先应观察输出设备是否响应逻辑指示器。若输出触点通电,逻辑指示器变亮,输出设备不响应。那么,首先应该检查熔体或替换模块。若熔体完好,替换的模块并未解决问题,则应检查现场接线。若通过编程器监视到 PLC 的一个输出已经接通,但相应的指示器不亮,则应替换模块。

在诊断 I/O 故障时,最佳方法是区分究竟是模块自身问题,还是现场连接上的问题。如果有电源指示器和逻辑指示器,模块故障易于发现。通常,先更换模块或测量输入/输出端子板两端电压测量值正确,模块不响应,则应更换模块。若更换后仍无效,则可能是现场连接出现了问题。输出设备截止,输出端间电压达到某一预定值,就表明现场连线有误。若输出器受激励,且指示器不亮,则应替换模块。

如果不能从 I/O 模块中查出问题,则应检查模块接插件是否接触不良或未校准。最后,检查接插件端子有无断线,模块端子上有无虚焊点。

(4) 故障信号显示程序。可以通过编制一个程序来分类显示系统的故障,从而诊断出故障部位,其方法如下:

将所有的故障检测信号按层次分成组,每组各包括几种故障,如对于多工位的机加工自动线的故障信号,可分成故障区域(单机号),故障部件(动力头、滑台、夹具等),故障元件 3 个层次。当具体的故障发生时,检查信号同时分别送往区域、部件、元件 3 个显示组,这样可指示故障发生在某一区域、某部件、某元件上。

这种诊断方法,显示出具体的故障元件,使判断、查找十分方便,提高了设备的维修效率,同时也节省 PLC 的显示输出点。

6. PLC 的故障查找方法及处理方法

(1) 总体检查。根据总体检查流程图先找出故障点的大方向,再逐渐细化,以找出具体故障,如图 A - 1 所示。

(2) 电源故障检查。电源(POWER)灯不亮需对供电系统进行检查,检查流程图如图 A - 2 所示。

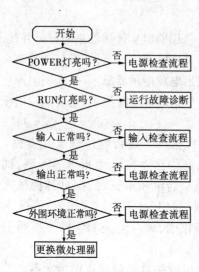

图 A-1　总体检查流程图

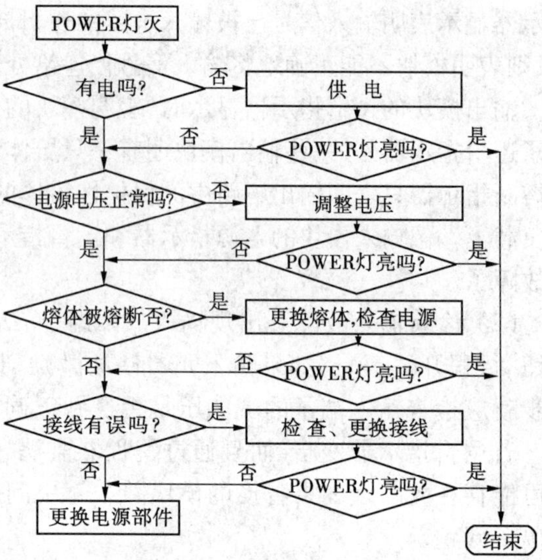

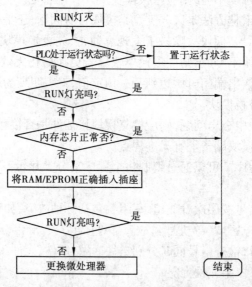

图 A-2　电源故障检查流程图

（3）运行故障检查。电源正常,运行指示灯不亮,说明系统已经因为某种异常而终止了正常运行,检查流程图如图 A-3 所示。

图 A-3　运行故障检查流程图

（4）输入/输出故障检查。输入/输出是 PLC 与外围设备进行信息交流的通道,其是否正常工作,除了和输入/输出单元有关外,还与连接配线、接线端子、熔丝管等元件状态有关。检查流程图如图 A-4 和 A-5 所示。

（5）对外部环境的检查。影响 PLC 工作的环境因素主要有温度、湿度、噪声、粉尘以及腐蚀性酸碱等。

（6）故障的处理。PLC 的 CPU 装置、I/O 扩展装置常见故障的处理见表 A-2。

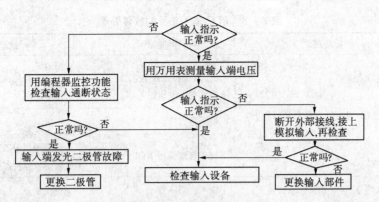

图 A - 4 输入故障检查流程图

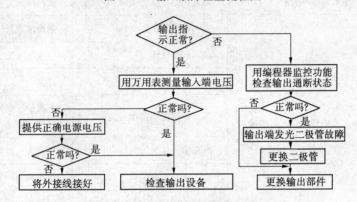

图 A - 5 输出故障检查流程图

表 A - 2 CPU 装置、I/O 扩展装置常见故障的处理

序号	异常现象	可能原因	处理方法
1	[POWER]LED 灯不亮	电压切换端子设定不良	正确设定切换装置
		熔体熔断	更换熔丝(保险)管
2	熔体多次熔断	电压切换端子设定不良	正确设定切换装置
		线路短路或烧坏	更换电源单元
3	[RUN]LED 灯不亮	程序错误	修改程序
		电源线路不良	更换 CPU 单元
		I/O 单元号重复	修改 I/O 单元号
		远程 I/O 电源管,无终端	接通电源
4	[运转中输出]端未闭合([POWER]灯亮)	电源回路不良	更换 CPU 单元
5	某一编号以后的继电器不能动作	I/O 总线不良	更换基板单元
6	特定编号的输出(人)不能接通	I/O 总线不良	更换基板单元
7	特定单元的所有继电器不能接通	I/O 总线不良	更换基板单元

PLC 输入单元的故障处理见表 A - 3。

表 A – 3　PLC 输入单元的故障处理

序号	异常现象	可能原因	处理方法
1	输入全部不接通（动作指示灯也灭）	未加外部输入电源	供电
		外部输入电压低	加额定电源电压
		端子螺钉松动	拧紧
		端子板连接器不良	把端子板补充插入、锁紧，或更换端子板连接器
2	输入部分断开（动作指示灯也灭）	输入回路不良	更换单元
3	输入全部不关断	输入回路不良	更换单元
4	特定继电器编号的输入不接通	输入器件不良	更换输入器件
		输入配线断线	检查输入配线
		端子螺钉松弛	拧紧
		端子板连接器接触不良	把端子板充分插入、锁紧或更换端子板连接器
		外部输入接触时间短	调整输入器件
		输入回路不良	更换单元
		程序的 OUT 指令中用了输入继电器编号	修改程序
5	特定继电器编号的输入不关断	输入回路不良	更换单元
		程序的 OUT 指令中用了输入继电器编号	修改程序
6	输入不规则的 ON/OFF 动作	外部输入电压低	使外部输入电压在额定值范围
		噪声引起的误动作	抗噪声措施：安装绝缘变压器、安装尖峰抑制器、用屏蔽线配线等
		端子螺钉松动	拧紧
		端子板连接器接触不良	把端子充分插入、锁紧或更换端子板连接器
7	异常动作的继电器编号为 8 点单位	COM 端螺钉松动	拧紧
		端子板连接器接触不良	端子板充分插入、锁紧或更换端子板连接器
		CPU 不良	更换 CPU 单元
8	输入动作指示灯不良（动作正常）	指示灯坏	更换单元

PLC 输出单元的故障处理见表 A – 4。

表 A - 4 PLC 输出单元的故障处理

序号	异常现象	可能原因	处理方法
1	输出全部不接通	未加负载电源	加电源
		负载电源电压低	使电源电压为额定值
		端子螺钉松动	拧紧
		端子板连接器接触不良	端子板补充插入、锁紧或更换端子板连接器
		熔体熔断	更换熔丝管
		I/O 总线接触不良	更换单元
		输出回路不良	更换单元
2	输出全部不关断	输出回路不良	更换单元
3	特定继电器编号的输出不接通（动作指示灯灭）	输出接通时间短	更换单元
		程序中的指令继电器编号重复	修改程序
		输出回路不良	更换单元
4	特定继电器编号的输出不接通（动作指示灯亮）	输出元器件不良	更换输出元器件
		输出配线断线	检查输出线
		端子螺钉松动	拧紧
		端子连接接触不良	端子充分插入、拧紧
		继电器输出不良	更换继电器
		输出回路不良	更换单元
5	特定继电器编号的输出不关断（动作指示灯灭）	输出继电器不良	更换继电器
		由于漏电流和残余电压而不能关断	更换负载或加设负载电阻
6	特定继电器编号的输出不关断（动作指示灯亮）	程序中 OUT 指令的继电器编号重复	修改程序
		输出回路不良	更换单元
7	输出出现不规则的 ON/OFF 现象	电源电压低	调整电压
		程序中 OUT 指令的继电器编号重复	修改程序
		干扰引起误动作	抗干扰措施:装抑制器、装绝缘变压器、用屏蔽线配线
		端子螺钉松动	拧紧
		端子连接接触不良	端子充分插入、拧紧
8	异常动作的继电器编号为 8 点单位	COM 端子螺钉松动	拧紧
		端子连接接触不良	端子充分插入、拧紧
		熔体熔断	更换熔丝管
		CPU 接触不良	更换 CPU 单元
9	输出正常指示灯不良	指示灯坏	更换单元

参 考 文 献

［1］张运刚. 从入门到精通:西门子 S7 - 200 PLC 技术与应用［M］. 北京:人民邮电出版社,2007

［2］西门子(中国)有限公司自动化与驱动器集团. 深入浅出西门子 S7 - 200 PLC［M］. 北京:北京航空航天大学出版社,2003

［3］西门子公司. SIMATICS7 - 200 系统手册,2008

［4］胡汉文. 电气控制与 PLC 应用［M］. 北京:人民邮电出版社,2009

［5］张伟林. 电气控制与 PLC 综合应用技术［M］. 北京:人民邮电出版社,2009

［6］冯宁. 可编程序控制器技术应用［M］. 北京:人民邮电出版社,2009

［7］李海波. PLC 应用技术项目化教程(S7 - 200)［M］. 北京:机械工业出版社,2012

［8］陈丽. PLC 控制系统编程与实现［M］. 北京:中国铁道出版社,2010

［9］廖常初. S7 - 200 PLC 编程及应用［M］. 北京:机械工业出版社,2011